湛庐 CHEERS

与最聪明的人共同进化

HERE COMES EVERYBODY

CHEERS
湛庐

The Rise and Reign of the Mammals

秘密进化的主宰者

[美] 史蒂夫·布鲁萨特（Steve Brusatte） 著

邢立达　来梦露　译

浙江科学技术出版社·杭州

你了解哺乳动物是如何崛起的吗?

- 推动哺乳动物形成最后一块"积木"的是什么?（单选题）

  A. 毛发

  B. 哺乳

  C. 温血代谢

  D. 齿骨 - 鳞骨关节

- 以下哪种动物是现存最古老的哺乳动物?（单选题）

  A. 鸭嘴兽

  B. 统治者兽

  C. 侏罗兽

  D. 多瘤齿兽类

- 恐龙灭绝后,哺乳动物之所以能够繁荣发展,依靠的是什么?
  （单选题）

  A. 大脑

  B. 发达的肌肉

  C. 更小、更坚固的牙齿

  D. 大气中充足的水分

扫描左侧二维码查看本书更多测试题

数字年代

哺乳动物演化时间线

注：① 单位为百万年，如"359"代表 3.59 亿年前。本书各年份时间线均以原书为准。——编者注

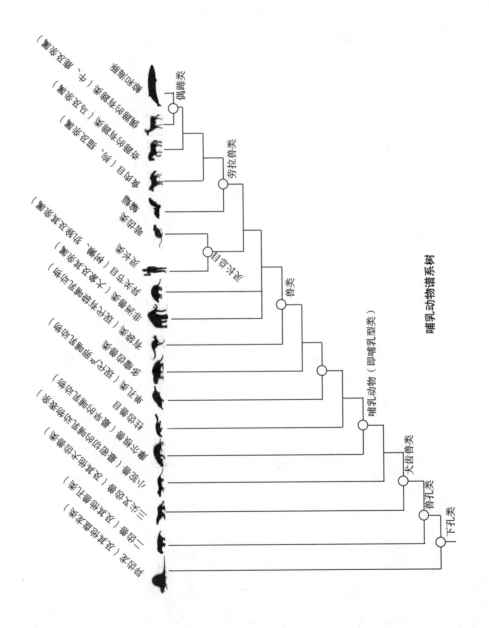

哺乳动物谱系树

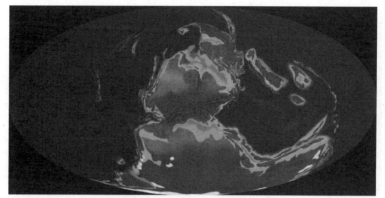

约3.2亿年前，石炭纪（宾夕法尼亚纪）

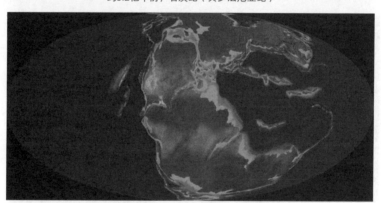

约2亿年前，三叠纪–侏罗纪交替前后

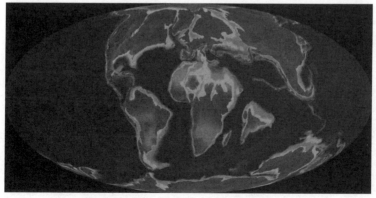

约6 600万年前，白垩纪末，小行星撞击地球之时

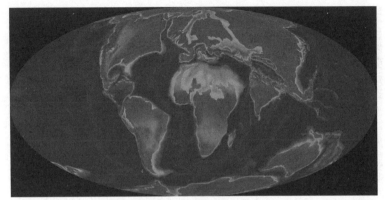

约5 000万年前，始新世

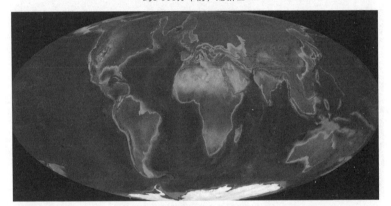

约2 000万年前，中新世

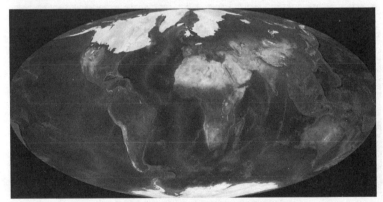

约21 000年前，冰河时代末次冰盛期

致安东尼，我最喜爱的小型哺乳动物

哺乳动物演化之古生物学视角

徐　星
中国科学院院士
中国科学院古脊椎动物与古人类研究所所长

读到史蒂夫·布鲁萨特的《秘密进化的主宰者》一书，我既感到有些意外，又觉得在情理之中。感到意外的原因是，布鲁萨特的身份标签是恐龙古生物学家，几年前他刚刚出版了一本有关恐龙的畅销书——《恐龙的兴衰：一部失落世界的全新史诗》。情理之中的原因有两个：一是他近年来开始研究哺乳动物化石，二是他非常擅长并且热心科普。所以，一本有关哺乳动物演化的科普书的诞生也就顺理成章了。

审视我们人类的演化历史，可以追寻到 40 亿年前，甚至更早。从奠定我们身体基础的单细胞的形成开始，到帮助我们有效取食的颌骨的演化，再到便于我们在陆地上生存的四肢和羊膜卵的出现，这一漫长过程经历了 30 多亿年。一直到 3 亿多年前，一种羊膜类动物的后裔开始"分家过日子"，它们沿着两个支系分异和演化：一个支系上出现了我们熟悉的鸟类和各类爬行动物，像今天依然活跃在地球上的蜥蜴、蛇、龟鳖类和鳄鱼,以及已经灭绝的鱼龙、翼龙和陆地恐龙等;另一支系则演化成了当前地球的主导性动物类群——哺乳动物,其中的一支最终成为我们人类。

布鲁萨特是一位优秀的写作者,这一漫长而枯燥的演化历程在他的笔下显得趣味盎然,其中一个原因是布鲁萨特丰富的写作方式。许多章节的开局采用了小说里的场景描写,带领读者直接进入亿万年前的地球,身临其境地感受那时的生态系统;更多章节基于作者的亲身感受和许多化石猎人的发现经历,在娓娓道来的故事讲述中展现化石发现和科学意义;每个重要演化时期代表物种的介绍总是会和这一时期的地理和气候环境以及重大地质事件紧密相连,让读者感受到自然选择的伟大力量。

全书共分 10 章。第 1 章强调了演化的漫长性,展现了在哺乳动物出现之前,哺乳动物支系上出现过的各种奇奇怪怪的动物。第 2 章介绍了哺乳动物一些关键特征的形成过程,特别描述了二叠纪末大灭绝事件对哺乳动物祖先类型的影响,展现了小型化、夜行性和穴居对哺乳动物发达的听觉、触觉和嗅觉以及不发达的彩色视觉演化的影响,告诉读者定义哺乳动物这一类群的一些关键特征的演化过程。第 3 章则讲述了哺乳动物和恐龙的恩怨情仇,尤其是通过侏罗纪时期最常见的柱齿兽类和贼兽类,展示了这一时期哺乳动物家族惊人的生态多样性,特别介绍了用于保暖的毛发和胎生行为,以及嘴巴里的骨骼如何成为听觉器官一部分的演化过程。第 4 章主要描述了哺乳动物家族在白垩纪的演化历史,特别是哺乳动物牙齿形态变化对于整个家族演化的影响。第 5 章则介绍了白垩纪末大灭绝对哺乳动物家族的冲击以及幸存的哺乳动物为什么能够兴起。第 6 章介绍了现代类型的哺乳动物,特别介绍了 DNA 对于重建哺乳动物分类体系的影响。第 7 章则特别介绍了大象、蝙蝠和鲸家族的演化过程。第 8 章展现了地球气候从热到冷的变化对哺乳动物家族演化的影响。第 9 章介绍了冰河时期的哺乳动物。第 10 章则展现了人类支系六千多万年的演化历史以及我们人类如何影响其他哺乳动物的生存。后记则告诉了读者,当前哺乳动物的多样性在快速丧失,我们很可能处于地球历史上的第六次大灭绝事件当中。

毫不夸张地说,布鲁萨特是当前古生物学界中特别擅长讲故事的一位学者,相信读者一定能透过书中的文字,真切感受到布鲁萨特对化石的热爱、对解密哺乳动物演化过程的体验以及对生命演化的思考,也相信他的这本著作会再次成为一本畅销科普书。

也许是为了便于与读者沟通,布鲁萨特选择了一种传统的定义哺乳动物的方式,即用齿骨-鳞骨关节的出现来标识哺乳动物的起源,因此对于像哪些动物属于哺乳动物和这一类群的起源时间等问题,书中的描述会和其他一些图书有所不同。如果让我来选择,在科普过程中,我更倾向于向读者推广主流学者使用的科学概念,我以为这是科学普及的一个目的。当然,优先考虑公众容易理解的方式,还是更关注科学概念的推广,这一直是科学普及事业中的一个两难选择题。

全书主要从古生物学的视角揭示哺乳动物家族的演化历史。正如书中提到,这一段历史也可以用现生哺乳动物身体当中的 DNA 和其他信息来揭示。生命历史的复原需要化石,也需要 DNA,这是当前学者努力的方向。当然,我们更加重要的一个使命是需要告诉公众,地球生物多样性和生态系统的保护需要我们每个人的努力,地球未来的命运在于我们人类的抉择。对于这一点,布鲁萨特是一个乐观主义者,正如他在后记中所说,相信人类会做出正确的选择。

2024 年 12 月 6 日于安徽东至

让逝去的物种发出巨大的声音

毛方园
中国科学院古脊椎动物与古人类研究所研究员
美国自然历史博物馆客座研究员

哺乳动物和鸟类是现生脊椎动物中,无论是属种还是生态多样性最丰富的两个门类。在鸟类是由恐龙中的一支进化而来的前提下,哺乳动物(包括一些基干类群)和含鸟恐龙这两大支,都是由羊膜动物的共同祖先分化而来的,自晚三叠纪开始出现,经过几轮演替,延续到现在,形成脊椎动物现今两大主要支系。史蒂夫·布鲁萨特很厉害地把这两支的演化过程写成了两本时间通史,一本是《恐龙的兴衰:一部失落世界的全新史诗》,一本是《秘密进化的主宰者》,它们基本囊括了大部分脊椎动物在地球上的变更。

在现生动物的研究中,因为哺乳动物的多样性和多形性,以及人们对同属于哺乳动物的人本身的关注,哺乳动物始终属于研究热点并拥有众多热门的话题。在前两章,作者回顾了早期哺乳动物,尤其是中生代的哺乳动物,它们一直都被冠以"在恐龙阴影下苟活"的弱者形象,很大原因是相比于以恐龙为主的爬行动物,中生代哺乳动物化石数量更少,也很少像恐龙或者新生代大型哺乳动物一样,存在成片成群的集群埋藏群;体形更小,最小的如鼩鼱,最大的如老鼠,大多中生代哺乳动物只有从几克到几千克的体重变化范围;形态变化也非常有限,中生代哺乳动物复原后基本上都是类似于小黑灰老鼠的模样,一点儿也不炫酷。

但正是这些不起眼的小东西,在这几十年带给古生物学者们一个又一个的惊喜,成功地吸引了古生物学家史蒂夫·布鲁萨特的注意力,他变心了,将哺乳动物列为最爱,对其喜爱程度甚至超过了恐龙。原因就在于,技术的发展使得科学家们能观察到这具小小身体里迸发的大大能量,由此展现的中生代哺乳动物的生物特性,尤似在一个青铜时代,突然给我们组装了一台精密且科技感十足的精钢仪器。当然,这些神奇的特征,比如保温护体的毛发、敏锐的感觉、精确的咀嚼系统、快速的新陈代谢、哺乳下代的喂养方式等,都不是一蹴而就的,都是在适应环境变化中,逐步改善自身而来的。

在后两章,哺乳动物逐渐占领新生代非鸟恐龙绝灭后的生态位,成为地球的霸主,于是叙述开始恢弘起来。哺乳动物的世界也开始变得精彩,出现了各种多样的形态以适应不同的生态位。尽管在中生代的时候,哺乳动物已经开始相关尝试,也发展出了滑翔、游水、奔跑、掘穴等多种类型,但始终还是没有新生代这般繁荣且引人入胜。哺乳动物成功躲避了白垩纪末期的大灭绝,开始充分探索整个地球,从天空到深海,从极地到赤道。有胎盘类和有袋类甚至以一种开启平行世界般的模式,在不同大陆发展出了形态和生态类似的物种。一些哺乳动物也随着环境的变化,逐步增大体形,最后演化成极端的、史无前例的巨兽。而大脑的发展,使得哺乳动物变得无比聪明,其中就包括最终的王者——人类。

后记的内容,是任何一个古生物学家都会担忧的议题。工业革命之后,地球以从未见过的速度改变着环境和气候,哺乳动物在以灭绝的方式不断减少。我们人类是否会见证再一次的生物大灭绝?我们作为唯一的高智慧物种,是否能做些什么消除或者减缓这次危机?我们会不会成为孤独地球的唯一幸存者,去面临即将到来的灾难,而我们是否能成功挺过这场灾难?难过的是,没有人能回答这些问题,那些逝去物种的遥远哭声也没能振聋发聩。

　　布鲁萨特是一位非常会讲故事的科学家,在每节开头以电影画卷的方式给我们呈现了不同时代的环境变化和地质变迁的过程。他代入第一视角的描述,试图去理解作为哺乳动物的我们,是怎么在这些巨大的变化下想办法生存发展的。他各种生动的描述和比拟,让枯燥和令人费解的形态学有了动感。中间他还加入了对各个门类研究人员的介绍和有趣的小"八卦",看起来真是让人忍俊不禁。这些文字让我们又一次回想了这些化石研究人员的音容笑貌,尽管很多人都已经逝去。

　　非常期待这本书能让更多年轻人由衷地喜爱哺乳动物的演化,能让更多新鲜的血液和研究将生物与地球的协同演化方式变得更清晰,能使逝去的物种也发出巨大的声音,能让人类带领着有多样生命的蓝色地球走得更远。

The Rise and Reign
of the Mammals

重磅赞誉

布鲁萨特是一位优秀的写作者，哺乳动物漫长而枯燥的演化历程在他的笔下显得趣味盎然，其中一个原因是布鲁萨特丰富的写作方式。许多章节的开局采用了小说里的场景描写，带领读者直接进入亿万年前的地球，身临其境地感受那时的生态系统；更多章节基于作者的亲身感受和许多化石猎人的发现经历，在娓娓道来的故事讲述中展现化石发现和科学意义；每个重要演化时期代表物种的介绍总是会和这一时期的地理和气候环境以及重大地质事件紧密相连，让读者感受到自然选择的伟大力量。

毫不夸张地说，布鲁萨特是当前古生物学界中特别擅长讲故事的一位学者，相信读者一定能透过书中的文字，真切感受到布鲁萨特对化石的热爱、对解密哺乳动物演化过程的体验以及对生命演化的思考。

徐星
中国科学院院士
中国科学院古脊椎动物与古人类研究所所长

布鲁萨特是一位非常会讲故事的科学家，在每节开头以电影画卷的方式给我们呈现了不同时代的环境变化和地质变迁的过程。他代入第一视角的描述，试图去理解作为哺乳动物的我们，是怎么在这些巨大的变化下想办法生存发展的。他各种生动的描述和比拟，让枯燥和令人费解的形态学有了动感。中间他还加入了对各个门类研究人员的介绍和有趣的小"八卦"，看起来真是让人忍俊不禁。这些文字让我们又一次回想了这些化石研究人员的音容笑貌，尽管很多人都已经逝去。

　　非常期待这本书能让更多年轻人由衷地喜爱哺乳动物的演化，能让更多新鲜的血液和研究将生物与地球的协同演化方式变得更清晰，能使逝去的物种也发出巨大的声音，能让人类带领着有多样生命的蓝色地球走得更远。

毛方园

中国科学院古脊椎动物与古人类研究所研究员

美国自然历史博物馆客座研究员

　　从古生代的始祖单弓兽到全新世的摩登人类和克隆羊，这本书是对哺乳动物进化史的一次彻底的回顾。作为著名的科普作家，布鲁萨特不负众望，他结合自身的丰富科考经历，用散文般的笔触衔接了科学的严谨性和叙事的故事性，为我们展现了哺乳动物从最初的卑微生命发展成为地球主宰的非凡历程。如果你着迷于波澜壮阔的自然史，抑或好奇于古生物学家的探索故事，那这本书一定是值得阅读的佳作。

叶山

美国威斯康辛大学麦迪逊分校地球科学博士

知乎地质学领域科普达人

　　随着大约 6 600 万年前恐龙的消失，我们生命之树上的分支——哺乳动物蓬勃发展。布鲁萨特的《秘密进化的主宰者》讲述了哺乳动物如何进化为可以飞行、靠双腿行走和游泳的史诗般的故事。他的热情和深厚的知识储备为这段进化之旅注入了感染力。

尼尔·舒宾

美国芝加哥大学古生物学家

畅销书《你是怎么来的》作者

如今，哺乳动物，尤其是人类，主宰着地球上的生命，无论是在陆地上还是海洋中，我们都认为自己是所有生命的顶点。然而，并非总是如此，这本书讲述了哺乳动物是如何在毁灭恐龙的大灭绝中幸存下来，并进化到目前的主导位置的迷人故事。这是《恐龙的兴衰：一部失落世界的全新史诗》的一部值得期待的续集。

文卡特拉曼·拉马克里希南
英国剑桥大学生物学家
2009 年诺贝尔化学奖获得者

《秘密进化的主宰者》简直就是一部大片，揭示了导致今天的哺乳动物（包括我们在内）出现的幸运、进化曲折和近乎世界末日般的灾难。

《卫报》

对哺乳动物进化的一次快速穿越之旅……布鲁萨特对化石记录的深入了解构成了一幅丰富多彩的图景，其中每一条线索都是一个哺乳动物谱系。这些交织在一起的线索有时间歇性地浮现，有时则在灭绝中完全消失，但那些留存下来的线索总是以鲜艳的色彩展现给我们，填补着空白。

《科学》

叙述精美。布鲁萨特以精准和华丽的笔触进行写作。凭借微小的化石，勾勒出生动的世界。"侏罗纪公园"系列电影于 1993 年上映时，促使许多年轻学生渴望成为未来的古生物学家，布鲁萨特就是其中一位。如果在未来几十年内，这本美妙的书能引导更多的人选择关注小鼠大小的哺乳动物而非巨龙，那也不足为奇。

《泰晤士报》

这本书详细描述了哺乳动物在地球上生活的约 3.25 亿年的历史……作者布鲁萨特是一个在古生物学界崭露头角的人物。他年轻、充满魅力，并且写作能力出色。书中的每个章节都以引人入胜的电影式片段开篇，吸引了我们的注意力。

《环球邮报》

阅读《秘密进化的主宰者》，让我感到很满足，阅读这本书就像欣赏一幅完整的画卷。这让我想起了我最喜欢的地质学、古生物学和地球生命演化的一切：这个星球上有一些史诗般的故事。

《科学新闻》

作者运用清晰的文笔、丰富的插图，描述了恐龙消失后哺乳动物物种的爆发式增长。本书是年度最佳科普书单上的必备之选。

《柯克斯评论》

在一个又一个引人入胜的章节中，布鲁萨特带领读者领略了从霸王龙手中夺取世界的小型哺乳动物的漫长故事。

《基督教科学箴言报》

在这本清晰、引人入胜的书中，布鲁萨特热情讲述了哺乳动物的进化史。很多作家都讲述过哺乳动物生物学，但是《秘密进化的主宰者》因其科学细节和生动、高效的叙述方式脱颖而出。布鲁萨特对自己所写的书有着清晰的理解。

《新科学家》

史蒂夫·布鲁萨特将哺乳动物从其更引人注目的前辈（恐龙）的阴影中解放出来……这本书以优美的文字为它们辩护，将它们描绘成和恐龙一样令人着迷的生物。

《星期日泰晤士报》

通过这本引人入胜的读物，踏上一段时光之旅，回到生命开始的地方。这本令人着迷的读物让人无法放下，证明科学事实比科幻小说更令人惊奇。

《太阳报》

在这本研究深入且富有趣味的书中，作者总结了为什么在过去 6 500 万年的大部分时间里哺乳动物能够统治地球……布鲁萨特真正的成就在于向我们展示了，尽管人类如此数量庞大且有影响力，但在约 3.25 亿年的历史中，也只是无数物种中的一个点而已。

《旁观者》

我最喜欢的作者之一，我最喜欢的科学家之一。

伊拉·弗拉托
《科学星期五》

一次壮丽的演绎，穿越了约 3.25 亿年的哺乳动物历史……布鲁萨特是一位出色的故事讲述者，他的好奇心和感染力满满地渗透到这本书中。他生动地描绘了早期哺乳动物的奇异和多样性。

《探险家杂志》

中文版序

如果你发现下一个哺乳动物化石，请一定告诉我

我是一名古生物学家，这意味着我是一名研究化石的科学家——化石是曾经生活在地球上的古代生物的遗迹。因为我研究化石，所以我总是前往中国。在过去的 20 年里，我已经去过好几次了，多到都记不清次数了。每次还没等行程结束，我就已经在计划着下次再来了。这是因为中国的化石资源极为丰富。它是现代古生物学的中心，众多最重要、最引人入胜且最具启发性的新化石都是在这里被发现的。如今要想成为一名古生物学家，就必须到中国来！

在我的职业生涯中，大部分时间我都在研究恐龙，我很荣幸也很自豪能与中国许多机构的同事们一起描述、命名并研究新的恐龙物种。其中有些恐龙身上覆盖着羽毛，它们是鸟类的祖先。还有些是处于食物链顶端的巨型食肉恐龙。我甚至还参与过对一枚内含恐龙幼崽的精美化石的描述工作。我会继续和我的中国同事们一起研究恐龙，但与此同时，我的兴趣开始发生了转移。我对恐龙研究得越多，就越发想知道：恐龙灭绝之后发生了什么呢？

恐龙灭绝后兴起的是哺乳动物，也就是我们人类所属的种群。我们这群长着毛发、大脑发达、喝乳汁的生物，在一颗巨大的小行星致使恐龙灭绝后接管了世界。我们哺乳动物的祖先及其近亲体型逐渐变大，遍布全球，分化出众多新物种，并占据了许多曾经由恐龙所占据的生态位。从本质上说，霸王龙和三角龙的地位被狗和大象取代了。

但事情并非如此简单。哺乳动物要取代恐龙，它们得先挺过小行星撞击这一劫。没错，这意味着哺乳动物确实曾与恐龙共存过。在长达 1.5 亿多年的时间里，我们毛茸茸的祖先不得不在恐龙称霸的世界里艰难求生。我们的哺乳动物祖先是如何做到的呢？很长一段时间以来，我们都不知道答案。

直到中国的化石揭开了这个谜团。20 世纪 90 年代中期，辽宁省的农民在田间劳作时开始注意到岩石里有些奇怪的东西。里面有骨骼，是化石。有些是恐龙化石——包括著名的长有羽毛的恐龙种类，它们证明了恐龙是如今鸟类的祖先。与它们一同被发现的还有植物、昆虫、鱼类以及爬行动物的化石。大约 1.25亿年前，白垩纪的火山将整个生态系统掩埋了起来。它们被封存在了石头里。羽毛、皮肤之类的精细部位都得以保存下来，就连最小的动物也变成了化石。

其中也包括哺乳动物。有大量的哺乳动物化石。有在地上跑来跑去、爬树的哺乳动物，有在地底下打洞的哺乳动物，有会游泳的哺乳动物，甚至还有一些小型哺乳动物借助由皮肤构成的翼膜在树木之间滑翔。所有这些哺乳动物都生活在一个以恐龙为主角的世界里。但这些哺乳动物繁衍得很好。它们体型都很小，最大也不过家猫那么大。为了能与体型巨大的恐龙共存，它们必须得这么小。不过可别被它们的小体型给骗了，这些哺乳动物种类多样，它们很成功。它们很擅长以小巧的身形，生活在隐蔽之处，藏在树上，夜间出来活动。如果不是辽宁农民发现的这些化石，我们永远都不会知道这段历史。

辽宁的农民至今仍在不断发现新的哺乳动物化石。说不定就在你读着这些

—·—

文字的时候，某块岩石正被敲开，一种新的哺乳动物化石首次重见天日呢。这就是古生物学这门学科如此令人兴奋的原因，而如今没有哪个地方比中国更让人激动了。

当然了，辽宁的这些化石仅仅是在中国发现的所有化石中的一小部分。在中国各地，乃至世界各地，其他种类、其他年代的哺乳动物化石也在不断被发现。我们发现的化石越多，学到的东西也就越多。我们也就越发能够理解哺乳动物进化的伟大历程：我们那些微小、不起眼的祖先在数亿年的时间里是如何历经火山爆发、小行星撞击、炎热期和冰河期等种种磨难，最终变成了我们如今熟知且喜爱的哺乳动物，也包括我们人类自身。哺乳动物的进化史就是我们自己的历史啊！

这就是我在《秘密进化的主宰者》一书中所讲述的故事。这本书于 2022 年首次以英文出版，现在我非常激动地得知它已经被翻译成中文了。一本赞颂中国令人惊叹的新化石发现的书如今能让中国读者读到，这再合适不过了！尽管我是一名科学家，但我一直尽力让这本书的语气通俗易懂、平易近人，这样任何人都能读得津津有味。我不想写成一本专业性强、学术性浓的书，我想写一本能把哺乳动物的历史故事讲给任何感兴趣的人听的书。

也许，正在读这本书的你们当中有人是农民，或是建筑工人，或是矿工，又或者只是一名感兴趣的游客或徒步旅行者。也许你会在中国的乡村或山区的某个地方，偶然在岩石中发现一些不同寻常的东西。也许你会凑近仔细看看。也许你会看到一些骨头、牙齿或者毛发。也许你会发现下一个了不起的中国哺乳动物化石呢！要是真发现了，请一定要告诉我，这样我就能把它写进我的下一本书里啦！

史蒂夫·布鲁萨特

博士，爱丁堡大学教授

2024 年 11 月

The Rise and Reign
of the Mammals

目 录

第二部分　　中生代：
　　　　　　逆境中的哺乳动物，在恐龙的统治下绝境求生

　　　　　　约 2.52 亿年前～约 6 600 万年前

The Rise and Reign
of the Mammals

哺乳动物的历史，就是我们的历史

漫漫岁月中，太阳第一次冲破了黑暗的桎梏。灰色的云层中仍有缕缕烟雾散出，在地面投下阴影。云下，是破败的大地。尘土飞扬，泥泞不堪，一片荒芜，不见一丝绿意，也无任何色彩。寂静裹挟在风中，唯有河流奔涌的声音将其刺破，水流被树枝、石头以及腐物残渣所阻断。

一具野兽的骨架躺在河岸上。肉和筋腱早已不见踪影，骨头也因发霉变成了米色。它的双颌大张，仿若在惊声尖叫。牙齿早已破碎，散落在头骨前，每一颗都如香蕉般大，有着刀子般锋利的边缘——它们曾是这头野兽肢解并碾碎猎物的凶器。

它曾经是一只霸王龙，也称暴君蜥蜴，是恐龙之王，陆地的统治者。现在它的整个物种都不复存在。除此之外，似乎也没有什么东西还活着了。

然而，从这只庞然大物内部的某个地方传来了一阵轻柔的声音，是清脆的"吱吱"声和悉悉索索的脚步声。一个小鼻子从霸王龙的几根肋骨之间探出，踟蹰不前。这只小动物的胡须颤抖着，以为会有危险到来，但这里并无任何异样。

———

是时候现身了。它腾身跃入了光亮中，迅速蹿上骨架。

它身覆皮毛，双眼鼓胀，吻部长满了像山峰一样的牙齿，身后还有一条鞭状的尾巴。这只动物与霸王龙完全不同。

它止身片刻，搔了搔脖子上的毛，探出耳朵，之后四肢着地，稳稳地立在身体下面，而后向前蹿去。它行动迅速、目标明确：爬上肋骨，穿过背脊，直达恐龙的头骨。在这只霸王龙头的一侧，曾长着用来怒视成群三角龙的眼睛，毛球在此处停了下来。它回头看向恐龙的胸腔处，发出了一声高亢的尖叫。顷刻间，从这头野兽骨架的深处，钻出来十几只更小的毛球。它们向母亲跑去，紧紧抓住它的腹部，在刚来到地面的几分钟里，它们舔食着母亲的奶水作为早餐。

这位母亲一边给幼崽喂奶，一边注视着阳光。现在的世界属于它和它的家人。一颗小行星在烈火中毁灭，一个漫长、黑暗、全球性的"核冬天"到来，终结了恐龙时代。**如今，地球之伤正在愈合。哺乳动物的时代到来了。**

大约 6 600 万年后，在同一个地点，站立着另一只哺乳动物，它的手中还挥舞着一把鹤嘴锄。萨拉·谢利（Sarah Shelley）是我在英国苏格兰爱丁堡大学开始古生物学家工作后招收的第一名博士生。我们那时正在美国新墨西哥州寻猎化石（见图 0-1），寻找骨头和牙齿，它们将帮助我们了解哺乳动物如何在小行星撞击地球的灾难中幸存下来，如何活得比恐龙还长，并最终统治了世界，成为我们今天所认识、喜爱，有时甚至畏惧的毛茸茸的动物。哺乳动物是地球上最具魅力也最受喜爱的生物（此处没有对爬行动物、鸟类以及其他 800多万种不属于哺乳动物的动物物种不敬的意思）。也许这仅仅是因为许多哺乳动物毛茸茸的，惹人喜爱，但在某种程度上，我认为这是因为我们在更深的层面上和它们具有亲缘关系，能在它们身上看到自己的影子。

图 0-1　萨拉·谢利和我

注：我们在新墨西哥州采集生存于恐龙灭绝后不久的哺乳动物的牙齿。汤姆·威廉姆森（Tom Williamson）供图。

　　电视屏幕上猎豹和瞪羚正在追逐缠斗，随之响起的是戴维·阿滕伯勒（David Attenborough）[①] 那低沉的旁白声。《自然》杂志的封面上，母水獭和幼崽一起玩耍。每个孩子都会恳求父母带他们去动物园看大象和河马，还有珍稀物种大熊猫和犀牛。尽管许多慈善机构的呼吁可能使我们不堪其扰，但这些动物却依然牵动着我们的心弦。狐狸和松鼠栖居于我们的城市，鹿则盘踞在我们的郊区。身体比篮球场还长的鲸自深渊中浮起，向空中喷射可达几层楼高的水柱。吸血蝙蝠真的会吸血，狮子和老虎则让我们汗毛倒立。猫科动物、犬科动物抑或更为奇特的物种，成了我们可爱的宠物。对许多人来说，我们的食物如牛肉汉堡、猪肉香肠、羊排也会以哺乳动物为食材。当然，还有我们自己。我们是哺乳动物，和熊或者老鼠没什么太大不同。

　　在新墨西哥州的午后，一只豪猪在棉白杨林的一个小角落乘凉，一群土拨

---

① 知名电视节目主持人，自然博物学家，被誉为"世界自然纪录片之父"。——编者注

鼠在远处"叽叽叽"地叫着。萨拉挥舞着鹤嘴锄，每次敲击岩石都会飘来一层恶臭的硫黄味灰尘。每次她都会等尘土散去，看看是否有什么有趣的东西从松动的土里冒出来。至少有一个小时，每次敲击后都只能看到更多岩石。但在接下来的一次敲击后，一个有形、质地与颜色不同于岩石的东西显露出来。她跪在地上看了一眼，然后发出了胜利的欢呼声——响亮雀跃，略带粗俗，我在此难以复述。

萨拉发现了一块化石！这是她学生时代的第一个重大发现。我冲过去看她的战利品，她递给我一副颌骨。颌骨尖端融合在一起，牙齿上覆盖着天然石膏。当它在沙漠的阳光下闪闪发光时，我能看到前面有锋利的犬齿，后面有臼齿。这是一只哺乳动物！这不是普通的哺乳动物，而是从恐龙手中夺取王权的物种之一。

我们击掌相庆，下一刻又继续投身工作。

萨拉找到的颌骨属于一种叫作全棱兽（*Pantolambda*）的物种，它体形很大，堪比一只设得兰小马①。全棱兽只生活在恐龙灭绝后的几百万年间。在我之前讲的那则虽是虚构但实则可信的故事中，自那只小小的母兽从霸王龙的胸腔向外窥视起，中间又历经了许多代。人们认为全棱兽比所有见过霸王龙或雷龙的哺乳动物都要大得多。这些温顺的生物中，有一些个头比獾还小，但由于矮小灵活，熬过了小行星之灾，之后突然发现恐龙在自己身处的世界中消失了。它们体形不断增大，历经迁移，越来越多样化，很快就与周围的环境形成了复杂的生态系统，取代了统治地球超过一亿年的恐龙。

这只全棱兽生活在沼泽边缘的丛林中（因此，它周围的岩石会散发出难闻的气味），是这种环境中最大的食植动物。在享用过一顿含有树叶和豆类的午

---

① 设得兰小马是一种个头矮小的马，身高通常不超过 107 厘米。——编者注

餐后，这只全棱兽涉入了清凉的水中，它可能会看到许多其他哺乳动物，或听到它们的声音。头顶上，猫咪大小的"杂技演员"用它们可抓握的手在树枝上攀爬。在沼泽地的边缘，长着"鬼脸"的杂种狗钻进了泥土里，用爪子寻找富含营养的根和块茎。在森林中零零散散的地方，优雅的"芭蕾舞演员"用蹄子在草地上奔跑。一直以来，这片古老的古新世最茂密的亚热带丛林中都潜伏着一种恐怖的东西：顶级掠食者，体形像一只健壮的狗，口中长着切肉的牙齿。

恐龙的"死亡"使这些哺乳动物在古新墨西哥州和世界各地得以崛起。哺乳动物的历史要久远得多。它们，或者更确切地说，我们——实际上与恐龙起源于同一时期。在2亿多年前，当时所有大陆都聚集在一起，形成了一个分布着大片炙热沙漠的超级大陆。最早的哺乳动物有着更为深远的传承，可以追溯到大约3.25亿年前一个潮湿的煤沼泽地带，当时哺乳动物的祖先谱系从生命大谱系树上的爬行动物这一支中分离出来。经历了漫长的地质时期，哺乳动物发展出了它们的标志性特征：生长速度快、温血代谢，有毛发，敏锐的嗅觉、听觉，巨大的大脑，较高的智力，独特的牙齿（犬齿、门齿、前臼齿、臼齿），以及母亲用来分泌乳汁喂养宝宝的乳腺。

在这段漫长而丰富的演化史中，今天的哺乳动物诞生了。现在，有超过6 000种哺乳动物与我们共享着地球，是有史以来的数百万个物种中与我们关系最为密切的近亲。现代哺乳动物分属于三个类群：鸭嘴兽等产卵的单孔目动物，袋鼠和考拉这样在育儿袋中养育幼崽的有袋目动物，以及我们这样能产下发育良好的幼崽的有胎盘类动物。不过，这株谱系树经历了时间和大规模灭绝的修剪，这三类哺乳动物仅仅是曾经辉煌的谱系树中为数不多的幸存者。

在过去的不同时期，曾出现过大量长有剑齿的食肉动物（不仅有著名的剑齿虎，还包括那些犬齿变成长矛的有袋目动物），恐狼、巨大的长毛象和鹿角大得离谱的鹿。有一些体形巨大的犀牛并没有角，但长着长长的脖子，可以吞食树梢上的树叶，以维持它们接近20吨的体重——这种好似雷龙的哺乳动物，创造了陆地上有史以来最大的多毛动物的纪录。这些哺乳动物化石中有许多我们都很熟悉：它们是史前历史的象征，是动画电影中的明星，是所有著名自然历史博物馆的展品。

但更吸引人的是一些已经灭绝的哺乳动物，它们从未成为流行文化中的明星。有些小型哺乳动物曾在恐龙头顶滑翔而过，有些把小恐龙当早餐食用。此外，还有大众"甲壳虫"汽车般大小的犰狳，高得可以直接扣篮的树懒，以及长着约 90 厘米长撞角的"雷兽类"。还有一类被称为爪兽类（chalicotheres）的怪兽，看起来像是马与大猩猩杂交的邪恶产物，用指关节行走，用可伸缩的爪子拉下树枝。在与北美洲接壤之前，南美洲有几千万年一直是一块岛屿大陆，居住着古怪的有蹄类物种的整个家族。它们弗兰肯斯坦式[①]混杂的解剖特征让查尔斯·达尔文（Charles Darwin）感到困惑，直到研究了令人震惊的古DNA，人们才揭示了它们与其他哺乳动物的真正关系。大象曾经和微型贵宾犬一般大，骆驼、马和犀牛曾经驰骋在美洲大草原上，而鲸曾经有腿，能行走。

显然，哺乳动物的历史远比我们今天能看到的哺乳动物要久远得多，而且其意义远远超过人类在过去几百万年中的起源和迁徙。我刚才提到的所有这些奇妙的哺乳动物，你都会在本书中见到。

我的科学生涯是从研究恐龙开始的。在美国中西部长大的我，最迷恋的是霸王龙。后来，我上了大学，获得了博士学位，成了恐龙专家。几年前，我在《恐龙的兴衰》（*The Rise and Fall of the Dinosaurs*）一书中讲述了恐龙演化的故事，从它们卑微的起源讲到世界末日般的灭绝。我将永远热爱恐龙，并将继续研究它们。但自从我搬到爱丁堡并成为一位教授后，我开始转变方向。这也合情合理：在对恐龙灭绝进行研究之后，我便开始痴迷于恐龙灭绝之后的

---

① 在英国作家玛丽·雪莱创作于 1818 年的小说《科学怪人》（*Frankenstein*）中，科学家弗兰肯斯坦用尸体各部位拼成一个怪物并使其复活，最后他也被怪物毁灭。——编者注

事——我对哺乳动物着了迷。

有时人们也会问我"为什么"。世界各地的孩子都梦想着长大后去挖掘恐龙化石，你为什么要去研究其他东西？为什么偏偏是哺乳动物？我的回答很简单：恐龙很厉害，但它们不是我们。哺乳动物的历史就是我们自己的历史。通过研究我们的祖先，我们可以了解自己最深层次的本质。

为什么我们会有这样的外表，这样的生长方式，这样抚养孩子的方式？为什么我们会背痛？为什么崩掉一块牙齿就需要接受昂贵的牙科治疗？为什么我们能够对周围的世界进行思考，并对它施加影响？

如果这些理由还不充分，再想想这一点：一些恐龙体形巨大，堪比一架波音 737 飞机，而最大的哺乳动物蓝鲸及其近亲则要更大。想象一下，如果在一个哺乳动物已经灭绝的世界里，我们所拥有的只是它们的骨骼化石，那么它们肯定会像恐龙一样闻名，一样具有代表性。

我们正在以惊人的速度了解哺乳动物的历史。现今发现的哺乳动物化石比以往任何时候都多。我们可以用电子计算机断层扫描（CT）仪、高倍显微镜、计算机动画软件等一系列工具研究它们，来揭示这些动物在活着、呼吸、运动、觅食、繁殖、演化时的样子。我们甚至可以从一些哺乳动物化石中获取 DNA，比如那些让达尔文迷恋的奇怪的南美洲哺乳动物。这就像亲子鉴定一样，能够告诉我们它们与现代物种的关系。哺乳动物古生物学领域是由维多利亚时代的男性创立的，但现在越来越多样化、国际化。我很幸运有专家导师们接受我这种研究恐龙的人进入哺乳动物的研究领域。现在我发现，指导下一代是我最大的乐趣，比如萨拉·谢利（她的插图为这本书增色许多！），还有许多其他优秀的学生。他们将继续用他们的发现书写哺乳动物的历史。

在这本书中，我将讲述现今我们已知的哺乳动物的演化故事。本书的第

——·——

一、第二部分大致涵盖了哺乳动物谱系的早期阶段，自它们从爬行动物中分化出来，直到恐龙灭绝。这期间，哺乳动物几乎获得了它们所有的特征，包括毛发、乳腺等，并从一个看起来像蜥蜴的祖先逐渐蜕变为我们可识别的哺乳动物。本书的第三、第四部分阐述了恐龙灭绝后发生的事情：哺乳动物如何抓住机会成为主宰者，适应不断变化的气候，在漂移的大陆上驰骋，并发展为今天令人难以置信的丰富物种——奔走者、挖掘者、飞行者、游动者和长着大脑袋的阅读者。在讲述哺乳动物的故事时，我还想告诉大家，我们如何利用化石线索拼凑出了这个故事，同时让你们亲身体验成为古生物学家的感觉。我将向你们介绍我的导师、我的学生，以及那些启发了我的人，正是他们的发现为我书写哺乳动物的故事提供了证据。

这本书并不会过多地关注人类，着重于人类的书还有很多。我将讨论人类的起源：我们如何从灵长类祖先中脱颖而出，如何用两条腿直立起来，如何增大大脑，如何与许多其他早期人类物种共存后占领世界。关于人类，我只会用一章去描述，给予人类与马、鲸和大象同等的关注度。**毕竟，我们只是哺乳动物演化史上众多惊人壮举之一罢了。**

不过，人类的故事的确需要被讲述。虽然我们只是单一的哺乳动物物种，只占据了哺乳动物历史的一小部分，但我们对地球的影响是前所未有的。我们建设城市、种植农作物，用公路和航线将全球连接起来，取得巨大成功，这都正在对我们最密切的亲属产生不利影响。自从智人走出森林、横扫全球以来，已经有 350 多种哺乳动物灭绝了。如今许多物种面临着灭绝的风险（如老虎、黑犀牛、蓝鲸）。如果事态以目前的速度发展下去，一半的哺乳动物可能会像长毛猛犸象和剑齿虎一样，屈服于同样的命运：**死亡和灭绝，只剩幽灵般的化石提醒着我们它们昔日的威严。**

自它们，或者说我们在小行星灾难中幸存以来，哺乳动物便徘徊于命运的十字路口，或者说处于历史上最摇摆不定的时刻。这是一段怎样的历史？在我们漫长的演化过程中，哺乳动物曾几度蜷缩在阴影中，几度占据主导地位。有的时期，它们繁盛壮大；而另一些时期，它们因大规模灭绝而大幅减少，几近灭绝。在有的纪元，恐龙钳制着它们；在有的纪元，它们又占了上风。曾经，它们的体形还比不过老鼠，后来却成了地球上最大的生物。它们经受住了极热的考验，又在冰河时代面对着 1.6 千米厚的冰川。有时它们只能占据食物链较低的一级，有时它们中的一些，比如人类，神清智明并能够塑造整个地球，无论这塑造结果是好是坏。所有这些历史为今天的世界、我们和我们的未来奠定了基础。

The
Rise and Reign
of the
Mammals

第一部分

古生代:
最早哺乳动物的出现

约 3.25 亿年前～约 2.52 亿年前

The Rise and Reign
of the Mammals

异齿龙（*Dimetrodon*）

01

地球生存争霸战，
从哺乳动物祖先说起

木排一分为二，两支谱系由此诞生

大约在 3.25 亿年前（误差在几百万年内），一群有鳞小生物紧紧攀附在一个由蕨类植物和破碎原木纠缠而成的木排上。它们通常独来独往，喜欢隐藏在丛林的茂密植被中，偶尔冒出头来捕捉一只昆虫，之后再度隐匿起来。但如今，绝望使它们聚集在了一起。它们的世界正在发生翻天覆地的变化——坐落在水陆交界处的沼泽天堂此时正被大海吞噬。

这群最大也不过 30 厘米长的小生物，眼下正紧张地四处张望。它们的外表类似壁虎或鬣蜥，前肢和后肢从身体两侧伸出，细长的尾巴拖在身后。体形较小的用瘦小的手指和脚趾抓住腐烂的植被，在木排上踱来踱去。较年长的只是凝视着浩瀚的大海，舌头在颠簸的海浪中摆动着，任由海水拍打。

几周前，一切似乎都还很正常。它们从隐蔽的洞穴里窥视潮湿的森林，周围是成荫的绿意。蕨类植物占据了森林的地表，孢子随一阵阵风在黏糊糊的空气中翩翩起舞。更大的种子灌木（有些是今天常绿乔木的远祖）形成了森林的中间层。下雨时（大部分时候都在下雨），玻璃弹珠大小的种子就随阵雨倾泻而下，给地面覆上一层滚珠，让行走变得危险重重。

这些有鳞小生物的小眼睛看不到森林顶部，因为森林似乎向苍穹无限延伸。森林冠层主体由两类树木构成，皆可高达 30 米。一种叫作芦木（*Calamites*）的植物，看起来像一棵瘦弱的圣诞树，竹子般笔直的树干上时不时吐出一串串树枝和针状叶。另一种是鳞木（*Lepidodendron*），树干约 1.8 米粗，光秃秃的，只在最顶端伸出一丛枝叶，这看起来像一根巨茎上长着一团叶子。它们生长速度极快，从孢子长到幼树，再到森林的冠层，只需要 10 到 15 年，之后便会死亡，被掩埋并变成煤炭，然后被下一代取代。

至少在今天之前，这种有鳞小生物还是数百种以沼泽森林为家的动物之一。这些动物中，有的平平无奇，有的令人惊叹。昆虫随处可见，因而成为完美的食物来源。蜘蛛和蝎子爬过落叶，攀上树干。原始的两栖动物聚集在小溪边，溪里有鱼，板足鲎类也巡游其中。板足鲎类长着盔甲，用胡桃夹子般的爪子钳制猎物，好似巨大的蝎子，有一些体形堪比人类。在那些风平浪静的日子，小溪涓涓流入河中，河流又铺展呈扇形，形成三角洲，之后汇入咸水海湾风平浪静的水域。

偶尔，一道滑动前行、令人毛骨悚然的身影会打破这份宁静——节胸蜈蚣（*Arthropleura*），一种体形巨大的千足虫，身长超过 2 米，吞食孢子和种子。有时，一种更可怕的声音会在沼泽中回荡，那是巨脉蜻蜓（*Meganeura*）的振翅声。这种蜻蜓大小堪比鸽子，四只巨大的半透明翅膀在搜寻虫子时"嗡嗡"作响。如果它饥肠辘辘，甚至可能会对一些有鳞小生物发起攻击——这也许是有鳞小生物躲藏起来的另一个原因。

当这群有鳞小生物紧紧抓住它们的临时枝叶小船时，曾经对巨脉蜻蜓攻击的惧怕似乎已成过眼云烟。现在面临的危险要大得多：它们被越来越汹涌的水流包围着。在遥远的南方，一个巨大的冰盖正在融化，水流入海洋，海平面随之上升。世界各地的海岸线被洪水淹没，包括由芦木、鳞木和栖息动物组成的红树林湾。有鳞小生物们对这些变化当然无从知晓。当泛着泡沫的漩涡裹挟着死虾和水母来回摇动着枝叶小船时，它们唯一能感知到的就是：森林已经不复存在了。

突然之间，一道闪电划破天际。雷声在头顶隆隆作响，一阵暴风把一堵水墙推向了木排，木排翻落，裂成了两半。一些有鳞小生物被海浪冲走，柔软无力的身体随腐烂的水母和虾一同漂流；不过大多数还是爬回了裂成两半的木排上。雨水冲刷着海湾，狂风呼啸，洋流分道扬镳：一条向东，一条向西。两架木排搭载着长满鳞片的货物，朝着相反的方向驶去。

几天后，风暴平息了，两架木排被冲上了不同的海岸。当这两队小生物冒险进入各自的新家时，迎接它们的是截然不同的挑战：不同的栖息地、气候和掠食者。经过多代努力，两个群体都很好地适应了新环境，并最终各自形成了新物种。这两个物种之后又分别产生了其他物种：两支主要的谱系由此诞生。其中一支在眼窝后部发展出两个窗状的开孔，为更大更强的颌肌提供了空间；另一支则发展出一个单一且宽大的开孔。

第一个类群具有两个头骨开孔，叫作双弓类（diapsids）。它最终会演化成蜥蜴、蛇、鳄鱼、恐龙、鸟类和海龟（海龟的开孔是封闭的）。第二个只具有一个头骨开孔的类群是下孔类（synapsids）。它将演化成一系列令人眼花缭乱的物种，其中就包括 1 亿多年后诞生的哺乳动物。

这只是一个故事，而故事中各事件发生的确切顺序可能并不如实。但在大约 3.25 亿年前，也就是地球历史上被称为宾夕法尼亚纪（也被称为石炭纪晚期）的时期，确实有一群覆盖着鳞片的小型生物曾生活在茂密的沼泽森林中，而这些森林经常被上升的海平面淹没。它们后来在谱系树上分化成两支，一支演化出爬行动物，另一支演化出哺乳动物。

——•——

我们是如何得知的？古生物学家，即像我这样研究古代生命的科学家，手握两条关键的证据线。在这本书中，我会将这些证据——汇集，来讲述哺乳动物演化的故事。

第一条证据线是化石和掩埋它们的岩石。化石是曾经存在的物种的直接证据，是古生物学家周游世界寻找的线索。找寻过程中，这些古生物学家常常面临众多考验：酷热、严寒、潮湿、多雨的环境，资金短缺，蚊虫叮咬，战乱或其他阻碍。很多古生物学家把自己想象成"深时"① 侦探。在这个类比中，化石就相当于留在犯罪现场的头发或指纹，告诉我们什么东西生活在什么时间、什么地点，有时还能为我们揭露"史前大戏"：掠食者将猎物撕裂、受害者被洪水冲走、幸存者历经了残酷的灭绝。最常见的化石是身体化石，即曾经活过的有机体的组成部分，比如骨头、牙齿、贝壳或叶子。还有一些是痕迹化石，记录了有机体的行为或它们留下的东西，比如脚印、洞穴、蛋、咬痕或粪化石（石化的粪便）。

化石可不会大喇喇地躺在街上，也不会随随便便埋在我们后院的土里，而是静悄悄地藏于砂岩和泥岩这样的岩石中。不同岩石形成于不同环境，有些岩石可以用化学技术确定年代：以实验所得的放射性衰变率为参考，通过计算放射性母同位素和子同位素的数量来计算岩石的年龄。这些都为我们了解化石生物生存的时间和地点提供了关键的背景信息。

第二条证据线就在我们身边，不需要任何特殊技能（或运气）就能找到。那就是 DNA，我们和所有其他生物体的细胞内都携带着 DNA。它是使我们成为人类的蓝图，是控制我们身体外观、生理特征、生长状况以及我们如何产生后代的遗传密码。DNA 也是一份档案，演化的历史就记录在构成我们基因组的数十亿个碱基对中。随着时间的推移，物种的 DNA 也会发生变化。基因会变异、转移、开启和关闭，DNA 片段则被复制或删除，新的 DNA 片段被插

———

① 深时（deep-time），地质时间概念，通常指人类出现之前。——编者注

入。因此，当两个物种从一个共同的祖先分化出来后，随着时间的推移，它们走上各自的道路，适应各自周围不断变化的环境，它们的 DNA 也会变得越来越不同。你可以提取现代物种的 DNA 序列，排列、对比，将 DNA 最相似的物种组合起来构建谱系树。还有另一个妙招。你可以任取两个物种，计算它们 DNA 的差异数，之后通过了解实验中 DNA 变化的速率，反向计算出这两个物种的分化时间。

我在创作上述有关"洪水肆虐的沼泽地"的故事时就使用了这两条证据线。DNA 研究预测，爬行动物和哺乳动物这两个分支大约在 3.25 亿年前相互分离。化石和岩石则告诉我们，这个失落的世界拥有一派与今天大相径庭的景观。

地球在宾夕法尼亚纪的地图尚不太为人所知。当时只有两个大型陆地块，一个叫冈瓦纳大陆，以南极为中心；另一个叫劳亚大陆，紧挨着赤道，东边环绕着一系列小岛。经过数百万年，冈瓦纳大陆向北漂移，其速度与我们指甲的生长速度差不多，之后它与劳亚大陆碰撞。这便是盘古大陆诞生的伊始。在这个超级大陆上，哺乳动物和恐龙演化的早期阶段将最终展开。这两块地壳相互碰撞时发生了变形，形成一条平行于赤道的长长山脉，其规模类似于今天的喜马拉雅山脉。今天庄严的阿巴拉契亚山脉，就是这条曾经高耸的山脉留下的痕迹。

赤道山脉两侧的热带和亚热带地区是生命的避风港。那里就是所谓的"煤沼泽"，因为推动工业革命的大部分煤炭，尤其是在欧洲地区、美国中西部和东部地区开采的煤炭，就是在这些沼泽中形成的。煤沼泽由那些快速生长的巨大鳞木和芦木的残骸经过掩埋和压缩形成。这些树与今天类似的茂盛环境中常见的棕榈树、木兰花和橡树完全不同。事实上，这些古树既不开花，也结不出任何果实。这些原始植物是石松类和木贼属的近亲，一直存活至今，是如今林下植被的稀有部分，不复昔日辉煌。宾夕法尼亚纪的树木以及在树枝周围嗡嗡作响的巨型蜻蜓，还有在树干附近来回蹿动的千足虫，之所以能够生长得如此巨大，全然是因为当时空气中的氧气量更高，比今天高 70% 左右。

　　这些树木紧挨着浅海海岸，形成了广阔的热带雨林。浅海远远拍打着不断扩大的超级大陆，以及汇入其中的众多溪流、河流和周边的三角洲、河口。若从空中观察这些沼泽，你会发现它们可能看起来有点儿像现代美国路易斯安那州的密西西比河河口：茂密的树木和小型植物混杂在一起，有些坐落在错综复杂的河网之间的泥岛上，另一些把蜘蛛网状的根伸入水中，各种各样的生物在其间爬行、跳跃、飞动，却不见鸟类、蚊子、海狸、水獭或其他长有毛发的哺乳动物。尽管这些动物的祖先确实居住在煤沼泽，但它们要在之后很久才演化出来，那时的世界又将完全不同。

　　为什么有那么多树木被掩埋，变成煤炭？这是因为沼泽地不断被淹没。海平面总是有规律地起起伏伏。宾夕法尼亚纪是一片冰雪世界，事实上，这是最近一个冰河时代到来前的最后一个大型冰河时代，当时猛犸象和剑齿虎统治着这个世界（这个故事我们以后会讲到）。整个地球并不寒冷，当然，煤沼泽也不寒冷。但是冈瓦纳大陆的南极，以及之后盘古大陆的南部，都覆盖着一个巨大冰盖。它的存在要归功于煤沼泽：这么多巨树共同生长，从大气中吸收了二氧化碳，而这种为地球保温的温室气体减少，导致温度骤降。几千万年来，冰盖的大小增增减减，成为控制全球海平面的导体。冰会融化，海平面会上升，沼泽会被淹没，树木会死亡并被掩埋。之后，冰盖增大，吸走海水，海平面下降，为沼泽地的繁荣发展提供了空间。如此这般循环往复。我们之所以知道这一点，是因为宾夕法尼亚纪的岩石通常会形成旋回层（条形码状岩层序列），它们由陆地和水中的薄层反复出现、煤层穿插其间而形成。

　　这个时期的化石非常丰富，特别是在我长大的伊利诺伊州北部。它们嵌在旋回层中，上方、下方都是煤。最好的化石是在伊利诺伊河一条温和平静的支流——梅森克里克的河岸，以及东部的露天矿坑中发现的。在宾夕法尼亚纪，海洋与沼泽在此处交汇，雨林中的动植物也在此处被冲入水中，沉入海底，之后被铁石坟墓包裹。这些坟墓是椭圆扁平的铁锈色结核，可以在小溪河床或矿区残渣中找到。十几岁的时候，我在66号公路小城镇威尔明顿附近寻找这些结核，我母亲就在那座小镇长大。我在早已关闭的矿场的废料堆中搜寻。一个多世纪以前，这些矿场曾召唤我那意大利籍的曾祖父母到中美洲开辟新生活。我把结核放在一个桶里，带回家，放在芝加哥寒冬的室外，任由它们随着温度的波动反复冻融。如果它们看起来快裂了，我会用锤子加一把力。

如果运气好的话，结核会破开，显露出其中的宝藏：一边是化石，另一边是化石留下的印痕。每一次我都能获得一种超凡的体验：这只生物活在 3 亿多年前，死在 3 亿多年前，我是第一个见到它的人！许多裂开的结核里有植物：蕨类植物的叶子、芦木的碎片、大块的鳞木根。我特别乐于看到水母（资深的梅森克里克化石猎人轻蔑地称之为"小泡"），还喜欢看到虾或虫子。

我真正想找的是四足动物，一种有骨骼的陆生动物，但我从未有幸在结核中发现过它们。在课后和安静的周末午后，我翻阅教科书得知，四足动物是从鱼类演化而来的，并在大约 3.9 亿年前（宾夕法尼亚纪之前）爬上了陆地。这些最早的四足动物是两栖动物，仍然需要回到水中产卵。在梅森克里克，人们甚至发现了一些原始两栖动物的骨骼，它们是青蛙和蝾螈的远亲。

宾夕法尼亚纪的某个时候，从这些两栖动物分化出了一个新的类群。它们是羊膜动物，一种更为特殊的四足动物，因其产下的羊膜卵而得名——羊膜卵的内膜包裹着胚胎，保护胚胎并防止其干燥。这种新的卵进化出一个巨大的新潜能：羊膜动物不再被束缚于水中，而是可以在内陆产卵，它们因此能够开拓新的疆土——树梢、洞穴、平原、山脉、沙漠。只有当羊膜卵出现时，四足动物才真正脱离了海洋，真正地征服了陆地。

从羊膜动物中产生了爬行动物和哺乳动物这两个分支，它们也分别叫作双弓类和下孔类。两种分支互相分离，好似一对父母诞下的一对双生姐妹。这不仅仅是一个类比，因为新物种、新谱系、新王朝就是如此在演化中产生的。物种总是随着环境的变化而变化，这正是达尔文提出的"自然选择进化论"。有时，一个单一物种的大种群可能会被洪水、火灾或山脉的隆起拆散成小种群，然后继续因自然选择而变化。如果彼此分开的时间足够长，它们将各自产生不同的特征，以适应不同环境——这些特征差别巨大，甚至让它们不再具有相同的外表、相同的行为，也不再能互相交配。至此，一个物种分化成两个。它们可能会再次分化，由两个变成四个，以此类推。生命总是以这种方式变得多种多样，好似一棵生长了 40 多亿年的树，枝节横生，枝叶繁茂。这就是为什么我们将谱系学（包括灭绝物种和人类的系统发育学）用谱系树表示出来，而不是将谱系网、路线图、三角形或其他图形作为辅助图形。

双弓类与下孔类的分化，悄然始于一个小小的有鳞祖先物种的分化，却成为脊椎动物演化的关键环节之一。我还知道，各自拥有独特的头骨开孔和颌部肌肉系统的双弓类与下孔类，在梅森克里克结核形成的时候就已经出现了。我心怀期望，用锤子一下一下地敲这些结核，希望能找到一件稀世化石来帮我讲述这个故事，但可惜，这样的化石一直没有出现。

"万兽之祖"始祖单弓兽，第一个伟大王朝的奠基者

北美洲其他地区的其他化石寻猎者显然更为成功。1956 年，由颇负盛名的古生物学家阿尔弗雷德·舍伍德·罗默（Alfred Sherwood Romer）担任领队的哈佛大学野外考察小队，对大西洋海岸附近、加拿大新斯科舍省佛罗伦萨市的一个废弃煤矿进行调查，获得了一项重要发现。技术人员阿尼·刘易斯（Arnie Lewis）注意到了一种名为封印木（*Sigillaria*）的树木的树桩化石。封印木是鳞木的近亲，树冠的叶子在顶部分叉，好似一把巨大的刷子。树桩化石还保持着生长时的姿态，仿佛它们被上升的海平面淹没就发生在昨天，而不是大约 3.1 亿年前（也是它们的真实年龄）。该小队涉水穿过被淹矿井中的狭窄竖井，收集到五件树桩化石。他们朝树桩内望去，大为震惊：里面有几十具化石骨架！在海水袭来时，这些可怜的生物可能想到树上寻求庇护，却没想到反

———◆———

而一脚踏入了坟墓。一个树桩内部有 20 多只动物——包括两栖类、双弓类和下孔类，它们是早期生活在陆地的四足动物的三大类群。

当时，刚从罗马尼亚移民到加拿大的硕士研究生罗伯特·赖斯（Robert Reisz），将这些下孔类动物描述为两个新物种：始祖单弓兽（*Archaeothyris*, 见图 1-1）和棘蜥龙（*Echinerpeton*）。

图 1-1　始祖单弓兽

注：托德·马歇尔（Todd Marshall）绘。

现在，赖斯作为世界顶尖的古生物学家之一，开始研究这些早期单孔类生物。他选择了始祖单弓兽这个名字（意为"古老的窗户"）来突出这种动物最重要的特征：眼睛后方有一个像舷窗的巨大开孔，里面的闭颌肌肉比它祖先的更大、更有力。就是这个专业名称为侧颞孔的单独开孔，界定了下孔类的含义。从煤沼泽的祖先动物到今天的蝙蝠、鼩鼱和大象，所有下孔类都有这个开孔，或者有改良的开孔。我们也一样，而且每次闭上嘴巴时你都能感觉到它的存在（见图 1-2）。把手放在颧骨上，然后张大嘴咬合，你会感觉到脸颊肌肉的收缩。

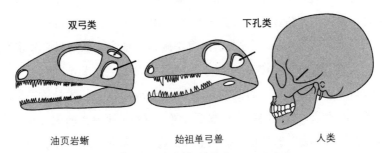

图 1-2　陆生脊椎动物的两种主要头骨类型

注：双弓类具有两个开口，其用于附着眼睛后方的下颌肌肉；包括人类在内的下孔类只有一个开口。箭头表示颌部开口。萨拉·谢利绘。

　　如果亲眼见到在煤沼泽里蹿来蹿去的始祖单弓兽，你会发现它看起来并不出众。它的口鼻部到尾巴处大约 50 厘米长，小小的头颅架在细长的身体上。四肢如何尚不为人所知，但从保存下来的骨骼来看，手臂和大腿毫无疑问是从身侧大张而出的，它形似蜥蜴或鳄鱼。显然，它并非为速度而生。然而仔细观察，你会发现它在其他方面也很特别：不仅头骨内隐藏着较大的颌部肌肉，而且口鼻部有一系列弯曲的尖齿。有一颗前齿明显较大，看起来像一颗小型的犬齿。两栖动物、蜥蜴和鳄鱼都没有犬齿，从整个颌部看，它们的牙齿基本长得都一样。哺乳动物的牙齿种类则要多得多，分为门齿、犬齿、前臼齿和臼齿，这种分工使我们能够同时攫取、啃咬和碾磨，而且会在之后经过许多演化步骤整合起来。始祖单弓兽的小犬齿，显露出"牙齿革命"的蛛丝马迹。

　　总的来说，始祖单弓兽的颌部肌肉、锋利的牙齿和犬齿是大型武器库，可作捕食昆虫用，也许还能捕食其他四足动物，比如棘蜥龙。棘蜥龙是第二个来自新斯科舍省的下孔类物种，可以轻松地卷起身体，钻到本书的书页之间。它零碎的化石确实显示了一个奇特的特征，这也是它被称为"带刺的爬行动物"的原因：它的颈椎和脊椎棘突（即组成脊椎的独立骨骼）向上伸展，形成细长的节片，排列在一起就会在背部形成一个小小的帆状物——可能用来展示，或在凉爽时节充当太阳能电池板为身体蓄热，在温暖天气充当风扇为身体散热，抑或完全另作他用。

　　还有一种更有名的灭绝动物——异齿龙（*Dimetrodon*），它的背上有更大的帆状物。异齿龙生活在宾夕法尼亚纪后的二叠纪，它经常被误认为恐龙，还在恐龙海报上与霸王龙共享版面，在恐龙玩具中与雷龙和剑龙为伍。但它不是恐龙，而是下孔类。更具体地说，它是一种被称作盘龙类的原始下孔类动物。

　　盘龙类从下孔类这个分支的第一波演化大浪潮中诞生，是在不断扩大的盘古大陆上首批走向多样化并扩散开来的动物，也是首批开始发展标志性特征的动物。3 亿多年后，这些特征仍然是使哺乳动物从两栖动物、爬行动物和鸟类中脱颖而出的因素，包括颞肌开孔和犬齿。这些特征在始祖单弓兽和棘蜥龙身上出现，因为这两个新斯科舍省物种属于最古老的盘龙类，是通向异齿龙的第一个伟大王朝的奠基者——这个王朝最终迎来了哺乳动物。

石炭纪雨林崩溃，一场比小行星撞击地球更大的灾难

随着宾夕法尼亚纪接近尾声，这些下孔类中的盘龙类栖息在盘古大陆赤道地区仍继续升高的山脉两侧，一些以昆虫为食，一些以小型四足动物和鱼类为食，还有一些开始尝试一种那时一直被忽视的新食物类型：叶和茎。它们正在变得多种多样，但在生态系统中仍然只占很小一部分，更多的还是易于繁殖的两栖动物，在潮湿的煤炭森林中繁衍生息。

然后，在距今约 3.07 亿～ 3.03 亿年前，世界在突发的"石炭纪雨林崩溃"事件中发生巨变。气候更干，温度忽冷忽热，冰盖融化，并最终在随后的二叠纪永久消失。煤沼泽被破坏了，高耸的芦木、鳞木和封印木在干旱条件下难以生长，由针叶树、苏铁和其他耐旱的种子植物取而代之。热带地区的湿润雨林被季节性更强的半干旱旱地所取代，盘古大陆的其他地区成了干涸的沙漠。这一切都反映在岩石记录中：煤层和旋回层突然转变为"红层"——全是干燥气候下形成的锈铁。

这些变化对生物多样性产生了显著的影响，植物受到的打击尤其严重。宾夕法尼亚纪煤沼泽植被转变为更适应干旱的种子植物，其间还发生了一次物种灭绝事件。许多宾夕法尼亚纪的物种消失了，有些没有后裔或近亲，有些只留下较小的、不那么引人注目的表亲。总的来说，宾夕法尼亚纪植物家族大约灭绝了一半，这是植物化石记录中仅有的两次大规模灭绝之一。另一次发生在二叠纪末期，我们稍后会讲到这个故事。这就意味着，石炭纪雨林崩溃是一场重大的植物学灾难，更甚于导致恐龙灭绝的白垩纪末期小行星撞击地球。

——●——

那么，生活在煤炭森林里的动物呢？年轻研究员埃玛·邓恩（Emma Dunne）的一项研究讲述了这个故事。邓恩在爱尔兰长大，后来去英国攻读博士学位，是新一代古生物学家中的佼佼者。就像以前的众多化石寻猎者一样，她也收集化石，并且很擅长应用大数据分析和先进的统计方法。根据几块新出土的化石编造出一些短篇故事总是很有诱惑力，但为了真正理解演化的模式和过程，邓恩这代人的思维方式跟股票市场分析师或投资银行家差不多：收集大量数据，用统计模型将不确定性纳入考虑因素，并依靠数字而非直觉对假设进行明确的相互检验。

本着这种精神，邓恩建立了一个数据库，内容涵盖 1 000 多件石炭纪和二叠纪的四足动物化石，以及它们归属的类群、发现地。古生物学研究往往非常依赖在少数几个有幸保存了拥有数亿年历史的骨骼和牙齿的地方偶然发现的化石，因此取样偏差难免对研究造成影响。她便用统计工具来消除偏差。最后，她建立了统计模型，测试两栖类、双弓类和下孔类等物种的总体多样性和分布是如何随着雨林崩溃而变化的。

测试结果令人不安。随着石炭纪向二叠纪过渡，物种多样性大规模减少，因为许多煤炭森林的四足动物都灭绝了。这很可能不是一下子发生的，而是在数百万年的时间里，旱地自东向西逐渐取代了热带地区的煤炭森林。栖息地的这种变化更像是过渡而非崩溃，这种变化带来了更加开阔的地貌，有利于动物迁移。能够忍受干燥气候的四足动物能够在更广的范围内生活，它们并不是长期以来主宰宾夕法尼亚纪湿地世界的两栖类，因为两栖类往往依托水源繁殖。在此期间，双弓类和下孔类发现自己拥有了一种极度适应新世界的超级能力：羊膜卵，里面有具有滋养保护作用、令胚胎保持湿润的膜。它们在陆地上自由移动，到达了此前与世隔绝的地区，并在此过程中演化出新的物种、新的身形、更大的体形、新的食性和新的行为。

异齿龙，二叠纪统治地球的顶级掠食者

随着煤沼泽变为开阔旱地及二叠纪的到来，地球成了盘龙类的星球。没有什么比异齿龙更能代表盘龙类统治的新时代了。异齿龙身有背帆，以来自得克萨斯州的几十具骨架而闻名［见图 1-3（a）］。它们经常被误认作恐龙是有原因的：由于找不到更好的描述，我们只能说它们的体形看起来像爬行动物。它们又大又笨重，有长尾、利齿，短粗大张的四肢无法快速移动。就连大脑也很小，呈管状，与恐龙的大脑相似，而不像哺乳动物的巨型大脑。

（a）

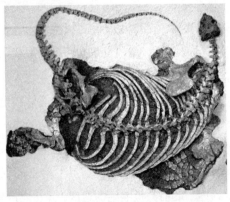

（b）

图 1-3　哺乳动物原始的下孔类祖先盘龙类

注：身有背帆的异齿龙（a）和一只大腹便便的食植卡色龙科（caseids）动物（b）。H. 泽尔（H. Zell）和瑞安·索马（Ryan Somma）分别供图。

哺乳动物的大脑极度扩张，有意大利通心粉般的纹路，能赋予它们更高的智力和更强的感官。就这些特征来说，异齿龙与那些在宾夕法尼亚纪分化为下孔类和双弓类的小型有鳞祖先生物相比，可能没有太大区别。

然而，在其他特征方面，异齿龙与它的祖先大不相同。这一点在口腔中表现得最为明显。大多数两栖类和双孔类动物身上可见清一色的叶片齿或钉状齿，异齿龙则完全不同：口鼻前部有大而圆的门齿，紧接其后的是大犬齿，最后是一组沿脸颊生长且极度弯曲的小后犬齿（见图1-4）。这说明继早期盘龙类（如藏在树桩里的始祖单弓兽）发展出犬齿后，典型哺乳动物齿列演化又向前迈进了一步。颌部肌肉随牙齿变化而变化，变得更大，附着在更强壮、更深的下颌上，促进了更强的咬合能力的发展。脊椎也发生了变化，单个椎骨现在以某种方式连接在一起，让它不再像爬行动物和两栖动物那样笨拙地左右起伏。

因此，异齿龙既具有原始特征，又具有进步特征。它有点儿像弗兰肯斯坦，混合了古代爬行动物的特征和哺乳动物的进步特征。考虑到它在谱系树上的位置，这并不出人意料。在旧教科书中，你可能

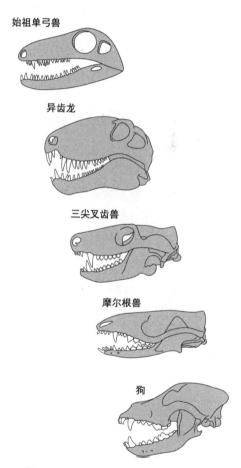

始祖单弓兽

异齿龙

三尖叉齿兽

摩尔根兽

狗

图1-4 下孔类历史中头骨和牙齿的演变

注：此图用于说明哺乳动物的牙齿是如何变得更为复杂并分化成门齿、犬齿、前臼齿和臼齿的。萨拉·谢利绘。

会看到异齿龙和类似动物被称为"似哺乳爬行动物",这个术语很形象,但已经过时了。因为异齿龙尽管外表像爬行动物,但并不是爬行动物,也不是由真正的爬行动物演化而来(爬行动物本身源于双弓类)。它的"爬行动物"特征只是尚未褪去的原始特征。相反,用科学分类的说法来讲,它和其他盘龙类都是"干群哺乳动物",即位于通往哺乳动物的演化分支上的灭绝物种,而它与哺乳动物的关系比它与现存所有其他类群更为密切。正是在这个干群谱系上,哺乳动物在数百万年的演化时间里,一点一点地形成了自己的身体构造。沿着哺乳动物的干群谱系,一开始看起来像爬行动物(但不是爬行动物)的生物,逐渐演化成毛茸茸、脑部大的小型温血哺乳动物。

你知道这意味着什么吗?这意味着,异齿龙与你我的关系比与霸王龙或雷龙的关系更为密切。

在二叠纪早期异齿龙的全盛时期,也就是距今约 2.99 亿～ 2.73 亿年前,哺乳动物仅仅是个概念,尚未演化形成。诚然,异齿龙及其近亲演化出了我们今天认为属于哺乳动物的标志性特征,但它们并没有演化成哺乳动物。自然选择从不为未来做什么计划,它只在当下发挥作用,使生物体适应当前的环境。在地球历史的宏伟图景中,当地天气或地形的变化、掠食者进入新的森林区域或是新食物类型突然出现,这些因素通常都是微不足道的。对于异齿龙和其他盘龙类来说,食性可能在很大程度上加速了它们的演化,进而推动了最初的哺乳动物特征的发展。

异齿龙可不是好惹的。点缀着池塘以及有河流贯穿的繁茂低地森林是它生活的生态系统,而它是这一生态系统中的顶级掠食者。煤沼泽早就消失了,但这些生态系统中仍有沼泽和水栖动植物。长约 4.5 米、体重达 250 千克的异齿龙想吃什么就吃什么。它的菜单上有其他陆生四足动物(包括下孔类、双弓类),还有沿着河岸移动的两栖动物,以及在河里游动的淡水鲨鱼。这些"背帆霸者"会潜伏在常绿树林和海岸线上,用新演化出的门齿攫住猎物,镰刀状的犬齿留下致命一咬，颊齿切断肌肉和肌腱，然后将猎物吞食。如果猎物试图挣脱，那就"咔嚓"来上一口！巨大的颌肌就会将其牢牢咬紧。这样一来，异齿龙就成了陆地上最早的大型、强大的顶级掠食者之一：它开创了一个生态位，该生态位在许久之后由狮子和剑齿虎这样的哺乳动物后继者们最终填补。

如果异齿龙想找点儿刺激，又或者饥肠辘辘，可能会向另一个盘龙类物种——从外貌上看堪称其翻版的基龙（*Edaphosaurus*）发起攻击。这种类似的有帆生物在整体长度上比异齿龙略短，但体重略重，腹部丰满，头部较小。但只要基龙张开嘴，你马上就能发现它不仅是一个不同于异齿龙的物种，而且食性也与其完全不同。基龙没有门齿和犬齿，而有一排形状更一致的三角形利齿。它的上颌和下颌内表面还长了第二组独特且扁平的牙齿。这种齿列组合非常适合食用植物：上下颌的颊齿共同运作，好似一把园艺剪刀，可以切割树叶和茎，内部的牙齿则负责粉碎和研磨。

食用植物看起来可能并不特别，这是动物们如今谋生的一种常见方式。然而，在二叠纪，这可是一个热门的新趋势。基龙是最早专门食用植物的四足动物之一。它那宾夕法尼亚纪的祖先在雨林崩溃之前就开始尝试这种食性。之后，气候更干旱、更具季节性，雨林中出现了丰富的含种子的植物，食植才成为它正常的生活方式。事实上，不同的盘龙类群体也都独立演化出了对绿色植物的喜好，这标志着该食性从流行走向主流。其中，卡色龙科也许算得上最奇怪的下孔类［见图 1–3（b）］。

它们有着小小的脑袋和桶状的身体，看起来更像是《星球大战》中的角色，而不是演化产生的功能性动物。但它们是真实存在的，而且非常善于食用植物，其中一些成了它们那个时代最壮硕的下孔类，如体重达半吨的杯鼻龙（*Cotylorhynchus*），它需要宽阔肥大的肠道来消化吞食的所有树叶和树枝。基龙群体和卡色龙科动物一起开创了食物链上大型食植动物的生态位，包括马、袋鼠、鹿、大象在内的许多哺乳动物后来占据了这一位置。

在二叠纪早期繁衍生息的众多盘龙类中，大口食肉的异齿龙、扫荡植物的基龙和身形矮胖的卡色龙科动物只是一小部分成员。在数千万年的时间里，整个世界，尤其是比盘古大陆其他地区更潮湿、季节性更弱的热带地区，都是它们的天下。但后来，它们似乎在鼎盛之时走向了衰落。原因尚不清楚，但可能与石炭纪雨林崩溃事件、气候变暖变干至顶峰，以及南极冰盖的最终消失有关。大约在 2.73 亿年前，随着二叠纪早期向中期过渡，生活在热带地区的盘龙类的多样性也遭到了破坏，因为这些地区变得更加干旱。重申一次，这不是一场突如其来的灾难，而是一场持续了数百万年的死亡之旅。高纬度温带地区也发生了很大变化，物种几乎全军覆灭。在热带和温带地区，一种新型的下孔类动物出现了，并迅速分化成大量的新物种，其中包括食肉动物和食植动物，灾难幸存者及巨兽。

它们是兽孔类，从类似异齿龙的盘龙类演化而来，之后发展出了许多进步特征，使它们生长速度更快、新陈代谢更快、感官更敏锐、运动效率更高、咬合力更强。在通往哺乳动物的道路上，它们是向前迈进的重要一步。

兽孔类，通往哺乳动物道路上的下一站

南非的卡鲁风景宜人，但条件艰苦。一望无际的蓝天使人心生宁静，但万里无云意味着雨水鲜少到来。这里是典型的沙漠气候，白天灼热炙烤，夜晚寒风瑟瑟，干燥的空气吹不动从沙石中冒出头来的芦荟和其他耐高温的灌木。第一批欧洲人侵者多次试图定居于此，但都徒劳而返。当然，当地人能够在此生活，但荷兰人和英国人并没有把他们放在眼里。这些原住民一度过着安然的生活，直到殖民者修建了公路和铁路，并引进了风车，从地下深处抽水。很快，卡鲁成了以农业生产为主的乡村，成为生产南非羔羊和羊毛的中心。

修路是件棘手的事。工人们不仅要忍受严酷的气候，还必须将大量岩石炸

穿。在卡鲁，岩石无处不在，岁月将它们雕刻成散布在沙漠之中的山脉和山谷。一层又一层岩石（主要是在古老河流、湖泊和沙丘地带形成的砂岩和泥岩）堆积起来，好似一个厚达 10 千米的巨大婚礼蛋糕。早在石炭纪和二叠纪，以及随后的三叠纪和侏罗纪，卡鲁盆地都是一个拥有丰富动植物物种的开阔盆地。随着盆地边缘群山中的河流外排，泥沙在盆地中聚积。这是一个"饥肠辘辘"的盆地，从来不曾被填满过，因为随着河流逐渐排空，断层运动使盆地底部不断下降。当这场对峙终于结束时，卡鲁地区已拥有超过 1 亿年的历史记录，一系列岩石记录了石炭纪雨林的崩溃、二叠纪土地的干旱化、从冰川冰室到温室的转变，以及超级大陆盘古大陆的聚合。

在这些岩石中开路需要优秀的工程师，安德鲁·格迪斯·贝恩（Andrew Geddes Bain）就是其中的佼佼者。贝恩出生于苏格兰高地，十几岁时移居南非，他的叔叔是一名上校，驻扎在当时的英属开普殖民地。在尝试过许多职业——马鞍工、作家、陆军上尉、农民——之后，贝恩受命在卡鲁地区修路。他每铺设一段道路，就对岩石更加熟悉一点。最终，他绘制出第一张详细的南非地质图，在惊人的职业履历中又增加了"地质学家"的标签。贝恩还加入了"收集在岩石中发现的奇珍异宝"的活动。他的藏品中有长着獠牙、和狗一般大的二叠纪动物头骨，它们与南非现代热带草原动物的头骨毫不相似。1838 年，他在博福特堡附近工作时发现了第一件这样的头骨。博福特堡是一个小村庄，最初是为传教而建立的，后来变成军营。当地没有博物馆来展出这些化石，所以他把一些化石送到伦敦。当地质学会开始付钱给他后，他就源源不断地将化石送去。

在英国首都，非凡的解剖学家及博物学家理查德·欧文（Richard Owen）得到了贝恩的化石。欧文四十出头时，已是英国维多利亚时代科学界的巨擘。早些年间，他创造了"dinosaur"（恐龙）这个词来描述出现在英格兰南部的古代巨兽骨架。几年后，他被任命为大英博物馆自然历史馆馆长。在生命的暮年，他帮助建立了坐落于伦敦的南肯辛顿区自然历史博物馆。他是皇室的宠儿，曾给维多利亚女王和艾伯特亲王的孩子当过家庭教师，这与他的科学研究一道为他赢得了爵士头衔。我们敢说，如果在维多利亚时代有一枚奖励科学成就的奖章或某项奖项，欧文绝对会在他漫长职业生涯中的某个时刻拔得头筹。鉴于他是个尖刻偏执、虚伪圆滑、争强好斗、敌多于友的自大狂，取得的成就显然要归功于他过人的天赋。

1845 年，欧文发表了一篇文章，对贝恩找到的一些化石进行了描述，把其中一个命名为二齿兽（*Dicynodon*，见图 1-5）。这是一种令人费解的动物，头部类似爬行动物，有一只喙，还有一对狰狞的犬牙，这也正是它名字的意思："两颗犬齿"。他在后来的一篇文章中描述了另一个物种，称其为鼬龙兽（*Galesaurus*），意为"鼬鼠蜥蜴"。对欧文来说，这个名字描述了他在化石中看到的东西：蜥蜴和哺乳动物特征的罕见混合。他对贝恩提供的许多头骨中的牙齿特别着迷，它们可归类于我们在哺乳动物身上常见的门齿、犬齿和颊齿。但除此之外，这些动物从体形和比例来看，更像是爬行动物，以至于欧文错误地将其中一些动物归入了恐龙类。

欧文鼓励贝恩收集更多化石。这些化石从遥远的殖民地运来时，欧文便继续对它们进行研究、命名。他甚至招募了十几岁的阿尔弗雷德王子（维多利亚和艾伯特的第四个孩子，英国王位的第二继承人），让王子在 1860 年访问南非时为他收集更多标本。王子同意了，带回了两件二齿兽头骨。尽管卡鲁化石的数量不断增加，欧文还是没弄清楚它们到底是什么。它们在许多方面似乎与哺乳动物相似，欧文的论文和演讲中，以及后来具有里程碑意义的 1876 年南非化石目录中都确认了这一点。但是欧文还是没把它们看作哺乳动物的祖先，即它们是演化链上连接原始类爬行动物和现代哺乳动物的纽带。欧文未能解开这个谜团，全然是因为他陷入了一场与查尔斯·达尔文关于演化本身的争执。作为一个坚定的社会保守派和对现状的激烈捍卫者，欧文不接受达尔文的自然选择进化论。他针对《物种起源》写了一篇刻薄的评论，这是科学史上最失败的奚落事件之一。欧文并不认为物种不可改变，只是认为达尔文关于演化机制的观点都是错误的。在这一点上，他显然掺杂了个人恩怨。

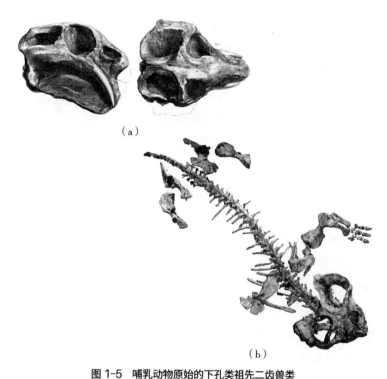

（a）

（b）

图 1-5　哺乳动物原始的下孔类祖先二齿兽类

注：理查德·欧文于 1845 年描述的二齿兽头骨（a）和骨架（b）。克里斯蒂安·卡默勒（Christian Kammerer）供图。

可以料想的是，达尔文最坚定的捍卫者，博物学家托马斯·亨利·赫胥黎（Thomas Henry Huxley），创造了"不可知论者"一词来描述他的观点。他不肯承认欧文的卡鲁爬行动物具有哺乳动物特征，也不接受哺乳动物是从它们演化而来的可能性。相反，赫胥黎提出了一个事后看来很滑稽的观点：哺乳动物是从蝾螈型两栖动物演化而来的。随着时间的流逝，欧文和赫胥黎继续争吵不休。他们在 19 世纪 90 年代相继去世后，这场争论仍悬而未决，尽管大多数证据都对欧文有利。这些线索中，有一种新发现的身有背帆的"爬行动物"：异齿龙。在描述它和其他来自北美洲的化石时，古生物学家爱德华·德林克·科佩（Edward Drinker Cope，请记住这个名字，因为我们稍后会在更冒险刺激的故事中见到他）主张将"爬行动物"盘龙类、欧文的卡鲁化石和今天的哺乳动物联系起来。

———

几十年后，欧文和科佩的正确性终于被另一位追随贝恩脚步、移民到南非的英国人证明。罗伯特·布鲁姆（Robert Broom）出生于以纺织业闻名的佩斯利镇，并在格拉斯哥市接受了医学培训，成为一名医生。有几年，他是格拉斯哥妇产医院的产科医生，但由于心中对染上结核病的恐慌日益加剧，所以搬到了国外。他先是去了澳大利亚，后来又到了南非。然而迫使他移民的不仅仅是恐惧，还有一种痴迷。他痴迷于研究哺乳动物的起源。布鲁姆从小就热衷于博物学，在大学里学习了比较解剖学课程后，他迷上了古生物学。在澳大利亚的时候，他对这片大陆上古怪的有袋类动物群进行了研究，之后他专门搬到南非，以便从卡鲁地区收集并研究"似哺乳爬行动物"。几十年来，他一直奔波于各省的城镇之间，一边行医，一边将研究化石作为爱好。偶尔他也会担任起镇长一职。

布鲁姆是南非 20 世纪上半叶最杰出的科学家之一。他撰写了 400 多篇关于卡鲁化石的文章，描述了 300 多种"似哺乳爬行动物"。在他到卡鲁之前，那里的大部分化石只被草草研究过，就连欧文也是如此处理。坦率地说，与欧文对恐龙的研究、对现代哺乳动物的解剖、维多利亚时代所从事的社会服务以及与达尔文的争吵相比，欧文对这些化石着实算不上重视。布鲁姆却把研究这些化石当作他的人生使命，好似一名神经质的漫画收藏家一样执着于完成收集任务。他系统地调查了卡鲁沙漠，与农民和筑路工人打成一片，训练他们识别化石骨骼。一名建筑工人的儿子（克罗尼·基钦的儿子詹姆斯·基钦）以及一个农民的孙子（悉尼·鲁比奇的孙子布鲁斯·鲁比奇）舍下了他们的家族事业，成了南非最杰出的两位古生物学家，这是对布鲁姆影响力最好的证明。今天，布鲁斯·鲁比奇和他在威特沃特斯兰德大学的同事与当地社区和原住民学生密切合作，将这项事业发扬光大。

布鲁姆的伟大成就在于彻底证明了科佩关于盘龙类、二叠纪卡鲁化石与哺乳动物之间存在联系的假设。1905 年，布鲁姆发明了"therapsid"（兽孔类）这个术语，将卡鲁的许多动物归类为"似哺乳爬行动物"，并有力地论证了哺乳动物是从该群体演化而来的。他在 1909 年至 1910 年访问美国，在那里对异齿龙和其他盘龙类化石进行研究。他发现盘龙类和兽孔类有明显的相似之处，并在一篇具有里程碑意义的论述中，提出了它们密切相关的论点。在此过程中，他把上述两种观点合二为一，主张盘龙类、兽孔类、哺乳动物之间存在联系。他认为兽孔类比盘龙类更进步，尤其是它们发育良好、更为直立的四肢，这使它们能够站得更直，腹部离地面更远。从这个意义上说，它们逐渐变得更像哺乳动物。因此，盘龙类先出现，兽孔类则是通往哺乳动物道路上的下一站。

丽齿兽类，二叠纪晚期陆地的最强王者

这些兽孔类长什么样？它们有数百个物种，令人眼花缭乱。我们已经见过欧文描述的二齿兽，它与二叠纪最多样化的兽孔类亚群二齿兽类同名。欧文给二齿兽命名后，它一时名声大噪。在1854年伦敦著名的水晶宫展览中，二齿兽与新发现的禽龙和巨齿龙并驾齐驱。展览中的两座二齿兽雕像（我们今日仍能见到，只不过有点儿陈旧）帮助维多利亚时代的大众了解了史前世界。名气太大也有坏处：作为第一个被发现的二齿兽类群体代表，二齿兽成了大量新化石的"分类学垃圾场"。在接下来的一个半世纪里，大约有168个新物种被归入二齿兽属，这让布鲁姆哀叹它是"我们必须处理的最麻烦的属"，让他"毫无头绪"。

直到2011年，这个烂摊子才被另一位像布鲁姆一样痴迷并注重细节的古生物学家克里斯蒂安·卡默勒解决掉。我第一次见到克里斯蒂安时，他还是芝加哥大学的博士研究生，而我是一名硕士研究生。克里斯蒂安可是校园里的风云人物之一，没人不知道他和他的杰出事迹。在普通大学，这通常意味着在体育方面有所建树，或身怀一些适合联谊会的绝技。但芝加哥大学却不走寻常路，正如它的校训所说，"让快乐去死"。克里斯蒂安名声大噪完全是因为芝加哥大学传奇的"寻宝游戏"，一个为期四天、专为书呆子们举办的狂欢会。他们在"寻宝游戏"中收集各种奇怪、美妙或不可获取的物品，比如自制的核反应堆（如果功能正常的话还可以加分）。在解开这个名为"二齿兽"的难

题上，克里斯蒂安这种"收藏家"心态显然起了很大作用。他多年的精心研究终于汇集成一篇聚焦于二齿兽的专题论文，这篇论文就是他坐在美国自然历史博物馆的办公室里，我对面的工位上写成的。美国自然历史博物馆是我们两人那不可思议、命运交缠的学术之旅的第二站。在这篇论文中，他只确认了两种有效的二齿兽物种。所有其他曾被归为二齿兽的物种都属于一个独特的二齿兽类分支——由不同外形和体形的物种组成，构成了一棵茂盛的谱系树。多年来，二齿兽"垃圾场"里物种的多元程度一直十分惊人。

在二叠纪中晚期的大多数陆地生态系统中，二齿兽类是数量最多的下孔类动物，通常也是数量最多的脊椎动物。它们是食植动物，可能生活在大型社会群体中。大多数二齿兽类除了长有与海象类似的犬齿外，其余大部分牙齿都没了，转而利用喙来切断树叶和茎，然后借助强大的后倾角咬合方式将其压碎。它们的腿很短，腹部脂肪厚，尾巴小得可笑。当它们从树枝上剥取叶子或用长牙和短粗胳膊挖出块茎时，一定会留下清晰的齿迹。

在很短的一段时间内，二齿兽类与另一个兽孔类的分类群——恐头兽类（dinocephalia）共享着食植的生态位。这种"头大得可怕"的野兽因其丑陋的头盖骨而得名。它的头盖骨大而笨重，通常覆盖着粗糙的疙瘩、突起或角，骨骼厚实。其中一个物种——麝足兽［*Moschops*，见图 1-6（a）］有将近 12 厘米厚的头骨，可能在争夺配偶或领土的战斗中用来撞击对手。想象这样一个可怕的场景：两个头部怪模怪样、身材魁梧、背部拱起，看起来像《野兽家园》（*Where the Wild Things Are*）[①]中角色的麝足兽雄性首领用头互相撞击着，兽群的其他成员则围成一圈观看着这场决斗。更可怕的是，有些是食植动物，有些却是凶猛的食肉动物。其中之一是安蒂欧兽（*Anteosaurus*），身长可达 5 米，体重约半吨，与一般北极熊体形相似。在现代哺乳动物出现之前，它是有史以

---

① 《野兽家园》是美国插画作家莫里斯·森达克（Maurice Sendak）出版的绘本，后改编为同名电影。——编者注

来最大的下孔类掠食动物之一。

另一种食肉兽孔动物体形稍小，但可能更为凶猛。它们就是丽齿兽类［gorgonopsians，见图 1-6（b）］，二叠纪中晚期的恐怖生物。它们体形各异，既有小狗般大小的，也有狼蜥兽（*Inostrancevia*）这样的大型怪兽。狼蜥兽身长 3.5 米，体重约 300 千克，头部约 0.3 米长，最凶狠的武器是剑齿虎式的巨大犬齿。它们双颌可以张得非常大，腾出足够的空间让犬齿刺穿猎物的毛皮和气管。但它们与剑齿虎不同。剑齿虎是一种像我们一样的正常哺乳动物，而狼蜥兽的牙齿会不断更换，可以毫无顾忌地攻击猎物，因为犬齿一旦折断，很快就可以再生。它们的武器库中有锋利且用于钳制挣扎猎物的门齿，以及绷紧时会鼓胀起来的扩张的颌肌。与其他兽孔类相比，这些颌肌向后方和两侧伸得更远。不过，它们脑子不太灵光，因为保留了盘龙类祖先那不起眼的管状大脑。

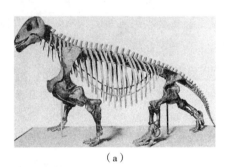

（a）

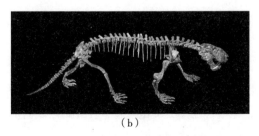

（b）

图 1-6　哺乳动物的原始下孔类祖先兽孔类

注：可用头互撞的恐头兽类麝足兽（a）和具有剑齿的丽齿兽（b）。美国自然历史博物馆图书馆和 H. 泽尔分别供图。

　　它们和其他兽孔类一同取得了胜利。二叠纪中后期的世界是属于它们的，就像恐龙和哺乳动物后来占领了世界一样。各种兽孔类动物共同组成了复杂的生态系统，在地球历史上第一次完全离开了水。你可能还记得，盘龙类是这段发展史在二叠纪早期的一个中间站，但它们仍然生活在湖泊和溪流附近，是鲨鱼等鱼类食物链的一部分。然而，卡鲁的兽孔类动物组成的群落，在总体生态结构上与现代非洲草原动物群落没有太大区别。一群以灌木为食的二齿兽类构成了食物金字塔的底部，其数量是食肉的丽齿兽类的十倍。陆生植物是主要的植物制造者，食植兽孔类动物是主要的植物消耗者，食肉的兽孔类则是顶级掠食者。这与今天热带草原上的草、角马、狮子三者之间的关系没有太大区别。

温血代谢和毛发，一段漫长的"关联渐进"

　　从二齿兽类到恐头龙类，从丽齿兽类到我没提到的许多其他亚群，这些多种多样的兽孔类动物，都从一个共同的祖先（即一种中型食肉盘龙类，体重范围是 50 千克～100 千克，生存时期不晚于早 – 中二叠世分界）演化而来。似乎这种祖先，以及由此产生的早期兽孔类，都来自温带地区，那里远离潮湿且终年炎热的热带地区。

　　这些早期的兽孔类带来了一些不寻常的变化：它们开始加快新陈代谢，更好地控制体温。目前尚不太清楚产生这些变化的原因。也许兽孔类的高纬度家园迫使它们应对更多的季节性气候。通过对"内部火炉"进行微调，这些兽孔类可以更好地抵御寒潮和热浪。当然也可能是受饥饿的驱使。盘龙类的祖先四肢大张，移动缓慢，可能是"守株待兔"的捕食者，大部分时间都在四周闲逛，偶尔会冲出来捕捉猎物。然而，一些兽孔类成了觅食者，在开阔区域内徒步寻找猎物。这种捕猎方法需要更多能量，也许使它们需要更高的代谢率。争论仍在继续。毫无疑问，兽孔类的生理机能在二叠纪发生了变化。

不管出于何种原因，这些动物正在发展哺乳动物最重要的能力之一——温血代谢。它们迈出了关键的第一步。

一些证据表明，尽管兽孔类还不是完全的温血动物，但比它们的盘龙类祖先生长得更快，新陈代谢也更为活跃。将骨骼制作成比意大利香肠切片还薄的骨片，并将其安放在载玻片上，在显微镜下观察其纹理，可以获得最佳的线索。不同类型的纹理表明了不同的生长速度，有些骨骼内部甚至有类似树干年轮的年度生长线——可以告诉你动物死亡时的年龄。南非古生物学家阿纳苏亚·钦萨米－图兰（Anusuya Chinsamy-Turan，见图 1-7）是这个被称为骨骼组织学领域的先驱之一。

图 1-7　阿纳苏亚·钦萨米－图兰
注：她在实验室研究骨骼的显微图像。阿纳苏亚·钦萨米－图兰供图。

阿纳苏亚在种族隔离时期的比勒陀利亚长大。她梦想成为一名科学教师，但对她这种背景的年轻女性来说，接受高等教育的机会有限。她没有放弃这个梦想。在申请金山大学时，她撒了一个"善意的谎言"。金山大学要求非白人学生提供有说服力的理由，说明他们为何想要进入这所以白人为主的大学就读。她说她想研究古人类学（金山大学在这一领域独树一帜），因为南非有丰富的古人类化石记录。这意味着她必须进修古生物学课程。让她没想到的是，谎言最终变成强烈的热爱。她继续攻读博士学位，成为一名通过破译骨骼化石纹理来确定生长速度的世界级专家，并于 2005 年被评为南非年度女性，以表彰她的科学贡献。

阿纳苏亚和同事桑加米塔·雷（Sanghamitra Ray）、珍妮弗·博塔（Jennifer Botha）切割了很多兽孔类动物骨骼，特别是二齿兽类和丽齿兽类的肋骨与肢骨。他们发现，这些骨骼含有一种被称为纤维板层骨的主要纹理类型——随意地排列成纠缠交错的图案。这种混乱的排列是快速生长的结果：骨质沉积得太快了，导致胶原蛋白和矿物质以随机的模式沉积下来。生长较慢的动物的板层骨更为规则，会形成有序的矿物晶体层。广泛存在的纤维板层骨意味着这些兽孔类生长迅速，至少在一年中的某些时候是这样。因为这些骨骼也有生长线，所以生长一定会在某些时候，比如冬季或旱季停止。因此，与典型的"爬行动物"物种相比，这些兽孔类生长速度更快，还可以控制体温，但它们可能无法像完全温血代谢的哺乳动物那样保持恒定的高温。

还有一条线索表明兽孔类加快了新陈代谢，更好地控制了体温：毛发。

毛发似乎是兽孔类发展出来的。粪化石中含有兽孔类的骨骼，也有纠缠在一起的毛发状结构。它究竟是不是毛发、属于哪个物种，还存在争议。但如果它们是毛发，那么它们很可能属于兽孔类。关于毛发还有更有力的证据：许多兽孔类化石的面部骨骼上布满了凹坑和沟槽，类似于今天为哺乳动物的胡须提供血液、连接神经的管线网络。这并不是说兽孔类就是毛茸茸的，全身都具有毛发。它们也许如此，但更有可能的是，它们的毛发十分蓬乱，或者只在很小的区域内，比如头部和颈部周围受限生长。但关键在于：毛发似乎起源于兽孔类。

哺乳动物进化密码

毛发

　　毛发是哺乳动物最典型的特征之一，是我们皮肉、腺体的重要组成部分，与我们四足祖先的鳞片表皮非常不同（鳞片表皮保留在了今天的爬行动物身上）。毛发很可能是一种感官辅助物（就像胡须一样），一种展示结构，或者是基于腺体的防水系统的组成部分，后来被重新用作身体的表层来帮助维持身体体温。一旦动物身上长了很多毛发，就表明它至少能在体内产生一些热量，并尽最大努力防止热量外泄。制造热量的代价十分昂贵。如果你打算把炉子开到最大，就会想要关上窗户，以免支付不起煤气费账单。对哺乳动物来说，毛发就是那扇紧闭的窗户。

　　兽孔类生长速度和新陈代谢的加快是一个深刻的演化过程，与其解剖学和生物学的一系列其他变化有关。它们的四肢在身体下方能够移动得更远，从而发展出更直立的姿势，这是布鲁姆在比较研究兽孔类与它们的盘龙类祖先时发现的。二齿兽类后肢直立，前肢大张，这不仅可以从其肩关节和骨盆关节的形状看出来，还可以从它们狭窄的行迹化石上留下的手印上看出来。然而，更进步的丽齿兽类有更直的前后肢，四肢也变得更加灵活。兽孔类不再有笨拙的螺旋状肩关节（正是这种关节将盘龙类的四肢限制在了缓慢移动的匍匐步态中），从而解放了前肢，去做各种新的事情：奔跑、挖掘和攀爬。

　　这些变化是一起发生的。在很多情况下，很难弄清究竟是什么推动了什么。著名的早期哺乳动物专家汤姆·肯普（Tom Kemp）称之为"关联渐进"：兽孔类的许多解剖、功能和行为特征都在同步变化，而在此过程中，它们逐步演化出今天哺乳动物的各种特征。换句话说，随着二叠纪的发展，它们逐渐变得更像哺乳动物。到了二叠纪晚期，漫长的"关联渐进"演化出一种新型兽孔类动物。它比以前的二齿兽类和丽齿兽类体形更小，四肢更直，生长速度更快，新陈代谢也更快。它的牙齿、颌肌、大脑和感官系统也变了。它就是犬齿兽类（cynodont），欧文描述的"鼬鼠蜥蜴"鼩龙兽就属于此类动物。它是向哺乳动物迈进的又一大步。

The Rise and Reign
of the Mammals

三尖叉齿兽（*Thrinaxodon*）

02

穿越盘古大陆，开创一个王朝

二叠纪 - 三叠纪灭绝事件，史上最严重的物种大灭绝

远处雷声隆隆，大雨倾盆，一只动物从洞穴里探出头来。它抽了抽鼻子，将胡须探入风中。该走了，得快点。

几个月前，当这种鼬鼠般大小的生物——三尖叉齿兽（*Thrinaxodon*）挖掘洞穴时，土地已经干枯一片。好几个月没下雨了。这条河几近干涸，曾经依附河岸生长的蕨类植物和块状苔藓只剩下枯萎的空壳。狂风吹起沙土，席卷了整个山谷，埋葬了一群大腹便便的食植动物，那时它们正绝望地寻找最后的树叶和根。如今，其中的一部分从沙丘中冒出头来，没了生气，变成木乃伊，口中的锋利獠牙给这不幸的场景增添了一丝邪恶的气息。

显然，那时已经没有食物了。周围不见任何昆虫，也闻不到两栖动物的气味，能吃的只有尸体上风干的肉。因此，这只毛茸茸的动物别无选择：**挖好洞穴，暂时蜷缩起来，保存宝贵的能量，直到情况好转。**

现在，就像按下了开关一样，山谷被季风性降雨侵袭。河水冲破堤岸，水流进洞穴，慢慢填满了三尖叉齿兽休憩的球根状洞穴。洞外，绿色嫩芽开始从泥浆中钻出，满涨的河水漫过沙丘，淹没了那些令人毛骨悚然的木乃伊。前尘往事，一笔勾销。生命正在回归，干旱的岁月已成为遥远的记忆。但在这个情况总是两极分化的世界里，雨水不会持续太久，所以三尖叉齿兽必须利用好它。

它首先需要进食，来启动新陈代谢。三尖叉齿兽可是贪婪的进食者，胃口特别好，这不仅促使它快速生长，而且做好必要的能量储备，使它能在洞穴中蛰伏，并在几个月的休眠期中将体温稳定保持在较高水平。禁食让它比平时更饥饿。一想到要把自己锋利的多尖凸牙刺进昆虫的外骨骼，或者咬在河边的小型两栖动物黏糊糊的皮肤里，它就格外兴奋。

饱餐过后，它就可以继续完成下一项重要任务：寻找配偶。这只三尖叉齿兽在上个雨季末出生，年龄还不到一岁。刚出生的几个星期里，它依附着母亲和兄弟姐妹，饱食昆虫并熟悉河谷的地形，之后便独自动身，找到一块适宜的泥泞滩地挖掘洞穴。忍受不了酷热时，它就蜷缩在巢穴里。现在雨又来了，这可能是它唯一的交配机会——在它历经出生、沉寂、暴食与繁殖狂欢的短暂而奇特的生命中，唯一的一次机会。

不过，至少这里有很多潜在配偶，因为三尖叉齿兽的洞穴遍布河流两岸的平原。它们的洞穴是一个个朝向地表的小洞，呈麻坑状，像月球上的陨石坑。在洞穴周围，这只三尖叉齿兽看到许多同类正从洞穴里探出头来，抽动着鼻子。雨水从它们毛茸茸的脸上流下。它们绷紧胡须，能感觉到发生了什么。它们都在考虑同一个问题：是走是留？

这只三尖叉齿兽做出了自己的选择。它将四肢缩在身体下面，从洞里钻出来，慢悠悠地走到泥泞不堪的泥滩上，伸开胳膊和腿稳住自己。眼见自己的洞穴灌满了水，这只三尖叉齿兽匆匆奔向了一个不确定的未来。前面可能有食物和配偶等着它，也可能没有。不管怎样，一切都会很快结束。

这只三尖叉齿兽并不知道它生活在一个有趣的时代。诚然，它没有足够的智力去推断它在生命、演化和地球历史上的位置。但话又说回来，生活在有趣时期的人类通常也意识不到这一点，他们太专注于当下，专注于下一顿饭，专注于他们的家人，或数不清的琐事。人们常常意识不到自己正生活在巨变中，直到事态稳定下来才后知后觉。事实证明，这些三尖叉齿兽经历了地球历史上最大的灾难。这场灾难只发生在短短的几十年到几万年间，始于一场灭绝浩劫，见证着世界时断时续的复苏，并促使哺乳动物从它们的祖先兽孔类物种中演化出来。

三尖叉齿兽是犬齿兽类，生活在 2.51 亿年前的三叠纪最早期。犬齿兽类属于哺乳动物的**干群谱系**，是兽孔类的成员之一。兽孔类还包括长着獠牙的二齿兽类（上述故事中变成木乃伊的动物）、用头互撞的恐头兽类和具有剑齿的丽齿兽类。兽孔类从盘龙类演化而来，盘龙类则起源于那群"有鳞小生物"，在煤炭森林时代分化为下孔类和双弓类两个分支，它们反过来又可以追溯到那些从鱼类演化而来的四足动物上，这些四足动物爬行到陆地上，并发展出羊膜卵。

这些都是我们在上一章了解到的。但生命的起源要追溯到更久以前：鱼类从最早的脊椎动物演化而来。在距今大约 5.4 亿～5.2 亿年前的"寒武纪生命大爆发"演化风暴中，小鱼儿开始用骨骼加固身体。也就是在这个时候，许多今天最常见的海洋生物类群，如贻贝和蛤蜊等软体动物、海胆和海星等棘皮动物、虾和螃蟹等节肢动物，发展出了自己的骨骼架构，开始繁衍生息。在此之前，这些动物的软体祖先生活在大约 6 亿年前开始的埃迪卡拉纪，满是斑点的身体在砂岩上留下了幽灵般的印痕。它们是最早的动物，在大约 20 亿年前由能够聚集成更大、更复杂的多细胞形态的细菌演化而来。从那时往前数 20 亿年，第一个单细胞生命演化出现。再往前数5亿年，气体和尘埃云形成了地球。

生命是一场为期40亿年的演化奇观，当然，这种演化至今仍在继续。在这段时间里，生命接近灭亡（即完全灭绝，使地球成为一片不毛之地）的时刻，发生在二叠纪到三叠纪的过渡时期，即距今2.52亿年～2.51亿年前。不久之后，在这场灾难后的痛苦恢复期，三尖叉齿兽藏身于洞穴中，这洞穴就在如今南非的卡鲁。

二叠纪末期的灭绝事件堪称所有物种大灭绝事件之最，夺走了至少90%的物种的生命。与化石记录中的其他大规模灭绝不同，这场灭绝不存在谋杀之谜。罪魁祸首就是火山，也就是所谓的超级火山。火山之下是地幔深处的一个岩浆活动中心，当时位于盘古大陆北部边缘，如今在西伯利亚地区。谢天谢地，人类还不曾目睹这样的火山喷发。它们的规模到了吓人的地步。几十万年来，熔岩不断从地面的巨大裂缝中喷涌而出。这是一个由火山口组成的庞大网络，每个喷口长达数千米，流淌着岩浆，好似地球被一把巨型砍刀割开了口子。火山有爆发期，也有休眠期，到尘埃落定之时，几百万平方千米的北盘古大陆已被熔岩硬化后残留的玄武岩覆盖。今天，即使经过2.5亿年的侵蚀，这些玄武岩也依然覆盖着大约260万平方千米的土地，其面积与西欧的土地面积相当。

这些火山破坏了兽孔类世界的和平。当时，这些早期哺乳动物的祖先正在盘古大陆四处游弋。它们的物种十分繁盛，形态和体形令人眼花缭乱，有的长着獠牙和喙，有可以用来互撞的圆顶、刺物的犬齿，能吃下那么多东西，填满了那么多生态位。其中既有咆哮的掠食者，也有专吃植物的行家。从二叠纪最晚期，也就是第一座火山喷发前的情况看，这似乎对兽孔类有利，兽孔类似乎会继续它们的统治。但事实并非如此。

在二叠纪晚期，许多兽孔类生活在如今的俄罗斯，离火山不太远。丽齿兽类将剑齿插进了二齿兽类的身体，而犬齿兽类也生活在那里，潜藏在种子蕨森林中。它们是火山爆发的直接受害者，有许多可能真的被熔岩所吞噬，这就像庸俗灾难片中的场景。但它们并不是唯一的受害者，因为这些火山比看起来更致命。随熔岩而来的无声杀手——二氧化碳和甲烷等气体，渗入大气并扩散到世界各地。它们是温室气体，吸收辐射并将辐射反射回地球，将热量困在大气中，引发了无法控制的全球变暖。气温在几万年内上升了 5 ～ 8 摄氏度，这与今天发生的情况相似，虽然还比不上现代变暖的速度（这一事实应该足以让每位读到此处的读者停下来思考一下）。然而，这足以造成海洋酸化、氧气缺乏，导致有壳无脊椎动物和其他海洋生物大量死亡。

陆地上的情况也好不到哪里去。什么死了、什么活着、万物恢复得有多快，卡鲁记录得一清二楚。随着火山爆发和大气变暖，卡鲁的气候在三叠纪最早期变得更热、更干燥。季节变得更加明显，白天的温度波动也如此。实际上，卡鲁成了一片沙漠，和今天的沙漠没有什么不同，只有一处明显的例外：偶尔会有横扫整个盘古大陆的季风来袭。由于植物经历了第二次也是最后一次大灭绝（发生在大约 5 000 万年前，是石炭纪雨林崩溃事件后的唯一一次大灭绝），以种子蕨植物舌蕨（*Glossopteris*）和常绿裸子植物为主的二叠纪多样化森林崩溃了。取而代之的是蕨类和石松类——煤炭沼泽鳞木的近亲，但其体形要小得多，依靠孢子而不是种子快速繁殖，能更好地应对剧烈的季节性波动和雨水变化。随着植被变化，二叠纪宽阔蜿蜒的河流系统被三叠纪快速移动的辫状河取代。由于没有大树根稳固河岸，河流就会在雨季冲刷土地，在旱季逐渐干涸。

这种环境连锁反应对生活在卡鲁的动物，尤其是兽孔类造成了灾难性影响。在灭绝之前，那里曾生活着一个繁荣的群落，食植二齿兽类位于食物链底部，被小型食肉动物巴莫鳄类（biarmosuchians）捕食。巴莫鳄类是兽孔类的另一个类型，头上长了花哨的隆起和小犀角。捕食二齿兽类的还有顶级猎手丽齿兽类。像凹颌兽（*Charassognathus*）这样稀有的犬齿兽类是其类群中最古老的成员，体形和松鼠差不多大。它们与大量爬行动物和两栖动物共享着小型脊椎动物的生态位，有些吃虫子，另一些吃鱼。但是，随着气候变化，森林缩小，70%～90%的地表植被消失了，整个生态系统像纸牌屋一样倒塌。在三叠纪最早期，食物网发生简化，只有少数食植动物和食肉动物留了下来。此后大约500万年间，食物网进入盛衰周期，最终，火山不再活动，温度回归正常，食物网也稳定下来。

如果你是兽孔类，你的命运有三种可能。第一种是物种灭绝，丽齿兽类就是如此，它们再也没机会用利剑般的犬齿和血盆大口来恐吓三叠纪的猎物了。第二种是存活但退化，这发生在了二齿兽类身上，它们在毁灭中幸存下来并重新多样化发展，但未能完全复制它们在二叠纪的成功，最终在三叠纪末期下一次大规模灭绝中被淘汰。第三种是幸存并取得统治地位，这正是犬齿兽类走上的道路，它们在火山爆发、全球变暖、干旱、季风、森林崩溃、生态系统崩溃和500万年的艰难复苏中坚持了下来。在三叠纪剩下的5 000万年里，它们会继续多样化发展，分化出各种各样的物种：大的、小的，食肉的、食植的。犬齿兽类的一个分支分化出了哺乳动物，并在分化过程中获得了更多"哺乳动物"特征。

为什么犬齿兽类和它们某些二齿兽类表亲得以幸存？我清楚地记得自己得知答案的时刻。那是在2013年脊椎动物古生物学协会于洛杉矶举行的年会上。我刚刚取得了博士学位，并在爱丁堡开始我的新教职工作。我在阿尔弗雷德·舍伍德·罗默奖评选会上展示了我的博士研究生阶段的研究，该奖项以传奇的哈佛古生物学家阿尔弗雷德·舍伍德·罗默命名，正是他带领探险队前往加拿大新斯科舍省，发现了我们在上一章提到的下孔类。罗默奖是我所在领域针对研究生的最高奖项，我希望能用我关于"鸟类起源于恐龙"的研究成果让各位评委和观众眼前一亮。遗憾的是，我没能获奖，获奖者是我的同事亚当·胡滕洛克尔（Adam Huttenlocker），他实至名归。我演讲后又有几位学者演讲，之后终于轮到他站起身来。他解释了二叠纪末期犬齿兽类生存的奥秘，深深吸引住了观众。等他坐下的时候，我已经决定听天由命了。哺乳动物（更准确地说，应该是原始哺乳动物）再次战胜了恐龙。

犬齿兽类，熬过史前屠杀最惨烈的黑夜

胡滕洛克尔描述了大灭绝期间和之后发生的一种奇特的演化现象：小人国效应。该效应以《格列佛游记》中虚构的小岛命名，岛上居住着矮小人类。小人国效应指在大规模灭绝中幸存并繁衍生息的动物中发生的体形缩小的现象。这种情况并不常见，但会在犬齿兽类及其近亲中出现，这是它们得以从灾难中存活的主要原因。亚当整理出一个庞大的卡鲁下孔类化石数据库，他发现，与兽孔类二叠纪最晚期的祖先相比，三叠纪兽孔类的最大体形和平均体形都显著缩小。这是由于火山爆发和温度升高加剧了大型物种的灭绝。在这样动荡的时期，大块头似乎成了一种阻碍。犬齿兽类比大多数其他兽孔类体形都要小，因此有更多机会在混乱中生存下来。

为什么小体形能受益？**首先，较小的动物更容易藏身于洞穴，等待坏天气、气温波动和沙尘暴过去。**它们确实也挖了洞。灭绝期地层（河流泛滥平原上形成的泥岩，几具木乃伊散布各处，被随风而来的尘土掩埋）上方的卡鲁岩石中到处是化石洞穴，有些还有骨架，比如本章开头故事中的主角——三尖叉齿兽的骨架（见图 2-1）。在这些洞穴坟墓中，最引人注目的是：其中一个洞穴里并排躺着一只三尖叉齿兽和一只受伤的小型两栖动物。这只小蝾螈的亲戚伤了肋骨，不过伤口正在愈合，它旁边正是蜷缩着睡觉的三尖叉齿兽。洞穴空间狭小，而三尖叉齿兽又是牙尖齿利的掠食者，另一种生物可以在一边安然养伤而不被注意，十分奇怪。唯一令人满意的解释是，三尖叉齿兽在冬眠——蛰伏数周或数月，保存能量，以度过旱季。

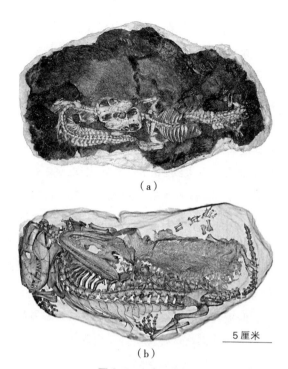

（a）

5厘米

（b）

图2-1　三尖叉齿兽

注：三尖叉齿兽骨架（a）和一件三尖叉齿兽化石的 CT 扫描图（b），
在发现该化石的洞穴中，还有一只两栖动物。克里斯蒂安·卡默
勒和费尔南德斯等[1]供图。

其次，小体形与生长和新陈代谢的许多其他方面有关。珍妮弗·博塔与亚
当及其同事合作，在 2016 年的一项重要研究中阐述了以下观点。最早的三叠
纪犬齿兽类，比如三尖叉齿兽，生长迅速，在很小的时候就开始繁殖。它们寿
命很短，可能活不了几年。我们是如何得知的？通过骨骼组织学，即在显微镜
下观察骨骼薄片，这是解开谜团的关键。大多数二叠纪兽孔类动物骨骼中都有
许多生长线，这意味着它们需要很多年才能长至成年体形。然而，最早的三叠
纪犬齿兽类生长痕迹较少，事实上，三尖叉齿兽通常不会有任何生长痕迹。它

[1] 引自 Fernandez et al., 2013, *PLoS ONE*。

们一定曾以疯狂的速度生长，也许在一年之内就成熟、繁殖、死亡。事实上，它们在幼年繁殖，以弥补早逝的影响。虽然没有一只三尖叉齿兽能活到老，但这种生长策略更有利于物种的延续。通过快速生长和更早繁殖，它们将有更多机会成功度过交配季，确保在这个残酷多变的世界中将基因传给下一代。

三尖叉齿兽和其他犬齿兽类似乎都有一手"王牌"，为它们赢得了免于灭绝的机会。在灭绝期地层上方大约 30 米处开始出现三尖叉齿兽的骨骼，有几十具，这意味着它们于几万年间在卡鲁盆地散布开来。它们可能是从二叠纪祖先演化而来，而二叠纪祖先十分稀有，是灭绝前卡鲁生态系统的组成部分。或者说，它们更有可能是从盘古大陆的热带地区迁徙而来，那里严酷的气候使它们提前适应了干旱。在最早的三叠纪岩层中有这么多三尖叉齿兽骨骼，以至于它和一种数量同样繁多的水龙兽（*Lystrosaurus*，也是二齿兽类）被人们视为"灾后泛滥种"。它们极其适应灭绝后温室效应导致的恶劣环境，而大多数物种根本无从应对。它们似乎喜欢这种环境，喜欢在其中繁衍生息。因此，三尖叉齿兽和水龙兽堪比早三叠纪的老鼠和蟑螂。

不过，将其与现代害兽进行比较确实不太合适。它们是优胜者，是为数不多的勇敢动物。它们熬过了史前屠杀最惨烈的黑夜，为哺乳动物这一分支的演化保留了一线生机。

三尖叉齿兽是个出人意料的英雄。它身长不到 0.6 米，可能有胡须，身上至少披着一层斑驳的毛发。它会长时间躲在自己的巢穴里不现身，不过也必须出来觅食，而且喜欢以昆虫和小猎物为食。与兽孔类祖先一样，它也长着一组门齿、犬齿和颊齿。不同之处在于颊齿的形状，这也是它"三叉齿"名字的由来：牙齿就像剪贴画中的山脉，中间突起一座大峰，两边各有一座小峰。这三个锋利的突起称为牙尖，非常适合用来刺穿昆虫的外骨骼并将肉撕裂。在三尖叉齿兽短暂的一生中，长有牙尖的牙齿不断更换，就像爬行动物或两栖动物一样。

三尖叉齿兽在许多方面都明显比它的兽孔类祖先更像哺乳动物。它走路时更加直立，腹部离地更远，四肢半张开，因此它能跑得更快，有更强的运动能力，在洞穴中也更舒适。它的脊椎各部分形状并不一致，一部分有肋骨，一部分没有肋骨，灵活性更强，冬眠时它也能蜷缩身体。颌部的闭合肌很大，固定在一块从颅顶伸出的骨骼——矢状脊上。三尖叉齿兽从幼体迅速成长为成年体时，矢状脊也随之增大，使咬合力更强。有几件三尖叉齿兽化石罕见地保存在一起，这表明它们是群居动物。某些时候，成年个体与更小、更年幼的个体一同变成化石，这是亲代抚育的证据。

关于三尖叉齿兽，还有一件事很重要。它并不只存在于卡鲁盆地。在南极洲也发现了它的化石，这表明它对混乱不堪的早三叠纪世界非常适应，遍布于盘古大陆之上。地球那时还是一块完整统一的大陆，被巨大的海洋包围。随着火山冷却，生态系统从灭绝中恢复，犬齿兽类已准备好成为下个新阶段的统治者。

小驼兽，酷似腊肠犬的哺乳动物表亲

像许多作家一样，沃尔特·孔耐（Walter Kühne）最好的作品也是在狱中完成的。这位喜欢用显微镜观察牙齿的古生物学家，为何沦落到这般境地？

孔耐于 1911 年出生于柏林，父亲是一位绘画老师。在柏林弗里德里希·威廉大学以及随后在哈勒大学学习古生物学时，他因两件事而出名：一是他对中世纪教堂的钟声十分感兴趣，在一本旅游杂志上发表了一篇感情横溢的文章；二是他对共产主义十分拥护，这也是纳粹当局更关心的事，因为那时他们刚刚开始进行恐怖统治。年轻的孔耐首次被判入狱，服刑 9 个月，之后在 1938 年被迫移民到英国。一个贫穷的政治难民如何在外国养活自己和年轻的妻子？当然是通过收集化石。

孔耐听说，19 世纪中叶，在只有几百人的霍尔韦尔村附近的洞穴中，人们发现了三叠纪哺乳动物的牙齿。这本应是一个伟大的发现，却并未引起重视。看来，很少有古生物学家愿意花几个月的时间在瓦砾堆里挖掘，只为寻找一些微不足道的小牙齿。大英博物馆的一位研究员还告诫他不必费心。"英国所有的化石沉积点都已被人们所知，"研究员明确地说，"想要搞出什么大发现，简直是痴心妄想。"

孔耐没有退缩。他既急需金钱，又对哺乳动物着迷。他身怀绝技。还是学生时，他就练就了发现化石的"火眼金睛"。他还具备一个更为重要的品质，那就是耐心。他去了霍尔韦尔村，愉快地收集、清洗并筛选了超过两吨的填洞黏土。有妻子夏洛特帮他，这倒没那么难。至于夏洛特对小牙齿究竟喜爱与否，历史上没有任何记录。孔耐夫妇的努力得到了回报：他们发现了两颗前臼齿。孔耐马上扬眉吐气地来到剑桥大学，把它们拿给古生物学家雷克斯·帕林顿（Rex Parrington）。雷克斯·帕林顿十分震撼，决定付钱给他。从那时起，每颗哺乳动物牙齿就值 5 英镑了。

孔耐和夏洛特满怀信心，将搜索范围扩大到英国南部的其他洞穴和裂缝。不久之后，在 1939 年 8 月，他们在门迪普丘陵发现了新的化石。门迪普丘陵位于萨默塞特郡的乡下，在布里斯托尔南部，一派田园风光。他们收集了几十件孤零零的牙齿和骨骼，它们属于一种非常像哺乳动物的犬齿兽类——小驼兽（*Oligokyphus*，见图 2-2），该物种因几十年前在德国发现的几颗牙齿而得名。后来他们继续前进，寻找下一个伟大的发现。9 月，孔耐带着锤子和地质图到大西洋海岸，开始仔细勘查石灰岩悬崖。我们不清楚，那时他是否得知自己的祖国刚刚入侵了波兰。

但在海岸巡逻的英国士兵肯定知道第二次世界大战开始了。他们发现一名德国人手攥一张地图在英国海边闲逛，着实不太对劲，于是逮捕了他。这就是孔耐第二次被监禁的原因。他被关在了位于大不列颠和爱尔兰之间的爱尔兰海中的一个小岛——马恩岛上的一个拘留营里。从 1941 年到 1944 年，这个拘留营就是他的家。

图 2-2　小驼兽

注：根据沃尔特·孔耐 1956 年专论中的插图修改。

值得高兴的是，孔耐彼时已经赢得了英国科学界的尊重。伦敦遭到突袭后不久，曾经劝阻热情的德国人收集英国化石的大英博物馆研究员和科学家，对门迪普丘陵洞穴进行了进一步考察，又收获了几十件骨骼和牙齿。他们把大约 2 000 件化石运到了拘留营。

用孔耐的话来说，他"有相当多的时间可供支配"。所以，他把化石一一摆出来，将骨骼放在一起，组装出了小驼兽的大部分骨架。为了细致描述这些化石，他忙得不可开交。在战争快要结束时，他被释放，那时他已经开始着手记录发现了。他最终在 1956 年完成了一篇关于小驼兽的专论。这篇专论至今仍然是业界关于这些准哺乳动物——犬齿兽类的标杆研究之一。

大小和身形都与小型腊肠犬差不多的小驼兽，既不是哺乳动物，也不是哺乳动物的直系祖先。你可以把它想象成一个关系非常近的亲戚——第一个表亲。它是进步的食植犬齿兽类一个亚群的成员，该亚群被称为三瘤齿兽科（tritylodontids），在谱系树上与哺乳动物相邻。就像所有近亲一样，三瘤齿兽科动物和最早期的哺乳动物在身体与行为上极其相似。例如，它们的四肢不像其他犬齿兽类那样张开，而是直接位于身体下方，所以它们能完全直立行走。大约 2.2 亿年前，晚三叠世的犬齿兽类开始多样化发展，三瘤齿兽科动物和哺乳动物都是其中的一部分。自三尖叉齿兽经历了二叠纪末期的大灭绝并带领哺乳动物这一分支度过最危亡的时刻，已过去了 3 000 万年。在这 3 000 万年里，很多事情都发生了变化：当犬齿兽类在严酷的天气和更激烈的竞争中穿行时，哺乳动物的干群谱系继续积累"哺乳动物"的特征，比如直立的四肢姿势。

最大的变化是，它们变小了。在二叠纪末期，犬齿兽类因矮小体形受益，所以它们将这个优良传统保留下来。在三叠纪，哺乳动物这一分支体形越来越小，从最初晚三叠世三尖叉齿兽这样鼩鼠大小的物种，变为各种老鼠般大小的害兽。也有一些例外，因为谱系树旁枝偶尔会进化出更大的物种，比如鸟驼兽和它的三瘤齿兽科同胞，它们需要更大的肠道来消化植物。但总的来说，三叠纪犬齿兽类的演化是迈向小型化的进程。

恐龙出现，开启与哺乳动物的命运纠缠

为什么犬齿兽类的体形会缩小？首先，在美丽的三叠纪新世界中，它们并不孤单。其他动物也在二叠纪末期的灾难中幸存。盘古大陆逐渐复苏时，大家都在争夺空间。在这个严酷的演化过程中，不仅出现了哺乳动物，还出现了许多我们最熟悉的动物——海龟、蜥蜴和鳄鱼，它们今天仍然与哺乳动物生活在一起。此外，某些更可怕的东西正在侵袭这块超级大陆：它们的祖先跟猫差不多大，毫不起眼，却经受住了火山的洗礼，之后不断扩张并多样化发展。

它们，就是恐龙。

最初的恐龙与它们的鳄鱼表亲争夺霸权，两者的体形都越来越大。到三叠纪末期，出现了 9 米长、10 吨重的长颈恐龙，比如雷龙等大型蜥脚类的原始亲属莱森龙（*Lessemsaurus*）以及以它们为食的具有刀状齿的食肉恐龙。恐龙变大了，哺乳动物的祖先却变小了。自此，这样的情节反复出现，哺乳动物和恐龙的命运交织在了一起。

——·——

　　随着体形缩小，哺乳动物中这一分支上的许多犬齿兽类可能变为夜行动物。 夜深人静时爬出来进食和社交，是一个很好的策略，可以避开恐龙的大嘴，以及那些足以将它们碾碎的大脚，因为恐龙可能是白天活动的生物。进入夜行生态位并不太困难，因为似乎许多哺乳动物干群谱系上的早期下孔类，如二叠纪的盘龙类和兽孔类，已经尝试过这种生活方式。然而，黑暗也带来了一些后果。哺乳动物祖先基本放弃了敏锐的视觉，完全专注于发展嗅觉、触觉和听觉。

　　大多数哺乳动物看不见颜色，这就是为什么大多数哺乳动物的皮毛呈褐色、棕色或灰色。如果你的伴侣或对手看不到颜色，为什么还要像许多生活在白天、视觉敏锐的鸟类和爬行动物那样，把自己打扮得花枝招展呢？这个问题对我们来说也许有些怪异，毕竟，我们可以看到颜色！但在哺乳动物中，我们是特殊派，是少数能感知颜色的现代物种之一。除了我们，还有一些与我们最亲近的灵长类亲戚拥有这个能力。当斗牛士向公牛展示一块红布时，公牛看到的是黑布。

　　小体形不仅有助于避开恐龙，可能还赋予了哺乳动物祖先其他优势。盘古大陆是一块统一的大陆，但并不是一个安全的家园。天气很热，两极没有冰盖，大部分内陆只有无垠的空旷。强烈的气流流过赤道，为被称为"超级季风"的极端天气系统提供动力。顾名思义，超级季风是当今热带风暴的放大版。虽然原始哺乳动物理论上可以从一个极点走到另一个极点，但这将是一段愚蠢的旅程。超级季风使盘古大陆形成不同的气候领域，降水量和风力不同，气温各异。赤道地区呈现一片酷热潮湿的地狱般景观，两边都是无法通行的沙漠。中纬度地区比沙漠地区略寒冷，也湿润得多，许多快速演化的盘古大陆动物就生活在这里。在这个危险的世界，小体形可能是一种生存策略。越小，就越容易躲藏、钻洞，躲过巨型季风和它们造成的屠杀。

　　无论犬齿兽类变小的原因是什么，它们都深刻改变了这个物种的整体生理技能和演化轨迹。随着体形缩小，它们也改变了生长速度、新陈代谢方式、食性和进食方式。犬齿兽类已经有了较高的体温，还从兽孔类祖先那里继承了新陈代谢方式，而此时它们发展出了完全的温血代谢。它们已经有了强壮的颌肌和咬合能力，这是它们更古老的盘龙类祖先留下的遗产。不过，现在它们创新了方式，能够在快速进食的同时保持呼吸，也就是边跑边吃。

这是汤姆·肯普在描述二叠纪的兽孔类时提出的关联渐进演化的延续。许多变化既协调又融洽，很难厘清是什么推动了什么。也许小体形动物需要更高的体温去适应气候的突然变化，或者需要更有效的方式来收集和处理小块食物。也许是温血代谢要求这些犬齿兽类进食更多食物来补充能量，又或者事实刚好相反：颌部和肌肉首先变化，让这些动物吃得更多，从而为温血代谢的发展提供更多的能量。我们真的不知道答案到底是什么。

我们只知道，小体形、温血代谢和更强壮、更有效的咬合力共同发展。

我们怎么知道发生了这些事？全靠三叠纪丰富的化石记录，正是它们将三尖叉齿兽与小驼兽和哺乳动物联系在了一起。

首先，我们要考虑生理机能和新陈代谢。我在上一章中提过这个问题，它值得进一步解释。术语"温血"是一系列复杂的体温控制机制的简称。并不是说温血动物的血是热的，冷血动物的血是冷的。事实上，把温度计放到普通的温血哺乳动物和冷血蜥蜴身上，可能会量出相近的体温。蜥蜴的体温甚至可能更高，特别是在晴天，因为冷血动物依赖环境为自己的身体提供热量，这意味着它们受天气变化、季节变化，甚至昼夜温差、阴阳温差的支配。温血动物（确切地说，是恒温动物）已经摆脱了这一障碍。它们自身产生热量（方式通常是将更多能产生能量的线粒体装入细胞中），从而使体温高于环境气温。每次走入冬天的冰天雪地时，我们都会经历这种情况。我们的血不会冻住。

哺乳动物进化密码

温血

哺乳动物是温血动物，能够在变化的环境中保持稳定的体温。温血动物有自己的"内部火炉"，它总是开着、总是热着，这样就能实现更高水平的代谢率、更快的生长速度、更有活力的生活方式、更强的耐力和更多的运动行为。例如，哺乳动物可以将奔跑速度保持在比蜥蜴快 8 倍的速度上，觅食范围也更广。然而，这些"超级能力"是有代价的。温血动物的静息代谢率较高，这意味着它们在休息时会比冷血动物燃烧更多热量。当然，当它们在活动，如奔跑、跳跃、追逐猎物、逃离捕食者、爬树、挖洞，做其他许多温血代谢更之更容易的事情时，还会燃烧更多热量。因此，与体形相似的冷血动物相比，它们必须摄入更多热量，并且必须吸入更多氧气。

动物不一定非温血即冷血，有些动物介于两者之间。今天的哺乳动物和鸟类是完全温血的，这意味着三件事。第一，不管外界环境如何，它们的身体都在控制自己的体温；第二，它们都有较高的体温；第三，它们有恒定的体温。这种系统不是一下子演化而来的，而是随着时间的推移不断演变而来的，过程中，它们的祖先变得越来越擅长制造热量、控制体温。对于哺乳动物来说，这个过程始于二叠纪的兽孔类，因为它们要在高纬度的家园应对季节性气候。在二叠纪末期，它们对体温的控制力更强、生长速度更快，这可能是它们生存的关键，尤其是对三尖叉齿兽这样的犬齿兽类来说。然后，在三叠纪，这些犬齿兽类继续向完全温血动物的方向发展。

有大量证据表明，进入三叠纪，犬齿兽类正向完全的温血动物发展。纤维板层骨，即表明快速生长的无序排列结构，在通往哺乳动物这一分支的过程中越来越普遍。在犬齿兽类演化过程中，骨骼细胞和血管通道变得更小，表明它们的红细胞也变小了。这是哺乳动物的另一个特征，它使这些细胞能够更快地吸收更多氧气。一项研究通过粉碎二叠纪和三叠纪物种的骨骼与牙齿来测量它们的氧成分，方法十分巧妙。两种最稳定的氧（较轻且较常见的氧-16 和较重且较稀有的氧-18，二者中子数不同）的比例取决于骨骼和牙齿生长的温度。实际上，这个氧比例是一个古温度计，传递出了明确信号：三叠纪犬齿兽类体温，比与它们共同生活的动物，包括大多数其他兽孔类动物更高、更稳定。

这些犬齿兽类是如何支付"取暖费"的？跟所有温血动物一样，通过吸收大量的氧气和热量。在向哺乳动物演化的这条分支上，犬齿兽类获得了许多解剖学特征，能够增加对氧气和热量的消耗。

哺乳动物进化密码

畅快呼吸

最关键的是，犬齿兽类摆脱了一个被称为"卡氏约束"（Carrier's constraint）的棘手问题，这个难题困扰着两栖动物和爬行动物，导致它们匍匐行走时身体左右扭动。因为这种侧屈意味着动物的一个肺扩张，而另一个肺被挤压，这导致它们难以同时运动和呼吸，速度和灵活性受到极大限制。正如我们所看到的，犬齿兽类发展出了一种更直立的姿势，脊椎上也有了骨质制动器，防止脊椎从一侧向另一侧过度移动。这些骨骼变化彻底改变了它们走路的方式：四肢可以前后移动，而不是左右移动；脊椎上下弯曲（就像跳跃的瞪羚），而不是左右弯曲（就像蜿蜒的蛇）。它们现在可以畅快呼吸了（见图2-3）。

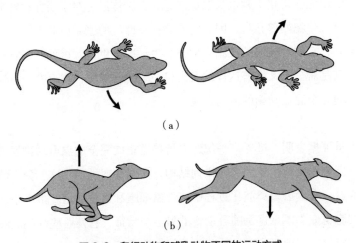

（a）

（b）

图2-3　爬行动物和哺乳动物不同的运动方式

注：爬行动物身体左右摆动（a），哺乳动物身体上下起伏（b）。箭头表示移动方向。萨拉·谢利绘。

脊椎在另一个方面也发生了变化：虽然两栖动物和爬行动物的脊椎几乎相

——•——

同，但犬齿兽类的脊椎分成了不同的区域，每个区域都有特定的功能。躯干部的脊椎会在胸椎向腰椎过渡的地方骤然失去肋骨。这是膈——将空气吸入肺部的强大肌肉——出现的迹象。

头骨也发生了变化。犬齿兽类发育出了次生腭—— 一种将口腔与鼻腔分隔开来的坚硬的口腔顶部隔板。现在，空气有了进入肺部的专用通道，这些犬齿兽类可以同时进食和呼吸了。新的鼻腔通道内出现了一种古怪的新结构——鼻甲骨，在气流通道中间突出的卷曲的软骨或骨骼。它看似形成了阻碍，但事实上，它是在吸入大量空气时保持体温恒定的关键。覆盖着血管的鼻甲，能在空气进入肺部前加热空气并使其保持湿润。我们也有这个结构——就在头骨中，位于鼻孔和喉咙后部之间。它确保我们在严酷的冬日里，将最冰冷干燥的空气在一瞬间变得温暖湿润，其湿热程度堪比热带雨林。它也能反向工作，在我们呼气时留住宝贵的水分。

所有这些看似细微的解剖特征变化引起了质变：肺可以吸入更多氧气。与此同时，犬齿兽类也通过全新的咬合方式增加了热量的摄入量。

颌部闭合肌似乎细分成了一组单独的肌肉，力量更大，其中的一部分甚至与耳部的镫骨接触——现在它们不再具有颌部咬合的功能，而是开始帮助将声音传递给耳朵。

但这里存在着一个主要的问题：与头骨上部相连的关节仍然位于关节骨上，且正在逐渐退化。与它相连的颅骨上部的骨骼，也就是方骨，也在萎缩。一些犬齿兽类下颌的上隅骨上演化出了一个支撑物，以加强与颅骨上部的接触，但因为上隅骨也在缩小，所以这个支撑物也就没起多大作用。没有工程师会设计出这样一个颌部闭合系统。它之所以能起作用，唯一的原因是这些犬齿兽类变得特别小，不必承受较大体形的祖先所承受的剧烈咬合压力。无论如何，犬齿兽类需要找到一个解决方法。它们也确实找到了——正是这个方法，决定了哪些动物是哺乳动物。

齿骨 – 鳞骨关节，拼好"乐高城堡"的最后一块"积木"

分类是一项人类活动。大自然不会给任何东西贴标签，标签是人给的。老鼠是哺乳动物，蛇是爬行动物，霸王龙是恐龙。

哺乳动物、爬行动物、恐龙，都是生命谱系树上的类群，但它们是如何被定义的呢？

如果你只看现代世界，那么哺乳动物很容易被定义。老鼠、大象、人类、蝙蝠、袋鼠和成千上万的其他物种，都拥有一组独有的特征：毛发，温血代谢，巨大的大脑，分化为门齿、犬齿、前臼齿和臼齿的牙齿，喂养后代的乳汁，等等。但正如我们所见，这些"哺乳动物"属性是逐步演化而来的。在1亿多年的演化中，煤沼泽的盘龙类中演化出兽孔类，兽孔类中的小型犬齿兽类在二叠纪末期的灭绝中存活下来，而犬齿兽类在三叠纪进一步减少。在这样的演化谱系上，我们应该怎样划定哺乳动物和非哺乳动物的分界线？

哺乳动物进化密码

全新颌关节

20世纪中期，在大量全新的二叠纪和三叠纪兽孔类化石基础上，古生物学家集体得出了一个结论：所有从第一个发展出关键创新特征的动物演化而来的动物，就是哺乳动物，关键创新特征是指位于下颌的齿骨和颅骨上部的鳞骨之间的一个全新的颌部闭合关节。这种新颖的颌部铰链简单而优雅地解决了颌部后部骨骼不断萎缩的问题。孔耐发现的小驼兽缺少齿骨 – 鳞骨关节，所以它不是哺乳动物。但谱系树上的另一个分支，比如孔耐在威尔士的一个洞穴中发现的摩尔根兽，就具有这样的结构。按此规定，摩尔根兽是哺乳动物。所有的动物，无论是生活在三叠纪的动物，还是包括我们在内的这些后来演化出来的动物，谱系都可以追溯到这个具有全新颌关节的祖先。

——┃——

"第一个发展出颌部闭合关节的动物就是哺乳动物"，这一结论听起来可能有点儿不尽如人意，属于主观臆断。从某种意义上说，也确实如此。但这些古生物学家并非随意挑选了一个特征来定义哺乳动物。他们选择了所有现代哺乳动物拥有的标志之一，正是这个特征将我们与两栖动物、爬行动物和鸟类清楚地区分开来。全新且更强大的齿骨－鳞骨的发展也是一个重大的演化转折点——我们稍后会讲到，它引发了哺乳动物在进食、智力和繁殖方面的连锁变化。经历了漫长的演化整合过程后，这些方面的变化是推动哺乳动物形成的最后一步，恰如拼好"乐高城堡"的最后一块"积木"。

关于这一点，我有必要强调一下，上述定义并没有被大多数当代古生物学家使用。在过去的几十年里，人们开始用一种不同的方式来定义哺乳动物，即所谓的冠群定义。这种方法将所有现存的哺乳动物（6 000多种单孔类、有袋类和有胎盘类）考虑在内，追溯出它们在谱系树上年代最近的共同祖先，而这个祖先则被视为非哺乳动物和哺乳动物的分界线。冠群定义有其优点，最大的优点在于它十分简单。但它也有缺点：在现代哺乳动物的共同祖先从谱系树上分化出来之前，数百个外观、行为、生长方式、代谢方式、喂养方式、护理和梳理毛发方式与现代哺乳动物一样的"化石物种"就已演化出来了，但根据这种方法，所有这些已成化石的动物包括摩尔根兽都不属于哺乳动物。

老实说，在我的科学作品中，我使用的是冠群定义。在研究论文中，我不会称摩尔根兽为"哺乳动物"，而是把它叫作"基干哺乳型类"（basal mammaliaform）或"非哺乳哺乳型类"（nonmammalian mammaliaform）。如你所见，这些术语很快就变得冗长难懂。为了避免我们被冠群定义之外所有这些近哺乳动物的名字弄糊涂，简单起见，我将把所有具有齿骨－鳞骨颌关节的动物都称为哺乳动物。希望我的同事能原谅我。

撇开定义不谈，最重要的是，在晚三叠世，像摩尔根兽这样的犬齿兽类找到了解决颌部困境的办法（见图2-4）。它们的牙齿长得又大又深，不可避免地会接触到头骨上部的骨骼，这会导致一个球状沟槽关节的形成，由此发展出新的颌部铰链。头骨和颌骨之间本就脆弱且日渐脆弱的关节得到了加强。日益萎缩的关节骨－方骨关节不再是唯一的连接点，齿骨和鳞骨之间形成了第二个支点。有一段时间，这两个关节共存，齿骨－鳞骨关节铰链位于方骨－关节骨铰链外侧。最终，方骨－关节骨缩小，小到无法在张口时发挥任何作用，因此进一步萎缩，最终与颌部其余部分分离。它们并没有消失，而是承担起了一种令人惊讶的新功能——这一点我们将在下一章讨论。

（a）

（b）

图 2-4　最早的哺乳动物：摩尔根兽

注：基于 CT 扫描结果制作的头骨和头部重建图（a）以及用一粒米作为参照物的下颌化石（b）。斯蒂芬·劳滕施拉格尔（Stephan Lautenschlager）和帕梅拉·吉尔（Pamela Gill）分别供图。

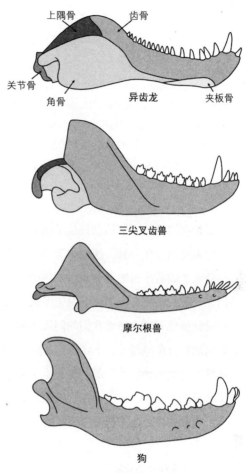

图 2-5　下孔类颌部的演变

注：随着时间的推移，下孔类颌部缩小、简化，最终形成哺乳动物的单下颌骨（齿骨）。萨拉·谢利绘。

齿骨－鳞骨关节改变了游戏规则（见图 2-5）。突然间，本来与头骨松散相连的颌部被牢牢地固定住了。**这个新关节，由在犬齿兽类演化早期过程中变大的颌肌操控，能够产生更强的咬合力。**一分为二的颞肌、咬肌和翼肌好似木偶演员的三根提线，相互协调，让咬合更加可控。因此，这样的颌部可以在特定时间里，将最强劲的咬合力准确集中在特定的牙齿上。这开启了一种全新的进食方式，一种我们习以为常，但在动物中极为罕见的方式：咀嚼。通过把食物嚼成糊状，早期哺乳动物可以在口腔内完成大部分消化过程，消化基本上在食物到达胃部之前就开始了。这种方式也能更有效地摄入更多热量。哺乳动物的祖先，即我们迄今为止见到的各种盘龙类、兽孔类和犬齿兽类，咬合方式大多很简单，就像蜥蜴和食肉恐龙那样将嘴闭上，接着上下颌互击，仅此而已。这是一种咬着食物进行撕扯的进食方式。食物被撕破吞下，在嘴里没有经过多少加工。但一些进步的犬齿兽类，如小驼兽，是个例外，它们会在合上嘴巴的同时向后移动下颌，以便将植物碾碎，不过这种情况很少见。

哺乳动物进化密码

咀嚼

三叠纪的哺乳动物成了食品加工机器。它们的颌部可以上下、前后、左右移动，进而发展出一种咀嚼运动，三个动作依序进行，就像蛙泳运动员按步骤游泳一般有条不紊。首先，当嘴巴闭合时，下颌会向上并向内移动，接近上颌（动力冲程）；之后，嘴巴张开时，下颌向下移动（恢复冲程），然后稍微向外移动（准备冲程）；再一次又一次地重复这三个动作。这一切都是由于下颌的独特能力：在颌部张开和闭合时向外与向内移动。让你的下颌好好摆动一下，感受它们是如何向各个方向移动的。你正在体验的，就是由我们遥远的三叠纪祖先所开创的新型咀嚼运动。

复杂而协调的下颌运动只是平衡系统的一部分。为了咀嚼，这些哺乳动物的上下牙需要贴合在一起。这被称为咬合，与恐龙或爬行动物的有所不同。恐龙和爬行动物上颌的牙齿通常会盖过下颌的牙齿，也有两排牙齿互相嵌入，呈锯齿状排列在一起的情况，但嘴合上时上下齿无实际接触。哺乳动物截然不同，我们闭上嘴时就能感受到。虽然我们的门齿会形成一个小小的覆合，但挨着脸颊的牙齿会紧密地贴合在一起，上牙与下牙嵌合。我们的牙齿咬合得很紧，一口咬下去时，颌部就被有效地锁在了一起。正是上下牙之间的广泛接触和紧密嵌合，为咀嚼提供了必要的表面积。这在摩尔根兽等三叠纪哺乳动物身上得到了发展，因为它们完成了哺乳动物经典齿列形成的最后一步：颊齿分成了前臼齿和臼齿。

哺乳动物进化密码

再出齿

不过，咬合也带来了一个问题。上齿和下齿需要精确匹配，一方的尖须与另一方的窝相嵌合，否则它们就不能咬合在一起——往好了说，会造成咀嚼效率低，往坏了说，会导致无法咀嚼。如果哺乳动物的祖先（一生中不断更换牙齿的动物）试图咀嚼，就会发生这种情况。即使它们的上下牙完全嵌合，但只要掉了一颗上牙，对应的下牙就失去了互相咬合的伙伴。上牙当然会重新长出来，但这需要时间，而且生长时形状不断改变，直到完全成型后才能与对应的下牙完全匹配。显然，咀嚼型动物不能这样，所以哺乳动物再次演化出了一个巧妙的解决方案。它们准备终其一生都不更换牙齿，最终用祖先的无数组牙齿换来了一生中唯二的两组牙齿：一组是未成年时的乳牙，另一组是成年后的恒牙。这就是所谓的再出齿。下次掉牙的时候，如果需要昂贵的牙科治疗，你可以对自己的三叠纪祖先说几句不敬的话。

摩尔根兽，"第一个哺乳动物"的候选者

我们怎么知道这一切发生在最早的哺乳动物身上？化石再次证明了这个问题。首先，你可以一眼看出，在摩尔根兽和其他早期哺乳动物的头骨化石中，上下牙相互嵌合，即前臼齿和臼齿本质上是啮合的。此外，摩尔根兽和其他三叠纪哺乳动物那三个尖峰的臼齿都有磨损面：扁平的表面上存在条纹，这是与对应的牙齿反复接触形成的。这些动物维持着一种微妙的牙齿平衡状态。过度磨损只能让牙齿只剩下短短的牙桩，这对于不能随意长出新牙齿的动物来说，无疑是一场灾难。不过，如果磨损恰到好处，这些牙反而会形成锋利的边缘，当颌部闭合时，就像剪刀一样为咀嚼增强了切割作用。

哺乳动物档案

摩尔根兽

拉丁学名: *Morganucodon*

体形特征: 体长 10 ～ 20 厘米,有"三叠纪老鼠"之称

生存时期: 三叠纪晚期 ～ 侏罗纪早期

化石分布: 大多数在英国南威尔士三叠纪地层中被发现,在中国也发现过它们的化石

讲解: 最早的颌部稳固、可以咀嚼并进行牙齿咬合的哺乳动物,最早的哺乳动物之一;牙齿已经分化,有小的门齿、大而锐利的单个犬齿,犬齿后有前臼齿和臼齿;大脑中已经有新皮质,其嗅球和触觉区也异常巨大

哺乳动物进化密码

更大、更聪明的大脑

这些最早的颌部稳固、可以咀嚼并进行牙齿咬合的哺乳动物，其大脑的增大主要集中在前部，使得祖先的管状大脑变成现代哺乳动物具有两个大脑半球的球状大脑。摩尔根兽的大脑已经在 X 射线、CT 的基础上进行了数字重建，除了更大、更圆，它还表现出哺乳动物的两个关键特征。一是负责协调嗅觉的嗅球非常大；二是大脑顶部出现了一个新结构：一种被称为新皮质的六层神经组织，这是哺乳动物最伟大的发明之一。神经学家认为，新皮质是

哺乳动物感觉统合、学习、记忆和智力的关键。因此，第一批三叠纪哺乳动物变得更聪明，因为它们的咀嚼能力更强。也许更多的食物摄入帮助它们长出更大、更复杂的大脑，又或许大脑的扩张迫使颌部肌肉的位置发生变化，从而使更强的咬合力和复杂的颌部运动成为可能。不管怎样，在第一批三叠纪哺乳动物身上，同时发生了进食和智力上的巨大变化。

这些最早的颌部稳固、可以咀嚼并进行牙齿咬合的哺乳动物化石，在另一方面也值得注意。它们的头骨有巨大的颅腔，里面的大脑，比盘龙类、兽孔类和犬齿龙类的祖先的大脑要大得多（见图2-6）。

摩尔根兽是首批哺乳动物中最有名的，是干群哺乳动物的典型，在三叠纪繁盛，一直延续到侏罗纪。它是由孔耐于1949年命名的，最初只是从一袋9千克重的威尔士洞穴碎石中找到的一颗已经断裂的牙齿，长度还不到1毫米。孔耐当时正处于人生的重要转折点，他从拘留营出来后成了伦敦大学的讲师。孔耐于1952年回到德国并在柏林担任教授后，肯尼思和多里斯·克马克夫妇（Kenneth and Doris Kermack）在南威尔士进一步研究，发现了数百件骨骼和牙齿。

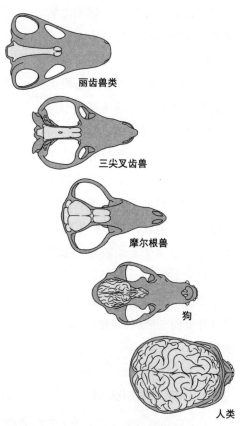

丽齿兽类

三尖叉齿兽

摩尔根兽

狗

人类

图 2-6　下孔类大脑的演化

注：随着时间的推移，下孔类大脑体积增大，最终形成哺乳动物巨大的大脑，哺乳动物大脑结构复杂，新皮质增大。萨拉·谢利绘。

与此同时，在中国，原北京辅仁大学的一个古生物学家兼牧师团队正在北京自行寻找早期哺乳动物。埃德加·厄勒（Edger Oehler）神父去了云南，在那里发现了一件 2.6 厘米长，具有颌部的完整头骨。他把它寄回了北京，也寄给了他的朋友哈罗德·里格尼（Harold Rigney）神父。哈罗德·里格尼神父在 1963 年的一篇著名论文中对它进行了描述，宣布它是摩尔根兽的新物种。这件华丽的化石与威尔士越来越多的牙齿和骨骼记录一道，使摩尔根兽成为早期哺乳动物中的佼佼者。

除了摩尔根兽，还有其他早期哺乳动物，比如生活在三叠纪和侏罗纪的各种各样的物种。和摩尔根兽一样，很多早期哺乳动物都来自英国，在英格兰或威尔士的洞穴中被发现。这些四处搜食的小动物可能一直生活在地下，更可能是被洪水冲到地下，或者掉进了布满裂缝的"雷区"。随着时间的推移，骨骼越积越多，形成了史前骨库。孔耐被流放到英国后不久便发现了两颗牙齿，但一开始没有意识到那是什么，便把它们卖给了剑桥的雷克斯·帕林顿。帕林顿把它们命名为一个新物种：始带齿兽（*Eozostrodon*）。在威尔士洞穴中还发现了一件新物种化石，戴安娜·克马克（Diane Kermack）将其命名为孔耐兽（*Kuehneotherium*），以纪念孔耐。

还有一些动物与孔耐无关。在南非，自学成才的业余女考古学家艾奥尼·鲁德纳（Ione Rudner）进修于开普敦大学，之后成为南非博物馆馆长研究助理。她发现了一具具有头骨的骨架——不同寻常，人称大带齿兽（*Megazostrodon*）。在地球的另一端，哈佛大学教授、美国海军陆战队原队员法里什·詹金斯（Farish Jenkins）在格陵兰岛发现了类似摩尔根兽的哺乳动物的颌部和牙齿。他曾在野外持枪击退北极熊，把营地管理得好似军营一般严格。最近也有一些新发现，比如来自中国的最好的巨颅兽（*Hadrocodium*）化石。它的头可以放在你的指甲上，身体可以置于回形针上，和当今最小的哺乳动物——1.5 克到 2 克重的泰国大黄蜂蝙蝠（bumblebee bat）不相上下。

———·———

第一批哺乳动物那时正日益繁盛。它们多样化发展的速度令人震惊，且它们充分利用起了巨大的大脑和咀嚼这样的新专长。它们在整个盘古大陆扩散开来，并迅速在全球范围内繁衍兴盛。哺乳动物不再受超级恐龙和沙漠的限制，是首批广泛散布在盘古大陆的主要动物群体之一。它们中的大多数可能以昆虫为食，体形小，咬合精确有力，刚好符合敏捷的捕虫能手的生态位。然而，它们并非都食用同一种昆虫。帕梅拉·吉尔和他的同事对摩尔根兽及孔耐兽的牙齿磨损情况进行比较，发现这两个物种共存于侏罗纪最早期的威尔士，各自食用不同的食物。摩尔根兽以甲虫等硬壳昆虫为食，孔耐兽则喜欢蝴蝶这样较软的猎物。**这预示着某种趋势，一种在整个哺乳动物演化过程中将重复出现的趋势：新一波哺乳动物到来时，变化通常是从那些在暗处默默多样化发展的食虫动物开始的。**

大带齿兽，奠定古哺乳类经典"鼠状"外观

法里什·詹金斯身上不背步枪收集哺乳动物颌部化石的时候，可是一位风度翩翩的常春藤联盟教授，会西装革履、穿戴整齐地为学生授课。他在表演方面十分擅长，用冷幽默和丰富的道具，逗乐了一代又一代学生，最为出名的要数他用"亚哈船长"①的假腿来展示人类不同运动风格的故事。不过，令他以前的学生印象更深的是他精心绘制的头骨图和骨骼图，这是他在幻灯片出现前的主要教学工具。他会在上课前几个小时就来到教室，有时甚至在凌晨时分就到了，那时哈佛大学校园里的夜行哺乳动物正在匆忙捕食昆虫，他则在黑板上用粉笔画下他的杰作。

他最著名的画作是大带齿兽（见图 2-7）。1976 年，一位专业艺术家对艾奥尼·鲁德纳 10 年前发现的骨架进行了描绘，并对该画进行了完善。这幅画如

---

① 美国小说家赫尔曼·梅尔维尔小说《白鲸》中的人物。——编者注

今已经成为科学领域的经典形象之一，经常出现在教科书中，以及我们大多数现代人更喜欢的带有幻灯片演示的讲座中。就像切·格瓦拉（Che Guevara）的标志性形象一样，它所代表的意义远不止单个动物的模样。它描绘了一场革命：**第一批哺乳动物穿越盘古大陆，开创了一个王朝。**

1厘米

图 2-7　早期哺乳动物大带齿兽

注：这张极具革命性的图片由法里什·詹金斯绘制，引自詹金斯和帕林顿 1976 年的论文。

这只体形小得如同鼩鼱（或老鼠）的大带齿兽被惊动了。它极度警觉地站在一棵树下，四肢傲然竖立在柔软身躯下。它有片刻犹豫不决，脚尖冲上，好像随时准备蹿上树，消失在枝头间。它的上肢冲外，所以它也可以选择从地上跑开。它感觉到了什么——可能是危险，也可能是美味的虫子，因为它的颌部张开，嘴里可见全套的门齿、犬齿、前臼齿和臼齿。这些牙齿虽小却很锋利，上下牙看起来可以迅速地咬合在一起。它眼窝很小，所以一定更多地依靠其他感官来判断周围的环境。不管是什么引起了它的注意，它一定是听到了什么，或闻到了什么。

如果我们看到的是这具骨架有血有肉的样子，那我们今天还能认出它来。它显然是一种哺乳动物，全身覆盖着皮毛，直立行走，肢体前后摆动。它牙齿齐全，用来咀嚼，一生只更换一次。它动作敏捷，能爬树，也能在地面上移动，而且它是温血动物，或者说正在变成温血动物，在寒夜中捕食昆虫时能保持舒适的体温。它的脑袋里有一个体积很大的大脑——赋予了它智慧和敏锐的嗅觉、听觉。

哺乳动物档案

大带齿兽

拉丁学名: *Megazostrodon*

体形特征: 体长 10 ～ 12 厘米, 体重约200 克

生存时期: 三叠纪晚期 ～ 侏罗纪

化石分布: 主要是南非地区

讲解: 一种长相酷似老鼠的小动物, 大小如同鼩鼠(事实上它的行为也类似于鼩鼠);它的尾巴和嘴都很长, 居住方式是穴居;它用尖利的牙齿捕食昆虫;据推测, 它的听觉和嗅觉发达

如果你正漫步于森林，或者跑着去赶地铁，看到这个小动物从你面前飞奔而过，我敢肯定你只会把它当成一只老鼠。

哺乳动物来了，它们继承了许多非凡的适应特性——由它们的盘龙类、兽孔类和犬齿兽类祖先在超过 1 亿年的演化中积累起来。这些新的哺乳动物正在向世界各地扩散，并准备接管盘古大陆，夺回它们兽孔类祖先在二叠纪末期火山爆发中失去的东西。

它们做到了吗?

这个超级大陆开始分裂，而恐龙也变得越来越大，越来越凶猛——虽然它们在演化中拥有了各类创新特征，但这些全新哺乳动物的选择着实有限。它们不得不习惯并适应隐蔽的生活。

The
Rise and Reign
of the
Mammals

第二部分

中生代：
逆境中的哺乳动物，
在恐龙的统治下绝境求生

约 2.52 亿年前～约 6 600 万年前

The Rise and Reign
of the Mammals

翔齿兽（*Vilevolodon*）

03

恐龙统治的漫长时期，
哺乳动物在做什么

默默无闻的哺乳动物，恐龙剧中的临时演员

威廉·巴克兰（William Buckland）总是知道如何抓住观众的心。

在19世纪的前几十年里，他是牛津大学里一位行事古怪的教授，他的地质学和解剖学讲座是学生必看的"娱乐节目"。他身着华丽的学术服，在过道中来回穿梭，一边向学生们大声提问，一边递给他们切下来的动物器官。

他的家是寻宝者的天堂，堆满了骨头、动物标本、贝壳和其他古玩，有段时间他还拥有私人动物园。在晚宴上，他曾把宠物熊牵出来给客人们观赏。这头熊像它的主人一样，也穿着学术长袍，而他则在一旁，用从整个大英帝国收集来的神秘肉类招待客人。吐司上的老鼠肉是主菜，有时也会换成黑豹肉和鼠海豚肉。偶尔，他的朋友也会交点儿好运，吃到一些鸵鸟肉或鳄鱼肉，但巴克兰肯定认为这很无聊。

你看，他的人生目标就是吃遍动物界。他对所有动物都一视同仁。

1824 年初冬的一个夜晚，他献上了有生以来最盛大的演出。

那天傍晚，巴克兰站起身来，向伦敦地质学会发表演讲。他刚刚被任命为会员俱乐部的主席，这个俱乐部由维多利亚时代之前的博物学家、神学家和贵族阶层的岩石收藏家组成。作为一名出众的表演者，巴克兰想让他的就职演说令人难忘。他手中握有一张王牌。多年来一直有传言说，他获得了一些巨大的骨骼化石，是工人在英国古朴的斯通斯菲尔德村附近采集石灰岩时发现的。石灰岩平坦的板状层非常适合做屋瓦。如果那些传言是真的，那么偶尔也会有骨骼和牙齿嵌在里面。现在，经过近 10 年的研究，巴克兰准备宣布一个消息。

他兴致勃勃地告诉观众，用来做屋瓦的石头中确实有骨头，不过它们比任何现代动物的骨头都大得多。这些骨头从形状和比例上来说都像是爬行动物的，好像属于一种类似于巨大蜥蜴的野兽，甚至更像是神话中的龙，而非观众所见过的任何事物。巴克兰想出了一个完美的名字来形容它：巨齿龙（*Megalosaurus*）。

欣喜若狂的观众没有意识到，巴克兰刚刚揭开了第一只恐龙的面纱。

那是科学史上具有开创性意义的一晚，激发了人类对恐龙经久不衰的兴趣。恐龙被无数的故事所传唱，但故事往往没有提到巴克兰那天宣布的另一个发现，另一个在体积上小得多，但同样具有革命性意义的发现。在石灰石板上的这些大骨头之间还埋藏着另一类化石，巴克兰对此一反常态地保持言语低调，只提了一下这是"最了不起的"发现。

那是两组小小的颌部化石，大概只有 2.5 厘米长，上面有一系列尖状凸起。

它们无疑是哺乳动物的颌骨，大小与老鼠或鼩鼱的颌骨相当。在巴克兰看来，这些牙齿与负鼠的牙齿惊人地相似，而他对负鼠之所以熟悉，很可能要归功于他的晚宴。这些颌骨是和巨齿龙骨骼一起被发现的，因此它们也就成了大型恐龙类和原始哺乳动物曾经共同生活的证据。**这是第一个迹象，表明哺乳动物的历史比所有人想象的都要久远。**

有段时间，就在古生物学从绅士的一个嗜好发展为一门科学学科的过程中，正是这些不起眼的颌骨——而不是巴克兰的恐龙化石，成为激烈争论的对象。19 世纪早期和中期，古生物学界的许多关键人物都对它们进行了论证，例如理查德·欧文这位脾气暴躁的解剖学家，后来对来自卡鲁地区的第一批"似哺乳爬行动物"进行了描述，并创造了"恐龙"这一名称，以将巴克兰的巨齿龙和维多利亚时代英国各地出现的其他巨大爬行动物进行归类。巴克兰、欧文和其他人就颌骨所属物种的身份问题争论了几十年。在关于物种是否随时间演变的众多论战中，这是其中一场争论。

不过，恐龙的人气最终更胜一筹。霸王龙、三角龙和雷龙家喻户晓，而巴克兰描述的小下颌（属于袋兽和双兽这两个物种）只能成为不起眼的学术词语。这就是关于科学发现的冷酷现实。19 世纪，人们在美国和欧洲其他地方不断发现巨大的恐龙骨骼。后来，安德鲁·卡内基（Andrew Carnegie）等追名逐利的实业家资助了一批钻井工，从美国西部荒野挖出了巨大的骨骼。侏罗纪和白垩纪的哺乳动物化石则非常罕见，也不怎么起眼，主要局限于单颗牙齿或单个下颌碎片。人们没有发现完整的骨架，即使发现了，它们老鼠般的体形也肯定不会像飞机大小的梁龙那样引发公众的兴趣。

难怪侏罗纪和白垩纪的哺乳动物默默无闻。人们认为它们是迟钝且无特化特征的泛化种，其外表和行为都像老鼠，只能在恐龙巨大的阴影下苟且偷生。它们更像是恐龙剧中的临时演员，连配角都算不上。

难怪大多数对化石着迷的年轻人（包括我）更喜欢恐龙，而非侏罗纪的哺乳动物。年少时的嗜好变成一份职业，这也是我为何在几年前到中国东北地区,穿梭于各个博物馆之间,研究辽宁的有羽恐龙。那些华丽的骨架身披毛绒外衣,羽翼丰满,在侏罗纪和白垩纪的火山爆发中成为化石。这些恐龙可真不走运,正过着自己的小日子,却被火山灰和污泥杀死并掩埋,跟庞贝古城一样悲惨。古生物学家们却交了好运,因为这些化石包含了许多信息,里面甚至有赋予羽毛颜色的含色素的黑素体。我这次特殊旅行的任务是采集像皮屑一样小的羽毛样本,把它们带回我的实验室,和学生在高倍显微镜下观察,识别黑素体,并弄清楚这些恐龙曾经是什么颜色。

旅行开始后的几天,我在中国北票翼龙化石博物馆黑暗的走廊里刮了一上午羽毛,之后决定休息一下。我的朋友吕君昌[①]与博物馆馆长交换了一下眼神。他们用普通话低声交谈了一阵后,君昌示意我跟他走。"我们有个秘密要给你看,"他说,"不是恐龙!"

我们离开博物馆,坐上了一辆汽车,在北票市狭窄的街道上蜿蜒穿行,超过一辆辆自行车和一个个卖面条的小贩。一个急转弯后,我们进入了一条隐蔽的小巷,朝一个小院子行驶。汽车突然停了下来,我听从指挥下了车。面前的建筑像是一栋公寓楼,门户密集,年代久远。博物馆馆长指了指一楼的一个门洞,门洞前拦着金属格栅。他开门时我还在疑惑,这样一位富有的商人,自己出资建立了博物馆,还在里面摆满了化石,怎么可能住在这样一个简陋的地方。

当光线涌入玄关时,一个奇怪的场景映入眼帘。这个房间就跟我想象中的两个世纪前巴克兰在牛津的家一样。家具表面蒙着灰尘,地板上散落着盒子和木箱,桌子和工作台上堆满了报纸——好似摇摇欲坠的塔。到处都是锤子、凿子和刷子,以及胶水瓶和小塑料袋。还有化石,很多化石,埋在大约 2.5 厘米厚的石灰石板中,这些石板也许能做成漂亮的屋瓦。这不是一间普通的公寓,而是一个工作坊,一个临时实验室。从当地农民那里购买的化石在送往博物馆展出之前,就在这里被清理干净(见图 3-1)。

---

① 中国首屈一指的恐龙猎人,于 2018 年不幸逝世。

图 3-1 吕君昌（中）和他的团队

注：他们向我展示中国北票的神秘哺乳动物化石。史蒂夫·布鲁萨特供图。

　　馆长的一名助手一头扎进一间侧房，拿出了两块像拼图一样拼在一起的石板。他把一堆报纸推到一边，把石板放在桌子上，然后拿来一盏灯。他照亮那件宝藏，叫我上前去。

　　灰色的石灰岩表面布满了细小的化石壳，上面有一块棕色的污迹，大约有一个苹果那么大。我仔细看了看。棕色的东西是毛发，毛发间有一根脊柱。

　　这是哺乳动物的化石！是一种在大约 1.6 亿年前的侏罗纪与有羽恐龙共存的哺乳动物！从某种意义上说，这只哺乳动物符合人们的刻板印象：很小，很容易被有翼恐龙击打或踩踏。但从另一个更重要的意义上来说，它打破了侏罗纪或白垩纪哺乳动物的固有模式。一块皮肤从脊椎两侧伸出，在手臂和腿之间延展，就像鼯鼠的翼膜。

　　这种哺乳动物不是类似老鼠的普通动物，它可以在树木之间滑翔。显然，与恐龙生活在一起的哺乳动物要比古生物学家长期以来（从巴克兰时代开始）的设想更有趣。

熬过三叠纪末期大灭绝，恐龙时代正式开启

哺乳动物得以在侏罗纪和白垩纪从恐龙头顶滑翔而过之前，必须先在三叠纪杀出一条血路。恐龙也是如此。这绝非易事。当摩尔根兽等首批哺乳动物从三叠纪的犬齿兽类祖先演化而来，发展出新的颌关节、完整的哺乳动物牙齿、咀嚼能力、微小体形、增大的大脑和温血代谢时，地球也正经历着变化。来自地下深处的应力开始拉扯盘古大陆，一个来自东方，一个来自西方。对于生活在地面上的哺乳动物来说，这是一种缓慢且难以察觉的过程，而它在数百万年后突然爆发成一场灾难。

大约 2.01 亿年前，在三叠纪末期，超级大陆开始自中间裂开。北美洲从欧洲分离出去，南美洲从非洲分离出去。现代大陆诞生于盘古大陆的分裂，今天的大西洋就是板块间的分界线。但是，在陆地分开后，水冲进来填满空隙之前，地球上出现了大量熔岩。

在大约 60 万年的时间里，大型火山沿着未来的大西洋海岸喷发。一共发生了四次剧烈的火山活动，大火将新大陆的边缘吞没。有些熔岩流和岩浆喷口加起来（比如我们今天在纽约附近或摩洛哥沙漠看到的玄武岩悬崖）高度可达 900 多米，是帝国大厦高度的两倍多。但就像 2.5 亿年前二叠纪末期发生的事情一样，真正的恐怖不在于熔岩或火山灰，而在于从地球深处沿火山口进入大气的气体（二氧化碳和甲烷等温室气体），它们加剧了全球变暖。就像在二叠纪末期一样，温度飙升导致海洋酸化，浅水区缺氧，进而导致陆地和海洋的生态系统崩溃。大灭绝再次发生了。这一次，至少有 30% 的物种死亡，真实数字可能更大。

这次大灭绝有几类著名的受害者。一类是最后一批具有长牙的二齿兽类。它们是二叠纪多种多样的兽孔类遗留下来的物种，跌跌撞撞进入三叠纪，重新多样化发展，成了笨重、大腹便便的食植动物，如像大象那么大的波兰物种利索维斯兽（Lisowicia）。许多两栖动物消亡了，几乎所有在三叠纪与恐龙竞争的鳄鱼近亲都灭绝了。

另外两类伟大的幸存者是哺乳动物和恐龙。恐龙为何能存活下来仍是一个悬而未决的问题，也是让恐龙研究者争论不休的最大谜团之一。这可能是因为它们不用再与那些已灭亡的鳄类竞争；也可能是因为这些恐龙拥有了羽毛，不再受温度波动的影响；也可能是因为它们获得了更快的生长速度，能够迅速从幼崽长至成年。又或许它们只是交了好运。至于哺乳动物，我们轻易就能看出它们为应对这场灾难做的充分准备。它们有一手好牌：体积小，生长速度快，感官敏锐，智力水平高，还能躲在树上或洞穴里。就像老鼠在黑暗环境和地铁里的有害气体中能安然无恙一样，摩尔根兽这类哺乳动物能够在全球变暖的环境中自由穿行。

随着火山停歇，新大陆离得越来越远，地球再次重获新生。三叠纪被侏罗纪所取代，一个更为空旷的全新世界等待恐龙和哺乳动物去探索。恐龙的应对策略是体形变得更大，且比以前大得多：到侏罗纪中期，有比五头大象加起来还大的长颈恐龙，它走路时地面都为之震动。恐龙也多样化发展，谱系树上演化出各种各样的新类群：吉普车般大小，长着奇怪头冠的食肉兽脚类；背有骨板，进食低矮植物的剑龙类；身覆装甲和尖刺，形似坦克的甲龙类；爪子锋利，身披羽毛，行动敏捷的恐爪龙类；以及来自中侏罗世，鸽子般大小，振翅飞行于天空之上的生物——最早的鸟类。

与恐龙不同，哺乳动物则维持着小体形。有这么多恐龙存在，它们也许不得不如此。但和恐龙一样，它们也演化成许多新物种，食性、行为和移动方式各异。**地下、灌木丛里、黑暗中、树梢间、阴影中，哺乳动物成了填补这些隐**

蔽生态位的专家。我们敢说, 在那些巨型恐龙无法到达的地方, 哺乳动物就在那里繁衍生息。

哺乳动物谱系树规模在这段时间呈指数级增长, 树干上形成了一堆所谓的"枯枝"——夹在摩尔根兽等最早的三叠纪哺乳动物和顶端的现代物种之间。不过, 这种说法有失公允。这些群体(如我们马上就要介绍的柱齿兽类和贼兽类)被认为是"枯枝"的唯一原因, 不过是它们如今已不复存在。这是我们事后的看法。在侏罗纪和白垩纪, 这些早期哺乳动物群体以极快的速度演化, 并尝试了许多与现代哺乳动物相同的进食方式和运动方式。**彼时彼处, 这些哺乳动物和所谓的"淘汰物种"毫不沾边。**

燕辽生物群, 地层中的"华丽霓裳"

我对侏罗纪和白垩纪哺乳动物的了解, 恰好始于它们沉闷的刻板印象被打破的时候。那是 1999 年的春天, 我还在上高一, 仍对恐龙十分着迷。我的父母虽然对此不太理解, 但当我问及能否在复活节期间参观匹兹堡的卡内基自然历史博物馆时, 他们没有提出任何异议。这座博物馆是安德鲁·卡内基建造的, 用来展示他的"雇佣军"在西部收集的巨型恐龙。但我不满足于观看展览, 我想要一探这些化石收藏的幕后故事, 却不知道该找谁问起。

几周前, 卡内基自然历史博物馆的研究员罗哲西上了新闻。罗哲西和他的中国同事描述了一种令人惊叹的白垩纪新哺乳动物: 骨架只有几厘米长, 尾巴很细, 四肢灵活, 长有用来吃昆虫的三个尖凸的牙齿。他们称它为热河兽[*Jeholodens*, 见图 3-2(a)], 名字取自它的发现地, 中国河北省、辽宁省和内蒙古自治区交界地带——热河。它那长满斑点、毛茸茸的身体从化石骨架上一跃而起的艺术效果图, 被刊登在全国各地的杂志和报纸上, 我甚至记得在伊利诺伊州农村的小镇报纸上也见到过。它不是恐龙, 但我还是觉得它很酷,所以我搜索了卡内基自然历史博物馆的网站，找到罗哲西的电子邮箱，然后给他发了一封请求私下参观的邮件，碰碰运气。

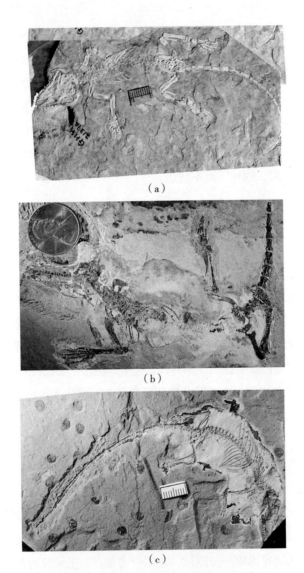

（a）

（b）

（c）

图 3-2　中国辽宁保存完好的哺乳动物化石

注：热河兽（a）、灵巧柱齿兽（b）、微小柱齿兽（c）。罗哲西供图。

——

罗哲西很快回信了。作为一名大名鼎鼎、事务繁忙的科学家，他是如此慷慨大方。不久之后，在4月一个清爽的早晨，我和家人在博物馆的入口处与他相见。他带我们穿过堆满化石骨骼的"密室"，对我关于恐龙的没完没了的问题没有丝毫不耐烦。参观快结束时，他向我们介绍了刊登在报纸上的那幅图的作者马克·克林勒（Mark Klingler）。马克对我们点了点头，罗哲西则告诉我们要关注中国，热河兽只是一个开始。他脸上带着狡黠的笑容，好似一名即将在市场上大赚一笔的内幕交易员。辽宁省各地农民发现了很多新哺乳动物，还发现了有羽恐龙。热河兽和一些动物来自白垩纪，年代距今1.3亿～1.2亿年，形成了一个名为热河生物群的群落。事实证明，其他动物则要古老得多：它们是侏罗纪的哺乳动物，在距今约1.66亿～1.57亿年前形成了一个更早的群落——被称为燕辽生物群。

在接下来的20年里，我怀着敬畏与钦佩之心看着罗哲西的预言成真。中国哺乳动物化石不断涌现，现在仍是如此，辽宁每年都有一些新发现的哺乳动物出现在《自然》和《科学》等权威杂志上。有两个处于友好竞争关系中的团队，带队人都是出生在中国、后来到美国的古生物学家。上述的每一件化石几乎都是由他们描述的。罗哲西的小组就是其中之一，现依托于我的母校芝加哥大学；另一个小组的负责人是孟津，他是美国自然历史博物馆的研究员，而我正是在美国自然历史博物馆获得了博士学位。虽然我一开始是个恐龙迷，但我的研究已经逐渐转向哺乳动物化石。我很荣幸能与罗哲西、孟津这两位谦逊的国际专家合作，他们在哺乳动物方面为我提供了学习指导。

辽宁哺乳动物的特别之处在于，它们不仅有牙齿和颌骨（这可搅得巴克兰以及罗哲西、孟津这代之前所有研究侏罗纪和白垩纪化石的哺乳动物古生物学家心神不宁）。辽宁哺乳动物中许多都有完整的骨架，还有保存完好的骨骼和软组织。这得益于它们被火山迅速埋葬，恐龙的羽毛变成石头。这些骨架揭示了牙齿和颌骨所不能揭示的东西：侏罗纪和白垩纪的哺乳动物在几乎所有可以想象到的方面都有极大的多样性。它们唯一受限的是体形：正如零散的牙齿化石记录预言的那样，它们大多数都如鼩鼱或老鼠般大，据我们所知，没有一个能大过獾。但是，至少有一种叫作爬兽（*Repenomamus*，见图 3-3）的白垩纪物种，大到足以做出一些惊人的壮举。人们在它的胃里发现了恐龙幼崽骨骼，这颠覆了恐龙与哺乳动物对峙的古老故事。事实上，一些恐龙确实曾生活在对哺乳动物的恐惧中。

5厘米

图 3-3　捕食恐龙的哺乳动物：爬兽

注：该化石为白垩纪化石，出土于中国辽宁。孟津供图。

　　燕辽生物群的两类哺乳动物体现了侏罗纪出人意料的多样性：柱齿兽类和贼兽类——哺乳动物最早的两大分支。它们都没能活过白垩纪，不过你可以想象，如果命运稍有偏差，让它们活到了今天，那么它们可能会被我们视为诸如鸭嘴兽之类的单孔类动物。鸭嘴兽有些奇怪，它们是早期哺乳动物多样化浪潮中仅存至今的原始硕果，却是真正的哺乳动物，经常出现在可爱的网络视频中，也是人们去动物园时必定会参观的动物之一。柱齿兽类和贼兽类在谱系树上的分支现在可能已经消亡了，但在它们的时代，都繁荣过。

贼兽类，从恐龙头顶滑翔而过的空中飞行家

先简单介绍一下燕辽柱齿兽类。一个物种叫作微小柱齿兽［*Microdocodon*，见图 3-2（c）］，善于爬行，看起来像一只非常标准的老鼠或鼩鼱，体重不到 10 克，也是传统哺乳动物。另一个物种是灵巧柱齿兽［*Agilodocodon*，见图 3-2（b）］，有细长的四肢、长长的手指、弯曲的爪子和高度灵活的脚踝——所有这些都是善于爬树的特征，就像现代灵长类动物一样。挖掘柱齿兽（*Docofossor*）的骨架则完全不同，有巨大的肘关节、退化的指骨数、铲子般的爪子和宽大的前肢。这些都是挖掘方面的适应特性，今天在地下打洞和挖隧道的金鼹鼠具有此类特征。还有狸尾兽（*Castorocauda*），它有一条又长又宽的扁平尾巴和蹼足，就像海狸一样。它的臼齿有五个弯曲的尖凸，与早期鲸类似，这种牙齿非常适合捕食滑溜溜的鱼和水生无脊椎动物。狸尾兽是一种半水生生物，既能在水中嬉戏，也能在海滩漫步。

贼兽类的出色则体现在其他方面。它们的臼齿有多排平行的尖凸，形成了一排低矮的细齿。颌部以后移运动这种后冲方式运动，使上臼齿的尖凸排与下臼齿的尖凸排相互接触，为粉碎种子、叶子、茎和其他植物物质提供了宽大的研磨面。它们以什么植物为食？高高的冠层植物。这是因为许多贼兽类，包括我在北票那间由公寓改造而成的工作坊里看到的那只神秘的贼兽类在内，都能够滑翔。它们是哺乳动物中第一批空中飞行家，能够在树枝、树木间来回穿梭。

考古学家在翔齿兽（*Vilevolodon*）、祖翼兽（*Maiopatagium*，见图 3-4）和木贼兽（*Arboroharamiya*）身上发现了三张皮膜。主要皮膜从脊椎向外伸展，延伸到前肢和后肢之间。其他皮膜分别连接颈部、前肢、后肢和尾部。它们一同形成了一系列翼型，类似于现代的皮翼类，即鼯猴（不是真正的猴，而是一种非灵长类哺乳动物）。

贼兽类还有更多特征：长手指和脚趾几乎等长，脚趾下方的深韧带槽表明它

们能够倒挂。换句话说，它们可以用手和脚悬挂在树枝上或洞穴顶，就像栖息时的蝙蝠一样。它们可能也像今天的蝙蝠一样，形成了恐怖、恶臭的大型群体。

图 3-4　侏罗纪会滑翔的贼兽类：祖翼兽

注：出土于中国辽宁。罗哲西供图。

在地面上来回蹿动，爬树、挖洞、游水、滑翔、捕鱼、食植、食种。在侏罗纪，柱齿兽类和贼兽类就已经尝试过现代哺乳动物的这么多种生活方式，并占据了从森林到湖岸、地下的众多生态位。它们绝不是乏味的"通才"。当然，它们的生态多样性几乎和恐龙的一样丰富，甚至种类比恐龙还多！只不过它们是以更小的形态存在罢了。

—•—

这一认识颠覆了人们对侏罗纪和白垩纪世界的解读。在保持小体形方面，哺乳动物比恐龙更擅长。当时最小的恐龙与原始鸟类和鸽子差不多大。没有任何一种剑龙类、暴龙类、角龙类或鸭嘴龙类曾经将体形缩小到接近普通柱齿兽类或贼兽类的大小。**虽然恐龙确实阻止了哺乳动物变大，但哺乳动物也反其道而行之，阻止恐龙变小。这同样令人印象深刻。**

在更小、更隐蔽的生态位中，哺乳动物已经占据了天下

侏罗纪的变化并非只发生在中国，而是遍布全球。随着大陆分裂，柱齿兽类、贼兽类和许多其他早期分化的哺乳动物群体散布到世界各地。事实上，盘古大陆的分裂也许是推动它们多样化发展的原因之一，因为新分裂的大陆块上各自形成了独特的哺乳动物群落。这些哺乳动物化石在世界各地的许多地方都有出土，包括苏格兰的斯凯岛，这是我最喜欢的化石搜寻点之一。

我在爱丁堡开始教师工作几个月后，第一次参观了斯凯岛。岛上峰峦叠嶂，有沼泽，多雾，波涛拍打着悬崖峭壁（见图 3-5）。这一次我还是冲着恐龙去的。在 20 世纪 80 年代，一只恐龙足印化石从悬崖掉了下来；20 世纪 90 年代，人们发现一根长颈蜥脚类恐龙的巨大肢体骨骼从海岸上的一块砂岩巨砾中伸了出来。这是隐藏在迷人的风景中，有关恐龙化石的第一条线索。在过去的几年里，我们有了更多发现：汇聚在一起的数百件蜥脚类恐龙的前足迹和后足迹化石，剑龙类和食肉兽脚类恐龙留下的行迹，疑似早期鸭嘴龙类的脚印，类似巴克兰描述的巨齿龙那样的掠食者的刀刃状牙齿，以及现在大量堆积在我实验室中尚未鉴定的骨骼。在我敲出这些文字的时候，我的学生们正在用风钻和牙科工具把骨头从坚硬的水泥坟墓里取出来。

图 3-5 团队成员门司·奥古坎米（Moji Ogunkanmi）和我

注：我们正在仔细研究苏格兰斯凯岛的侏罗纪岩层，从中寻找小化石。史蒂夫·布鲁萨特供图。

我和我的团队是斯凯岛上的"新手"。其他古生物学家比我们更早到达那里，但令人震惊的是，他们中的大多数人都对恐龙不感兴趣。赫布里底群岛（与苏格兰西海岸平行的群岛）的侏罗纪化石丰富最早是由休·米勒（Hugh Miller）在19世纪50年代报告的。米勒可谓多才多艺，当过会计、石匠、作家、岩石专家和福音派牧师。有一年夏天，他租了一艘名为贝齐号的船，在赫布里底群岛中穿梭，一边进行地质研究，一边传教。他来到斯凯岛以南若隐若现的埃格岛上，在一片布满锈红色巨石的海滩上发现光滑的黑色碎片。"它们是骨头，真正的骨头。"他在游记《贝齐号游记》（*The Cruise of Betsey*）中愉快地回忆道。1856年他英年早逝后，这本书在爱丁堡出版，广受好评。在此处出土的大部分骨骼属于颈似面条的海生爬行动物蛇颈龙类，其他的则属于鳄鱼和鱼类。当恐龙在陆地上隆隆而过时，这些动物就在近海中生活。

———•——

一个多世纪后，也就是 20 世纪 70 年代初，米勒的著作激励了另一位化石寻猎者——教师迈克尔·瓦尔德曼（Michael Waldman），他把学生带到了斯凯岛。斯凯岛比埃格岛大，沿岸有更多侏罗纪岩层暴露在外，似乎更有希望找到化石。瓦尔德曼很快证明了他的预感是正确的，他找到了一件下颌化石——只有 1 厘米长，上面满是具有尖凸的牙齿。这是一只哺乳动物的下颌，他将其命名为一种新的柱齿兽类：北窃兽（Borealestes），意为北方土匪。在接下来的 10 年里，瓦尔德曼和他的导师、布里斯托尔大学的哺乳动物专家罗伯特·萨维奇（Robert Savage）回到斯凯岛，收集了更多哺乳动物化石，尤其是较为常见的牙齿和颌骨。但出于某种原因，他们一直没有对它们进行描述，在 20 世纪 80 年代，他们的化石似乎销声匿迹了。

就在我第一次计划去斯凯岛的时候，我对苏格兰国家博物馆的场外仓库进行了一次勘察，那里存放着他们的大部分化石收藏。我想了解一下在斯凯岛可能会发现的化石类型，包括它们的形状、颜色、纹理等，所以我做了大多数古生物学家在这种情况下都会做的事情：漫无目的地在各个抽屉中翻找，观察和拍摄所有看上去有点儿意思的化石。大多数化石都和我预想的一样：骨骼碎片、小瓶装的牙齿和无法辨认的碎石袋。之后我拉开了一只抽屉，突然停了下来。里面装着一块石灰石——大约有足球那么大，呈白垩色。无数潮汐曾冲刷过出土它的那片浪蚀台地，给它的表面留下了无数坑点。石灰石中间有一堆又黑又亮的骨骼——大概有苹果那么大。我能看到脊椎、肋骨和四肢。

这具骨架——是一只哺乳动物的！

这恐怕就是由瓦尔德曼和萨维奇收集的后来不见踪影的标本之一，至少比辽宁报告的第一批骨架早了 15 年。当时人们以为侏罗纪哺乳动物化石全是牙齿和颌骨，而瓦尔德曼和萨维奇拥有一具骨架，却什么也没做。不过至少它进入了苏格兰国家博物馆，在那里被安全地保存下来，供未来的研究人员使用。我几乎立刻就写了一份研究这块化石的科研经费申请书。我用热情洋溢的文字写到，这块化石是苏格兰古生物学的一颗"至宝"，可以对哺乳动物早期演化提供重要的新知识。审核人却不以为然，因此这份申请就像我年轻时撰写的十几篇论文一样，被无情拒绝了。我需要另一种方法，我需要另一个策略，所以我与苏格兰国家博物馆的古生物学家朋友尼克·弗雷泽（Nick Fraser）和斯蒂格·沃尔什（Stig Walsh）一道，提出了一个以这具骨架为研究重点的博士研究生项目。因为我们都不是研究侏罗纪哺乳动物的专家，所以找来了一个比任何人都更了解这些动物的同事——罗哲西。这是我第一次和这位在我少年时期向我介绍哺乳动物化石的人一起工作。我们将一起对该项目进行监督。

现在我们需要做的就是找到一名学生，我们确实找到了，她还是一名优秀的学生：一位来自苏格兰高地的年轻女孩，名叫埃尔萨·潘奇罗利（Elsa Panciroli），在一家海洋保护慈善机构工作，后又回到大学学习古生物学。她在申请中写道："这个项目研究的是一件苏格兰标本，且研究内容广泛，让我兴奋不已。"能在离家这么近的地方研究如此重要的化石，她充满热情。在接下来的几年里，她对这件化石进行了细致的研究，利用 CT 分离出每一块骨骼，并通过数字技术将它们组合成一具关节完整的骨架。她认出那是一只北窃兽——骨架的一部分和瓦尔德曼收集的下颌很像。潘奇罗利在 2018 年古生物学协会会议（英国最大的化石研究者聚会）上展示她的研究时，给观众留下了深刻的印象，并获得了学生研究员最佳演讲主席奖。

来自斯凯岛和埃格岛的哺乳动物、恐龙、海洋生物等的化石，生动地展现了当时的生活。古代苏格兰从属于一个更大的岛屿，坐落在尚还狭窄的大西洋中间。随着欧洲远离北美洲，大西洋不断扩大，湍急的河水从高耸的山峰泻出，在大地上蜿蜒流淌，然后通过广阔的三角洲排入水晶般的蓝色海洋。海滩和环礁湖环绕着海岸，哺乳动物和恐龙在这里与鳄鱼及蝾螈共同生活，而米勒描述的蛇颈龙类则在近海游弋。北窃兽的生活方式可能和它的中国表亲狸尾兽类似：在潟湖的亚热带水域游动，捕食鱼类，想额外吃点儿昆虫或躲避蛇颈龙类时则会冒险上岸。

——|——

恐龙曾经统治这个世界，至少在体形方面无可匹敌。我的团队几年前发现的蜥脚类足迹足有汽车轮胎那么大，这些动物伸长脖子时可达几层楼高。我想，蜥脚类恐龙的一个脚印里至少装得下几十只北窃兽。这些恐龙一脚踩下去，就能灭掉一整群柱齿兽类。但北窃兽是生活在这个古老岛屿上的众多哺乳动物之一，它们不仅存活下来，而且繁衍生息。**这是恐龙的时代，但在更小、更隐蔽的生态位中，哺乳动物已经占据了天下。**

母乳，为哺乳动物演化发展提供"超级能量"

柱齿兽类和贼兽类物种繁多，遍布全球，中国森林中、苏格兰环礁湖旁均有它们的踪影。它们的食性、栖息地和生活方式各具特色，多样性很强。将其诋毁为哺乳动物谱系树上的"枯枝"无疑十分愚蠢。遗憾的是，我在一些作品和演讲中，也犯过这样的傻。

"枯枝"这个说法之所以存在问题，还有另外一个原因。虽然今天没有柱齿兽类或贼兽类幸存下来，但这些物种是从哺乳动物谱系树的主干上分化出来的，正是这条主干产生了今天的哺乳动物。在这条主干上，侏罗纪和白垩纪的物种获得的许多特征，与盘龙类、兽孔类、犬齿兽类和摩尔根兽类哺乳动物已经发展的特征，一道组成了定义当今包括我们在内的哺乳动物的"蓝图"。我们可以在犬齿兽类和贼兽类化石中看到许多这样的新属性。

让我们从毛发开始说起。我们之前提过，毛发最早可能出现在二叠纪兽孔类中的二齿兽类和犬齿兽类身上，不是作为一种浓密的身体覆盖物，而是作为具有感觉的胡须、展示结构或皮肤防水系统的一部分。然而，毛发的出现只有间接证据：兽孔类粪化石中有毛发状的丝状物，口鼻部胡须处有坑和沟槽。不过不可否认的是，许多出土自辽宁的侏罗纪和白垩纪哺乳动物（柱齿兽类和贼兽类）的骨骼周围都有皮毛。这已无须猜测：皮毛就在那里，围绕在骨骼周围，因火山而得以保存在原位，就像恐龙的羽毛一样。

因此，这些哺乳动物是完全的温血动物，我们无须再争论什么，因为只有恒温动物才能自己产生热量并保持恒定温度，这需要毛发覆盖整个身体。而且，毛发覆盖对冷血动物有害，因为毛发可能会导致它们在晴天温度过高。二齿兽类（属于兽孔类）—犬齿兽类—哺乳动物这一分支究竟什么时候演化出了完全温血性？人们仍有争议。我在上一章提出过设想，将三叠纪犬齿兽类确定为恒温特性的初创者，这种观点可能会被未来的研究证明是错误的。但不管怎样，当柱齿兽类和贼兽类在侏罗纪拥有了五花八门的生活方式时，哺乳动物一定已经发展出了与我们现在一样复杂的高耗能新陈代谢方式。

哺乳动物还有一个更复杂的特征——是在谱系树的这个分支发展起来的。这种特征是哺乳动物名字的由来，正是它使我们有别于其他动物——乳腺。**乳腺体是我们躯体中最大也最复杂的腺体，用来产生乳汁。哺乳动物中，母亲用它来滋养幼崽，这个过程称为哺乳。**

哺乳动物进化密码

哺乳

哺乳动物的"哺乳"特征，正是哺乳动物名字的由来，这也使我们有别于其他动物。给幼崽喂奶有很多好处。乳汁是一种营养丰富的食物来源，母亲和婴儿都不需要外出觅食、采集或狩猎。母亲可以增加或控制母乳供应，以缓解天气或季节变化可能导致的食物短缺的影响。收集蠕虫喂养幼鸟的鸟类父母就没有这样的运气。如果干旱导致蠕虫不再存活，幼鸟就有麻烦了。现成的食物来源还能让新生的哺乳动物快速生长，并成为母子之间的情感纽带，这对认知和社会发展非常重要。我目睹了后者。就在我写这篇文章的时候，我五个月大的儿子正对着我的妻子咿咿呀呀，却将我视作空气。

关于哺乳特征是如何演化的，存在很多学说，达尔文也花了很多时间探究这个谜团的答案。目前有两种主要观点。第一种看法认为，皮肤腺体最开始分泌的是抗菌液体，用来帮助新生儿免受细菌感染，后来才彻底发展为一个食物来源。第二种看法认为，乳汁最初是用来给哺乳动物的卵保持湿润的，使其不会干掉，但后来刚孵化的幼崽们开始食用乳汁，自然选择便将乳汁变成它们的食物。

是的，你没看错：**卵和新孵化的幼崽**。

虽然我们习惯于认为哺乳动物是产活胎的动物，但这是兽类的一种进步能力，兽亚纲是有袋类和有胎盘类的进步群体，比如我们。现存最原始的哺乳动物，如鸭嘴兽和针鼹这样的单孔类会产卵。我们目前讨论的所有三叠纪、侏罗纪和白垩纪哺乳动物可能也都产卵。

虽然我们还没有发现早期哺乳动物的卵化石（现在还没有！），但我们知道哺乳动物的近亲——三大类群中的犬齿兽类，包括上一章提到的孔耐描述的小驼兽，一定都产卵。2018 年，另一名才智过人的博士研究生伊娃·霍夫曼（Eva Hoffman）与导师蒂姆·罗（Tim Rowe）合作，描述了三瘤齿兽科卡岩塔兽（*Kayentatherium*）的家族化石，其研究正在改变我们对哺乳动物演化的认识。在一场怪异的洪水中，一只母兽与至少 38 只幼崽蜷缩在一起，一同被埋葬了。这种猫般大小的近哺乳动物不可能活产下几十只幼崽，所以它们一定是从卵中孵化出来的。它也不可能用乳汁喂养它们，至少不完全依靠乳汁喂养。也许遭遇厄运时，这一家子正集体外出觅食。

那么，哺乳是什么时候演化出来的呢？到目前为止，即使是保存最完好的辽宁哺乳动物身上也没有发现石化的乳腺。值得庆幸的是，有其他证据能告诉我们，哺乳动物在婴儿时期一定喝过奶。

第一种证据是再出齿：上一章介绍过，只有两副牙齿（乳牙和恒牙）的情况最早出现在三叠纪类似摩尔根兽的哺乳动物身上。宝宝的牙齿被称为"乳牙"是有原因的：它们是幼崽尚在接受母亲哺育时发育出来的。乳牙的形状通常很差，嘴巴合上时尖凸无法正确咬合。它们也不能组成完整的齿列：臼齿（有时还有其他牙齿）没有乳牙胚，它们要等到婴儿断奶后才会形成。因此，乳牙用来咀嚼、粉碎和研磨是不合格的，但如果孩子依赖全流质饮食，就不成问题了。

还有一个更严重的问题。大多数人类新生儿微笑时露出齿龈，婴儿出牙时会啼哭，这证明许多哺乳动物生来就没有牙齿，因为在第一颗乳牙萌生之前，颌部还需要变得更大、更强。至少在几周或几个月的时间里，这些本就脆弱无助的幼崽无法用乳牙进行低水平的咀嚼。乳汁再一次提供了解决方案，因为婴儿只要吮吸和吞咽就行了。

这就引出了哺乳的第二种证据：吃奶所需的骨骼结构。次生腭就属于其中之一，这是从三叠纪犬齿兽类时期演化而来的坚硬的腭。腭将口腔和气道分开，确保最虚弱的婴儿在大口吃奶时也不会窒息。不仅如此，婴儿在吃奶时，还会用舌头把母亲的乳头深深拉扯进嘴里，这通常会迫使乳头抵住腭，从而释放乳汁。不过，仅靠舌头还不够。为了提供足够的力量来吸出乳汁，婴儿需要肌肉发达的喉咙，还需要高度灵活的复杂舌骨来支撑喉咙软骨、固定肌肉。这种特殊的舌骨系统无疑首先出现在柱齿兽类，比如出土自辽宁的微小柱齿兽身上。

综合这些证据，过去的哺乳动物母亲一定很早就开始哺乳了。哺乳大约在摩尔根兽等三叠纪第一批哺乳动物四处奔跑的时候出现，而且在侏罗纪柱齿兽类繁盛的时候肯定已经出现了。大脑增大差不多在同一时间发生，这可能不是巧合。巨大大脑的代谢成本很高，而乳汁这样营养丰富、随时可用的可持续食物来源将为更多神经组织，尤其是新的六层大脑皮质（哺乳动物智力和感觉整合的超级加工中心）提供必要的能量。

母乳——哺乳动物身上最重要的物质，不仅在我们年幼时维持了我们的生命，还让我们变得聪明。而智力只是哺乳动物神经感觉库的组成部分之一。

"三骨鼎立"：三块迷你听小骨，在"贪吃"中提高听力

早在 16 世纪，解剖学家就注意到，在人类尸体的中耳腔（鼓膜内部）中，有一些不寻常的东西。那里有三块骨骼，其大小都跟一粒大米差不多，所以理所应当就成了人体中最小的骨骼。这也是最奇怪的地方。骨骼应该是强壮结实的，它们支撑身体，保护重要器官，是肌肉的支架。即使你看不到自己的骨骼，也能感觉到它们。骨骼雕琢出你脸部的轮廓，塑造出你腰部的曲线，还能托起你手臂上鼓鼓的肌肉。当你握紧拳头时，它们发出"咔咔"的弹响；而当你年老时，它们又会"嘎嘎"作响。骨骼是坟墓上令人毛骨悚然的神秘装饰，是死亡的象征。

耳骨却并非如此。它们是什么？为什么会长在那里？

不管它们是何物，都不是我们独有的。后来，解剖学家在其他哺乳动物身上也发现了同样的三块骨骼——但仅限于哺乳动物。它们总是很小，被称为"小骨"，好像它们都没资格被称为真正的骨骼。它们被赋予了拉丁化的名字：malleus、incus、stapes（锤骨、砧骨和镫骨）。但我们中的大多数人在学校中了解到它们时，用的都是非正式的名字：锤子、铁砧和马镫。之所以这么叫，是因为它们的形状有点儿像这些物体，就像有的星座有点儿像熊或螃蟹一样。解剖学家继续对哺乳动物的耳朵进行解剖，发现这三块小骨与另一种微小的骨骼——外鼓环有关。由于它呈环状，人们给它起了一个更直观的绰号："环"。

计算身体骨骼的数量时，人们很容易忘记锤骨、砧骨和镫骨，而且从来没有人提到过外鼓环。因为在人类身上，它与宽大的颞骨融合在一起，构成了我们头部侧面的大部分，就在我们的眼睛和脸颊后面。科学家和医生后来发现，这些骨骼尺寸虽小，却意义重大。

鼓膜是一层能够自主接受空气中声波的紧绷的膜，作用类似铃鼓，而相当

于木质框架的外鼓环就支撑着鼓膜。锤骨、砧骨和镫骨在鼓膜和内耳之间形成一个听骨链：鼓膜与锤骨接触，锤骨与砧骨间有一个可活动的关节，砧骨接触镫骨，镫骨触动耳蜗。耳蜗是内耳的柔软结构，实际上是用来处理声音并向大脑发送听觉信号的。听骨链有三个关键功能。一是如同电话线一般，将声音从耳膜（接收器）传递到耳蜗（处理器）。二是像一串扩音器一样排列在一起，放大声音。三是像跨国旅行要带的电源插头转换器一样，把空气中的声波转换成流经耳蜗内液体的声波。正是这些微小的波的运动触发了耳蜗中的微小毛发，毛发运动随后转化为电信号，通过神经传递到大脑，产生了我们所感知的"声音"。

外鼓环、锤骨、砧骨和镫骨造就了哺乳动物最进步的神经感觉技能之一，这让我们能够听到各种声音，尤其是高频声音。鸟类、爬行动物和两栖动物也能听到声音，也能在耳蜗中接收声波并将其转化为液体波，但其听力无法与哺乳动物匹敌，无法覆盖如此之广的频率范围，因为它们只有一块耳骨——镫骨。

那么，另外三块骨骼——锤骨、砧骨和外鼓环，是从哪里来的呢？演化是否塑造出了三块全新的骨骼来帮助哺乳动物更好地聆听？这是一个合理的初步猜测，因为自然选择通常会创造出新的结构，比如角或胡须，最终服务于特定目的。

19 世纪早期，解剖学家开始研究哺乳动物胚胎发育中的耳朵时，发现了一些令人吃惊的事情。德国胚胎学家卡尔·赖歇特（Karl Reichert）仅仅用了一个放大镜就观察到，锤骨和砧骨并不是在中耳内部开始形成的，它们根本不在耳朵附近，而在颌部后端。在早期胚胎时期，正是这两块骨骼本身构成了头骨上部和下颌之间的关节。

在非脊椎动物中，构成颌关节的骨骼叫关节骨和方骨。赖歇特的发现虽然简单，却意义深远。在早期哺乳动物的发育过程中，锤骨和砧骨的大小、形状及位置基本与爬行动物的关节骨和方骨相同。这只能说明一件事：锤骨和砧骨是关节骨和方骨。它们是颌部的骨骼。

德国解剖学家恩斯特·高普（Ernst Gaupp）和同时代许多伟大的骨骼专家一道，推动了赖歇特的研究，提出了哺乳动物耳部发育的统一理论。现在，各地的医学课程中都在教授这个以他们二人的名字命名的理论："赖歇特－高普理论"。随着胚胎研究技术的进步，高普能够借助显微镜更好地跟踪耳骨发育过程中的细节。他证实了赖歇特将锤骨确定为关节骨、将砧骨确定为方骨的正确性，并最终解开了外鼓环的谜团。外鼓环也是自下颌后端开始发育的，其位置相当于爬行动物的小多角骨。因此，外鼓环有棱有角，也是一块颌部骨骼。这个发现不同寻常：哺乳动物的耳部骨骼并不是新出现的骨骼。它们是颌部骨骼，但演化出了一种新的功能：听觉（见图3-6）。

现代生物学家可以利用CT和显微镜切片，把骨骼、软骨、肌肉等不同组织染成不同颜色，从而对胚胎发育进行极其详细的研究。我们现在十分清楚哺乳动物成长的过程。开始发育后，早期胚胎变成晚期胚胎，然后变成新生儿，锤骨和砧骨发生

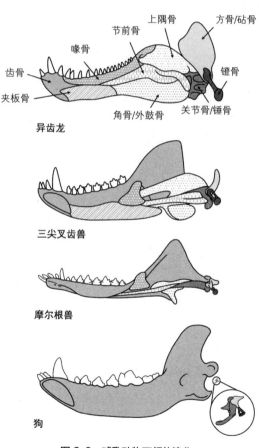

图 3-6 哺乳动物下颌的演化

注：哺乳动物祖先的下颌演化成哺乳动物微小的听小骨。萨拉·谢利绘。

了变化。它们都停止生长，比头骨的其他部分更早地变成坚硬的骨骼。它们向后并向内移动，与颌部间只连着一些纤细的韧带，外部包着一个称为鼓膜泡的骨质泡。与此同时，一开始在下颌后角呈条状的环状骨卷曲起来，向锤骨和砧骨移动，砧骨与镫骨接触。在这一过程中，下颌的齿骨和头骨上部的鳞骨之间形成了一个新关节，这成为吮吸乳汁和随后进行咀嚼的枢纽。

● 哺乳动物进化密码 ●

颌骨变成耳骨

这一切通常都发生在子宫里。以人类为例，在子宫里的第八个月，锤骨和砧骨就会与颌部分离（临床中也有齿骨－鳞骨关节没能发育的罕见案例），成年人类通过耳朵里的锤骨－砧骨关节闭合颌部。然而，像负鼠这样的有袋类动物会做出一些可笑的事情。它们的新生儿十分脆弱，在齿骨和鳞骨完全形成之前就需要立即在育儿袋里吮吸乳汁。因此，在出生后的前 20 天，它们将锤骨和砧骨之间的关节作为主要的颌关节，耳朵为它们大口吃奶提供动力。在这个过程中，第二个关节在齿骨和鳞骨之间发育。在锤骨与下颌之间的连接断开之前，这两个关节将在一段时间内同时发挥作用。锤骨和砧骨专门用于听力，齿骨和鳞骨则专门用来闭合颌部。

颌部骨骼变小，向后移动，失去闭口功能，随后在齿骨和鳞骨之间发育出一个更新更强的颌关节。这个过程听起来很熟悉，因为上一章已经介绍过了。回想一下，在犬齿兽类的演化过程中，颌后部的方骨、关节骨和许多小骨骼日益萎缩，被一个更结实的全新齿骨－鳞骨颌关节（定义哺乳动物的特征）所取代。犬齿兽类历经了数百万年的一连串演化，恰好与当今哺乳动物胚胎发育的顺序完美对应。正如生物学家所说，个体发育是系统发生的再演。换句话说，发育中的胚胎就像一部高倍速拍摄的电影，逐步展现将颌骨演化为耳骨的过程。

化石也讲述了同样的故事。从犬齿兽类到摩尔根兽类的早期哺乳动物，再到当代哺乳动物，这一连串过渡事件说明了颌部骨骼如何被改造成耳部骨骼，还揭示了变化的原因。

让我们先简单回顾一下。盘龙类、兽孔类和最早的犬齿兽类都具有正常的爬行动物所具备的颌部骨骼。齿骨固定牙齿，各种后齿骨组成颌部的后部，其中也包括关节骨。关节骨与头骨上部的方骨接触，形成颌关节。上一章提到，在犬齿兽类演化过程中，牙齿逐渐变得更大、更结实，而后齿骨萎缩，直到形成构建新齿骨－鳞骨颌铰链的趋势。这种新关节首次出现在摩尔根兽等动物身上，拥有这种关节的物种被称为哺乳动物。这是非哺乳动物和哺乳动物之间的分界线（我在这本书中就是这样定义的）。

这些最早的哺乳动物具有两种颌关节：新的齿骨－鳞骨颌关节和祖先的方骨－关节骨颌关节。齿骨－鳞骨颌关节完成了大部分闭合动作，是这些动物能够有力咬合和精确咀嚼的主要原因。而方骨－关节骨颌关节仍然承受着部分颌部负载。与此同时，方骨和关节骨向后移动到了方骨与镫骨接触的位置——镫骨是爬行动物、两栖动物和鸟类源自祖先的中耳骨，负责将声音从耳膜传输到耳蜗。因此，在摩尔根兽类哺乳动物中，方骨－关节骨颌关节具有双重功能：它向耳朵传递声音，也参与颌部闭合。这是一种微妙的平衡，也是一种无法长时间维持的平衡。

一些化石的颌关节演化状态介于两者之间。最引人注目的是一种被辽宁火山岩包围的小生物，它只有约 0.3 米长，名为辽尖齿兽（*Liaoconodon*），由孟津和他的团队进行描述。它的齿骨和鳞骨构成唯一的功能性颌关节，方骨、关节骨和角状骨都已经向内并向后移动到中耳腔，成了小骨。它们的颌部和耳部似乎是分离的，但并非完全分离。关节骨和角状骨通过一根细骨条与牙齿相连。这可能有助于支撑脆弱的小骨，但它们仍然与颌部相连，这也意味着它们仍然会受咀嚼动作的影响。

演化的下一个阶段显而易见：耳部和下颌不再连接，连接它们的骨条也断裂开来。辽宁另一种名为源掠兽（*Origolestes*）的哺乳动物就是如此，该动物由孟津和他的同事毛方园及其团队描述。这两块骨骼曾是颌部骨骼，现在已经完全脱离了颌部，因此我们可以用新名字来称呼它们：锤骨和外鼓环。这一小步具有革命性意义。现在，下颌和颌部可以各司其职了。对于下颌来说，咬合和咀嚼的效率更高，且不用担心会干扰听力功能。耳部也可以在不受颌部干扰的情况下，更好地听到高频声音。

耳部和颌部完全分离后形成"独立的中耳"。贼兽类是侏罗纪种类繁多的哺乳动物，它们在树枝间滑翔，可能生活在类似蝙蝠的群落中，是第一批在化石中显示出独立耳部的动物。它们的耳小骨已从颌部分离出来，嵌在中耳腔内，在功能上成了头骨上部的一部分，因为它们被鼓膜泡（它们的保护泡）包围。内耳的耳蜗也被岩骨（因其极高的密度而得名）包裹。鼓膜泡和岩骨都可以起到降噪作用，使哺乳动物在咀嚼时仍然能清楚地听到声音。下次你边吃饭边看电视的时候，可以想想这点。

这个故事还有最后一个转折点。下颌骨骼和耳部骨骼之间的过渡看似简单利落，是哺乳动物在三叠纪、侏罗纪和白垩纪逐渐自我完善的过程。然而，当人们将所有化石在同一个谱系树归位，并将它们的解剖特征绘制出来时，一个更复杂的故事浮出水面。独立的耳部不只演化了一次，而是经历了多次演化：至少三次，也许是四次、五次，甚至更多次。哺乳动物谱系树的一个阶段显示，颌部骨骼变小，部分发展为耳部，却仍然通过骨链附着在颌骨上。这处于演化的中间阶段，咀嚼功能和听觉都无法达到最理想的状态。

有趣的是，在一些耳部独立分离的哺乳动物类群中，锤骨和砧骨之间的关节形状不同。有些动物，比如我们，有一个互锁系统，砧骨上的球状物与锤骨上的孔洞嵌合。单孔类动物有简单的重叠关节。一种仍存在争论的观点认为，不同的耳关节说明它们是由不同的颌关节演化而来：颌关节以不同的方式连接，可以在不同的平面上运动。

这只有一种解释：**这些哺乳动物群体首先发展出了独特的咀嚼方式。**它们形成了颌部，方骨－关节骨关节和齿骨－鳞骨关节的形状能让它们进行所有类型的咀嚼：一些动物的下颌可以前后运动，另一些则能更自由地进行上下和左右运动。之后，每个类群都让颌部从耳部分离出来，这可能是一种精简手段。两个需要协同工作的颌关节，往好了说是多余，往坏了说是障碍，就好似自行车上的辅助轮，让你无法快速蹬骑。如果咀嚼是由齿骨－鳞骨关节这个结实且肌肉发达的单一颌关节来协调的，咀嚼的效率就会更高。方骨－关节骨关节被解放出来，成为锤骨－砧骨关节，其全部功能就是将声音从鼓膜传递到耳蜗，但它的形状将永远受到其祖先下颌运动方式的限制。

为什么哺乳动物如此专注于咀嚼，以至于它们的颌部和耳部多次分离？因为在侏罗纪和白垩纪，尤其是白垩纪，出现了很多新的食物。美味的新昆虫成群出现，为一种明亮美丽的新型植物授粉，而这种植物会长出各种美味的花朵、果实、叶子、根和种子。

哺乳动物的三个现代类群是有胎盘类、有袋类和单孔类，其祖先可以追溯到白垩纪陆地革命时期——那里上演了一场演化和生态变化的"疯狂华尔兹"。

The Rise and Reign
of the Mammals

隐俊兽（*Kryptobaatar*）

04

一次意外，
重塑哺乳动物演化进程

直抵"黄金国",白垩纪哺乳动物圣地

把车停在华沙郊外的小屋时,我已然筋疲力尽,且胡子没刮,头发油腻,指甲乌黑,满是泥垢。额头被太阳晒伤,已经开始脱皮。我将我的 V 领法兰绒衣服大大敞开,想在没有空调的货车后座上捕捉一些凉爽的空气。

那是 2010 年 7 月中旬,当时我还是一名博士研究生,在东欧与英国古生物学家理查德·巴特勒(Richard Butler)、波兰朋友格热戈日·涅季维茨基(Grzegorz Niedźwiedzki)和托马什·苏莱伊(Tomasz Sulej)一同进行实地考察。在波兰和立陶宛花了 15 天时间寻找三叠纪恐龙后,我们回到了波兰首都华沙。

命运之神并没有眷顾我们。旅行前半程,我们没能在波兰发现很多化石。之后我们动身去往立陶宛。几个小时后,面包车突然火花四溅地罢了工,原来是交流发电机出了故障。多亏一名机械师在一辆路人的汽车发动机中"找到"了一个替换零件,而该车车主当晚又刚好不在,我们才得以免于在波兰东北部平原上长期流亡。第二天晚上我们到了立陶宛,入住了一家酒店。我们又饿又

累，哀叹着又浪费了一天时间，还是没能收集到化石，但又转而安慰自己，明天会更好。谁承想，事与愿违。第二天，雨水无情地拍打着我们作业的黏土采石场，我们几乎什么化石也收集不了，也没法儿绘制岩石地图。格热戈日发现了一颗牙齿，除此之外，我们没有任何收获——而这颗牙齿居然连恐龙的牙齿都不是。

当我们朝小屋走去按响门铃时，我心中泛着一阵酸楚。我只觉得我们倒霉透顶，但很快，我就发现我想错了。

门开了，一只小小的哺乳动物跳了出来。那是一只博美犬，它被打扮得好似要去选美。它发出尖锐的叫声，径直冲过来，紧紧地抓住我的脚踝。

一位上了年纪的女士出现在门廊，用带着口音的英语为小狗的不当行为向我道歉。她带着腼腆的笑意说，小型哺乳动物可能很好斗。她身材清瘦，身高不足 1.5 米，走起路来有点儿驼背。她头发灰白，双手布满皱纹，眼神和蔼可亲。一件飘逸的条纹连衣裙遮住了她瘦弱的身体，其腰间有一条窄窄的白色腰带和大红色纽扣。从外表和举止来看，她似乎与我们经过村庄时看到的在漫步的老奶奶们没有什么不同。我们之后得知，她刚满 85 岁。

她示意我们进屋去。桌子上放着蛋糕、糖果和茶。她的丈夫个头稍高，头发花白，留着中分发型，也加入了我们的谈话。在经历了艰苦的野外作业之后，我们欣然接受了这种放松方式。

我们一边大口吃着奶油蛋糕，一边向她诉说我们的不幸遭遇——坏掉的货车，倾盆的大雨，难耐的酷热，错过的晚餐和稀少的化石。她边听边点头，听完这个悲伤的故事后，还咯咯咯地笑了起来。

"戈壁沙漠里的情况会更糟。"她说。

如果你看她一眼，或者和她闲聊几句，绝对不会想到，这位温柔的奶奶是世界上最伟大的化石收藏家之一。她曾冒险深入沙丘，探索恐龙和哺乳动物的踪迹，是第一批由女性领导的大型化石搜寻探险队的队长。

她是索非娅·凯兰-贾沃洛夫斯卡（Zofia Kielan-Jaworowska，见图4-1），是我心目中的英雄之一。事实上，比起收集化石，我对这次会面怀有更多期待。坐在索非娅的厨房里，听她讲述艰苦的冒险故事，我们逐渐将此前在野外工作中遭遇的那些相比之下微不足道的困难抛在脑后。

（a）

（b）

图 4-1　索非娅和我们

注：2010年，我和理查德·巴特勒在索非娅·凯兰-贾沃洛夫斯卡位于波兰的家中与她会面（a）；1970年，索非娅在蒙古戈壁沙漠（b）。托马什·苏莱伊和华沙古生物学研究所分别供图。

索非娅于 1925 年出生在华沙东部。纳粹入侵时，她还是个十几岁的少女。纳粹不希望波兰人接受教育，所以她不得不结束高中学业，通过参加秘密课程在大学学习。1944 年，当她在华沙大学秘密学习动物学时，当地的抵抗军向德国人发起战斗。苏联承诺的援助一直没有到来。在这场后来被称为华沙起义的事件中，约有 20 万人被杀，城市大部分被摧毁。在那惨淡的两个月里，索非娅搁置了学业，成为一名医护人员，照顾伤员。

1945 年，战争结束，大学重新开学，尽管大学实体建筑已所剩无几。课程教学在城市各处，包括罗曼·科兹沃夫斯基（Roman Kozłowski）教授的在破坏中幸存的公寓随机举行。这位教授在一次居家讲座中提到了 20 世纪 20 年代和 30 年代初，魅力非凡的探险家罗伊·查普曼·安德鲁斯（Roy Chapman Andrews）带领中亚探险队前往蒙古的化石采集之旅。

据说，安德鲁斯是印第安纳·琼斯（Indiana Jones）这个经典电影角色的灵感来源[①]。探险旅程充满传奇色彩。安德鲁斯和他的美国团队躲避土匪，冒着沙尘暴，驾驶新发明的汽车深入沙漠，从锈红色的砂岩中挖出了化石宝藏。他们此行的成果十分丰硕，发现了第一个恐龙巢穴，第一具邪恶的伶盗龙骨架，以及近 12 只哺乳动物的头骨——这是当时发现的白垩纪哺乳动物的最完整记录。

索非娅被迷住了，决心以古生物学为职业。她有一个"大胆的梦想"，想要追寻安德鲁斯的脚步，不过蒙古离她很远，而且在离家更近的地方也有化石。在科兹沃夫斯基教授的建议下，她继续研究三叶虫。三叶虫是一种已经灭绝的具有硬外骨骼的虫状节肢动物，早在恐龙和哺乳动物生活在陆地上的数亿年前就已经遍布海洋。有将近 15 年，每个夏天她都在波兰中部收集三叶虫的小化石。但一直以来，她都没有放弃去戈壁沙漠探险的浪漫梦想。

---

① 冒险动作电影《夺宝奇兵》中，考古学教授印第安纳·琼斯为寻找传说中的宝物，开始了一场奇妙冒险。——编者注

到 20 世纪 60 年代初，索非娅已经成为世界上研究三叶虫和其他无脊椎生物的领军人物。在科兹沃夫斯基退休后，索非娅进入管理层，担任华沙古生物学研究所所长。她的职位很有影响力，所以她萌生了新的研究想法。当时正值冷战高潮，波兰当局迫切希望他们的科学家与其他共产主义国家的同志建立伙伴关系，其中就包括蒙古。

索非娅抓住了机会。她提议波兰和蒙古联合"远征"戈壁沙漠。这似乎不太可能，因为她当时还不是恐龙或哺乳动物方面的专家，而且她还是一名女性——从来没有女性领导过如此大规模的古生物考察队。但她的提议得到批准，突然间，她就要组建一支团队了。

她招募了几位年轻女性，其中三位后来凭借自己的能力成了著名的古生物学家：哈尔斯卡·奥斯穆尔斯卡（Halszka Osmólska）、特雷莎·马里扬斯卡（Teresa Maryaska）和玛格达莱娜·博苏克－比亚维尼卡（Magdalena Borsuk-Białynicka）。她们几乎没有在波兰之外工作的经验，甚至有些从未去过沙漠。尽管如此，她们仍坚持不懈，并与年轻的蒙古研究员登伯林·达希泽维格（Demberlin Dashzeveg）、林钦·巴斯博尔德（Rinchen Barsbold）和后来也成为受人尊敬的古生物学家的阿勒坦格列尔·珀尔（Altangerel Perle）组成了一支强大的团队。从 1963 年到 1971 年，他们进行了 8 次探险。

旅途艰难。戈壁沙漠阴凉处的温度可达 40 摄氏度以上，但在夜间会降到零度以下。从一个地点到另一个地点通常要花很多天。路上大部分时候需要越野，而索非娅的团队只有指南针和一张地图，还有一些旧轮胎印能指引他们到达寻找化石的地点。水十分稀缺，营地距离最近的水井一般也有几十千米至上百千米之遥，后勤规划的主要内容是如何将足够的水送到营地。他们的六轮驱动卡车是从波兰国营汽车厂借来的，坚固而笨重，让人坐着很不舒服。在一次长途旅行中，索非娅在一扇开着的窗户前坐得太久，被风吹破了鼓膜，不得不紧急回到波兰接受治疗。尽管如此，他们还是没有停止探险，马里扬斯卡被临时委任为领队，几周后索非娅才归队。

在戈壁的8年时间里，索非娅团队发现了很多化石。其中很多是恐龙化石，这就是我（最初）崇拜她的原因。他们收集到一件伶盗龙骨架。这只伶盗龙和它的猎物纠缠在一起，双双死于一场致命的战斗，而那只猎物是一只长颈蜥脚类恐龙，骨骼重达12吨。他们还发现了数不清的特暴龙骨架。特暴龙是霸王龙的近亲。为了完成博士论文，我在华沙花了一周的时间研究它。

恐龙使索非娅和她的探险队声名大噪。但索非娅真正想找的是哺乳动物。她对安德鲁斯探险队收集到的小头骨感到敬畏，并认识到它们对阐明哺乳动物的演化早期阶段（它们在恐龙脚下苟且偷生的那段时间）的情况至关重要。她还意识到，安德鲁斯团队渴望得到的，是那些能登上报纸头条并在博物馆展览中取得轰动效果的吸引眼球的巨大化石。他们从戈壁带回来的哺乳动物化石是人们首次发现的哺乳动物化石，但它们其实只是临时凑数的，是他们为了寻找恐龙而从沙漠地面上随机带出来的。他们没有专门的策略来寻找哺乳动物化石，但仍然发现了几件头骨和部分骨架，这说明，一定有更多哺乳动物在那里，等待着合适的古生物学家到来。

索非娅就是那个古生物学家。她手膝着地，鼻贴岩石，用放大镜寻找小头骨、颌骨和牙齿（见图4-2）。这是一项会扭伤脊椎、擦伤膝盖、让双眼疲惫的工作，没有安德鲁斯寻猎恐龙时的那种大男子气概的雄壮，却十分有效。1964年，她的团队发现了9件哺乳动物头骨化石，几乎和安德鲁斯团队在10年的探索中发现的一样多。而这仅仅是个开始。

1970年，索非娅带领团队来到巴鲁恩戈约特组的暗红色岩石裸露处——苏联古生物学家曾在第二次世界大战后的几年里探索过这片戈壁，认为这里没有化石。但索非娅有预感，她的"放大镜法"会证明这些人错了，而事实很快证明她是正确的。几个小时内，哈尔斯卡·奥斯穆尔斯卡就发现了一件漂亮的哺乳动物头骨,与安德鲁斯、苏联人或索非娅的早期团队发现的任何头骨都不同。这是一个新物种!回到营地匆匆吃过午饭后,索非娅召集了一个更大的团队去往库尔萨,用她的话说,那里很快就成了属于他们的"黄金国"。仅在那天下午,他们就发现了5件哺乳动物头骨。他们在那里待了10天,又找到了17件头骨。在不到两周的时间里,他们创造了世界上白垩纪哺乳动物化石发掘的最佳纪录。

图 4-2 索非娅·凯兰 - 贾沃洛夫斯卡和她的探险团队

注:1968 年,他们在戈壁沙漠中寻找超小型哺乳动物化石。华沙古生物研究所供图。

在波兰度过短暂的冬季假期后,1971 年春天,索非娅和队员们满怀热情地回到蒙古,直抵"黄金国"。第一天,索非娅发现了3件哺乳动物头骨。他们扩大了搜索范围,在赫米恩察夫发现了另一个化石宝库。他们还在那儿遇到了另一群寻骨人:一大群苏联人,过去几年里他们一直在沙漠中四处探索,占领了主要的化石领地。他们有更多资源,更好的政治关系:毕竟,苏联是超级大国,波兰只是卫星国。他们擅长玩游戏,将索非娅团队中的几位年轻蒙古科学家吸引了过去。有一段时间，蒙古人想两者兼顾，把他们的时间分配给两个互相竞争的探险队，但在 1971 年考察季结束时，这种紧张局势再也无法维持下去了。

蒙古科学院院长邀请索非娅前去会面，向她透露了一个坏消息。他手下的蒙古科学家只能和苏联人合作。波兰-蒙古探险队被叫停了。"这个消息让我心碎，"索非娅后来写道，她对这一决定背后的冷战政治缘由感到困惑，"但我试图安慰自己，我们有一些来自蒙古的化石，可以在未来几年对它们进行描述。"

在这些化石中，约有 180 种白垩纪哺乳动物，这是他们在库尔萨、赫米恩察夫和其他地点工作多年得到的全部化石。这是迄今为止规模最大、最完整、最多样、最壮观的白垩纪哺乳动物收藏。在接下来的几十年里，索非娅一直在她的家庭办公室里描述这些头骨和骨架。

我们吃完茶和蛋糕后，她带我们去了她家的办公室。墙上挂满了五颜六色的活页文件夹（对有关哺乳动物演化史的重要出版物进行了编目），以及装满牙齿、颌骨和其他哺乳动物器官的透明塑料盒。它们都很小，这些哺乳动物还没有她博美犬的一半大。

索非娅打开一盏灯，从架子上拿下一只盒子。她的手微微颤抖着，打开盖子，拿出一只小塑料管，里面有一件下颌，上面布满了扁平的臼齿，臼齿上覆盖着一层尖凸。她把它放在显微镜下，自己靠在桌边，慢慢弯下腰，仔细查看。

"它也许是一个新物种。"她边说，边邀请我们上前看一眼。距离波兰-蒙古探险队的最后一次探险已过去了将近 40 年，但她仍有工作要做。她一直从事这项工作，直到 2015 年 3 月，在距离 90 岁生日还有一个月的时候，她与世长辞，房子里满是等待研究的蒙古化石。

多瘤齿兽类，与恐龙同行的白垩纪哺乳动物

索非娅团队收集的哺乳动物化石，是从悬崖、峭壁、沟壑、荒地和其他沙漠地貌的岩石中发掘的，出土地横跨蒙古南部大部分地区，距离乌兰巴托大约两天车程。这些岩石大多是砂岩和泥岩，其中一些沉积在流经茂密森林的河道中，另一些则是古代沙丘和沙漠绿洲的遗存，这在当代蒙古并不少见。所有岩石都形成于白垩纪末期的坎帕期和马斯特里赫特期，8 400 万至 6 600 万年前。这是大约 8 000 万年前的事，在我们上一章讲过的第一批种类繁多的哺乳动物（柱齿兽类和贼兽类）的侏罗纪全盛时期之后。

这段时间发生了很多变化。1.45 亿年前，侏罗纪被白垩纪取代。这种转变不是由大型火山爆发或其他地质灾害引发的，其间也没有发生特别明显的物种灭绝或生态崩溃事件。大陆、海洋和气候只是发生了缓慢的变化，这种变化逐渐叠加，迎来了全新的白垩纪世界。在大约 1 000 万年的时间里，海平面下降，之后又上升。晚侏罗世炽热的温室变冷，然后又变得干旱，之后在早白垩世恢复如常。与此同时，各大洲仍然动荡不安。旧盘古大陆进一步分裂，新大陆间的距离越来越远，移动距离每年仅几厘米，速度让人难以察觉。这个速度乘以 8 000 万年，到了白垩纪末期，大陆已大致处于今天的位置。

不过，这张地图与现代大陆布局还相去甚远。南美洲与北美洲相隔甚远，但仍勉强与南极洲相连，南极洲几乎与澳大利亚接壤。印度是非洲东海岸外的一个岛屿大陆，以极快的速度向北推进。当时没有冰盖，所以海平面很高，欧洲不过是在热带海洋中冒出头来的一些小岛。另一片海与北美洲相接，间或从墨西哥湾延伸到北极，将北美大陆一分为二，西部是多山的拉腊米迪亚大陆，东部是阿巴拉契亚大陆。欧洲的岛屿是连接北美洲和亚洲的便捷跳板。在这些北部陆地和南部大陆之间，是一片宽阔的海洋屏障。

索非娅发现的戈壁哺乳动物可能生活在亚洲大片陆地中部，该陆地偶尔通

过白令海峡与拉腊米迪亚大陆相连，这成了向西进入欧洲群岛的便捷途径。她从沙漠中挖出的近 200 种哺乳动物组成了一个多样化的动物群，其中包含许多物种，属于许多亚群。有些动物仍保留着早期哺乳动物的特征，有些则更为进步，并被归入了如今有胎盘类和有袋类的祖先谱系中。其中，绝大多数是多瘤齿兽类（multituberculates）。

多瘤齿兽类是继柱齿兽类和贼兽类衰落之后，哺乳动物多样化的又一波大浪潮。它们可能从贼兽类演化而来，因为这两个类群有着相似的臼齿，这些臼齿具有长长的尖凸列。它们咀嚼过程也相似，都是颌部向后移动，做出研磨动作。

至少在北部大陆上，多瘤齿兽类是白垩纪哺乳动物的典型代表。人们已经发现了 100 多个物种。在戈壁上，大约 70% 的哺乳动物化石属于多瘤齿兽类。索非娅描述了几个新物种，主要基于她的团队在库尔萨、赫米恩察夫和另一个壮观的化石点的发现。那个壮观的化石点是一个砂岩山脊，火红色的轮廓映衬在沙漠的天空下——当安德鲁斯团队于 20 世纪 20 年代在那里发现第一件化石时，他们将其称之为"燃烧的悬崖"。在戈壁多瘤齿兽类中，最常见的是隐俊兽（*Kryptobaatar*），它的若干头骨和骨骼为人所知，由索非娅于 1970 年命名。在同一篇研究论文中，她还介绍了斯隆俊兽（*Sloanbaatar*）和弯俊兽（*Kamptobaatar*）。后来，她

> **哺乳动物档案**
>
> **多瘤齿兽类**
>
> **拉丁学名:** *Multituberculata*
> **科学分类:** 多瘤齿目
> **体形特征:** 体长从几厘米到几十厘米不等，体形类似现代的小型啮齿类动物
> **生存时期:** 侏罗纪中晚期～渐新世
> **化石分布:** 全球广泛分布，主要发现于欧洲和北美洲，在蒙古国南部及中国内蒙古地区中部也有发现
> **讲解:** 白垩纪哺乳动物的典型代表；牙齿上有许多小的瘤状突起，适应了研磨植物性食物；颌部结构复杂，适应了咀嚼硬质植物，有助于更有效地消化食物；颅骨通常较大，眼睛和大脑相对较大，这表明它具有一定的智力和社会行为

又命名了卡普托斯俊兽（*Catopsbaatar*）、纳摩盖吐俊兽（*Nemegtbaatar*）、布尔干俊兽（*Bulganbaatar*）、乔圣俊兽（*Chulsanbaatar*）和涅氏俊兽（*Nessovbaatar*）。你也许已经找到这些动物的命名规律了："baatar"（俊兽）在蒙古语中是英雄的意思，与该国首都乌兰巴托（Ulaanbaatar）的词根相同，而乌兰巴托意为"红色英雄"，是历史的产物。当我拜访索非娅办公室的时候，可能还有更多"俊兽"藏在盒子里，等待着更多新物种被鉴定。

虽然 1971 年索非娅不得不停止收集化石，但其他团队后来发现了无数新的戈壁多瘤齿兽类。1990 年蒙古时任政府首脑下台后，美国自然历史博物馆的工作人员几乎立即重启了安德鲁斯的中亚探险之旅。这个团队的领队是迈克·诺瓦切克（Mike Novacek）和马克·诺雷尔（Mark Norell），而诺瓦切克的游记科普图书《时间旅行者》（*Time Traveler*）在我少年时期激励了我，他后来也成了我的博导。

此后的 30 年里，他们每年都会回到戈壁，探险队人数不断增加。最终，他们收集了数百件哺乳动物头骨，打破了索非娅的纪录。许多化石出土于他们发现的一个名为乌哈托喀的特殊化石点：一个 4 平方千米大的白垩纪沙丘。成千上万的哺乳动物、蜥蜴、恐龙和海龟曾生活在这片沙丘上和沙丘间的绿洲中，直到沙漠突然天降暴雨，沙丘坍塌，将它们埋在沙子里。不出所料，大多数哺乳动物都是多瘤齿兽类，其中包括另一种新的俊兽——大俊兽（*Tombaatar*）。

如果你回到白垩纪的蒙古，在沙丘顶上晒太阳，或蹲伏在沙漠绿洲的灌木丛中躲避巨大的恐龙，很可能会被多瘤齿兽类包围。它们就像下水道里的耗子、废弃建筑里的老鼠、田野里的田鼠。你可能不太经常看到它们，但会听到它们的声音，而且能肯定它们就在那里潜伏着。它们挤在空洞中，栖息在阴影中，爬过洞穴和落叶。

侏罗纪和白垩纪哺乳动物仍常被视为与啮齿类相似的动物，这有些不太公平。但对多瘤齿兽类来说，这种比较却十分恰当。它们有龅牙状门齿，可以咀嚼和啃咬，其移动方式与今天的老鼠很相似。它们有的长着又长又直的四肢，可以在地上快速奔跑；有的会挖洞；有的会跳跃。还有许多可以转动脚踝，使后肢指向后方，这样就能大头朝下地从树上安全而优雅地降落，就像如今窗外的松鼠一样。但多瘤齿兽类不是啮齿类。啮齿类和我们一样，是有胎盘类哺乳动物，而多瘤齿兽类属于一个更原始的家族，介于单孔类、有袋类及有胎盘类类群之间。它们独立于现代大鼠、小鼠和豚鼠，演化出了所有类似啮齿类的特性，可能是为了填补相同的生态位。在白垩纪，**多瘤齿兽类在扮演这些从老鼠大小到豚鼠大小的角色方面非常成功。**

是什么让它们如此成功？**它们是咀嚼冠军，发展出了独特的进食方式，能够吞食多种食物，尤其是植物。**

多瘤齿兽类的牙齿具有多种高度复杂的形状，其横截面好似城市天际线般自颌骨升起。口鼻部前端的门齿平伏，向外伸出，使它们看起来像是在呲着龅牙傻笑。门齿后方通常有一个空隙，其后至少有一颗又大又细的锯齿状前白齿，像台锯的刀刃一样向上突出。齿列的其余部分由又大又平的白齿组成，尖凸细长，好似乐高积木（见图4-3）。多瘤齿兽类名字的意思是"许多结节"——正是取自这些特殊的白齿。

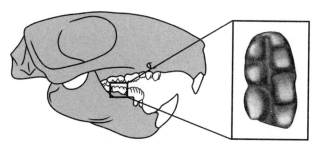

图4-3 白垩纪多瘤齿兽类头骨

注：特写部分显示了其乐高积木状白齿的咀嚼表面。萨拉·谢利绘。

这些牙齿共同作用，咬碎食物，好似瑞士军刀的多种工具。门齿用来收集食物，并将食物卷进嘴里。许多物种都可以像啮齿类一样啃食。前白齿可以压碎并切碎食物；笔直的上下运动使下颌的前白齿向上切割上颌的前白齿，如同锋利的剪刀刃。最有趣的动作来自白齿。颌部关闭时，下颌被迫向后移动，紧贴头骨上部，从而使下白齿和上白齿滑动接触。任何夹在其间的食物都会被上下两排长长的尖凸摩擦、碾碎。这种后冲力由巨大的颌部肌肉控制，该肌肉附着在下颌远前端，长度比啮齿类等大多数哺乳动物都要长得多。长肌肉需要一个长颌部，也需要一个长长的口鼻部，这就导致多瘤齿兽类拥有了标志性的长鼻子、大眼睛，圆胖的脸颊可能也由此而来。

最早的多瘤齿兽类生活在侏罗纪中晚期，那时是柱齿兽类和贼兽类的繁盛时期。多瘤齿兽类在白垩纪崭露头角，尤其是在白垩纪的最后 2 000 万年间，数量增长极为迅速，成群地统治着小型生态位，索非娅在戈壁收集的所有头骨和骨架就是例证。

时间流逝，白垩纪多瘤齿兽类改变了它们的饮食口味，白齿变得更大、更华丽，尖凸也更多。格雷格·威尔逊·曼蒂利亚（Greg Wilson Mantilla，我们将在下一章对他进行详细介绍）和他的同事开展了一项绝妙的研究，使用地理信息系统（GIS）制图学方法，展示了多瘤齿兽类白齿的"地貌"在晚白垩世变得越来越复杂，"山峰"更多更高，"山谷"更深，表面纹理更复杂。对现代哺乳动物的研究表明，从食肉动物到杂食动物再到食植动物，牙齿的复杂性随饮食范围的扩大而增加。因此，晚白垩世多瘤齿兽类的牙齿变得越来越华丽，因为它们逐渐专攻植物。与此同时，它们变得更加多样化，分化成一群群新物种，就像索非娅的俊兽大军一样。它们变大了，尽管它们的平均体重仍然只有1 千克左右，正好能舒适地被你抱在臂弯中。

在这段时间里，多瘤齿兽类遍布北方大陆，寻觅新的植物。白垩纪末期，在拉腊米迪亚次大陆地狱溪的生态系统中，当霸王龙和三角龙大战时，

——•——

至少有 6 个物种在远处嚼食着植物。数千千米之外，一个叫作科盖奥农兽科（kogaionids）的地方性族群居住在欧洲的岛屿上，它们显然先被冲上了跟海地岛差不多大的哈采格岛，适应了新的岛屿环境，然后又一一越过那些露出海面的众多小岛，最终到达欧洲岛屿。

2009 年，马加什·弗雷米尔（Mátyás Vremir）和他的儿子们在河边搜寻化石时，发现了一件恐龙化石，他认为这与马克在戈壁上收集的食肉恐龙化石很相似。他给马克发来的电子邮件让我们在冬日飞往罗马尼亚首都布加勒斯特，在那里，我们发现马加什找到的恐龙是一只与戈壁迅猛龙密切相关的新物种。这促成了一项长期合作，每年初夏我们都有机会进行实地考察（见图 4-4）。考察队成员包括：描述了许多出土于中国辽宁的哺乳动物的孟津，轻声细语、才思敏捷的罗马尼亚古生物学家佐尔坦·奇基-萨瓦（Zoltán Csiki-Sava），以及许多其他从事研究多年的学者。事实证明，我们发现的哺乳动物比恐龙还多。这些哺乳动物也具有蒙古特色，因为它们都是多瘤齿兽类。它们也有让人意想不到的特点。

（a）　　　　　　　　　　　　　（b）

图 4-4　我们在罗马尼亚的实地考察

注：我们从"多床"采集化石（a），马加什·弗雷米尔从河中采集化石（b）。新谷明子（Akiko Shinya）和史蒂夫·布鲁萨特分别供图。

哈采格岛上的多瘤齿兽类（至少有5种，还有几种很快就会被描述出来）都属于只生活在欧洲岛屿上的科盖奥农兽科族群。绵延起伏的特兰西瓦尼亚山脉中，许多化石点都出土了它们的骨骼和牙齿。最令人惊叹的化石点是位于贝村附近一个被称为"多床"的骨架墓地，与此地吸血鬼传说的氛围相得益彰。多瘤齿兽类的骨骼出土于大约0.5米厚的暗红色泥岩层中。这是晚白垩世泛滥平原上的土层，多瘤齿兽类可能会在此挖洞，也许是为了躲避伶盗龙，后来这里却成了它们的坟墓。它们也许是被上涨的河水活活埋葬了。

我猜测着白垩纪犯罪现场的情况。洪水无疑是今天"多床"化石点面临的一个问题。骨层已经被巴生河的激流吞没，这意味着最好的化石暴露在河床上，我们倍加沮丧。这样一来，我们没办法在不损坏骨骼的情况下进行收集，而且无论我们在那里收集了多少化石，看到白骨碎片顺着河流漂走仍然会感到难过。每一天，每一小时，也许每一分钟，河底的骨骼都在被水流冲走。

我们的团队竭尽全力。谢天谢地，马加什是一位技艺高超的收藏家。他对骨骼有着过人的观察力，比我共事过的所有古生物学家都要敏锐。有时他会用护目镜透过水面观察，但他更喜欢使用自己临时的发明：剪碎的塑料汽水瓶。他像挥舞望远镜一样将它拿在手中挥舞。一旦他发现模糊的白色影子，就会像渔夫使用鱼叉一样快速精确地把手探进水里，指甲戳进岩石缝，尽最大努力将骨骼捞起。他的手很稳，考虑到他摄入的咖啡因和尼古丁量，这绝对是很了不起的。虽然他这种不得已的方法无法拯救整个骨架，但有一次他差点就成功了。

2014年6月的一天，我们的实地调查团队分为两组。我的任务是用锤子和凿子把几窝恐龙蛋移走。马加什、马克和其他人厌倦了这种单调乏味的生活，于是逃往贝村享受晴朗的夏日午后，在河中涉水，在"多床"上寻找小骨头。那天晚上，当我们在宾馆重聚时，我浑身酸痛，筋疲力尽，马加什却精神头十足。他开了一大瓶罗马尼亚啤酒，向我敬酒，然后向我们展示了他的发现。那是一件头骨，其上有许多多尖凸的臼齿，还有属于哺乳动物的四肢、脊椎和肋骨，重 140～170 克，轻易就能置于他的手掌中（这就是他能从河里抓出这么多东西的原因）。"欧洲最好的白垩纪哺乳动物标本？！！"我在我的实地考察笔记本上这么写道。

事实上，它是欧洲岛屿上发现的保存最好、最完整的科盖奥农兽科化石，也是戈壁以外发现的最好的多瘤齿兽类化石之一。2018 年，我们将它命名为一个新物种——统治者兽（*Litovoi*，见图 4-5）。统治者兽以 13 世纪一位罗马尼亚统治者的名字命名，而他的地位与真正的德古拉——"穿刺公"弗拉德（Vlad the Impaler）相当。

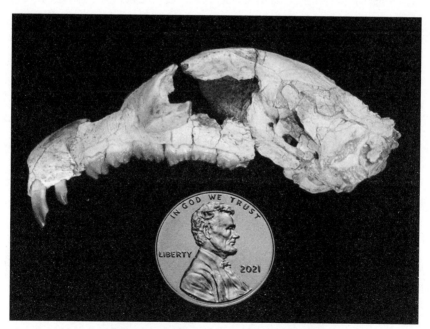

图 4-5　大脑如豌豆大的多瘤齿兽类：统治者兽

注：米克·埃利森（Mick Ellison）供图。

　　还有另一个惊喜：马克把骨骼带到纽约进行进一步研究。他做了许多当今古生物学家发现漂亮化石时通常会做的事情：把它放入 CT 仪，查看内部解剖结构的细节。电脑屏幕上的图像让我们目瞪口呆：脑腔很小，小得出奇。当我们测量大脑体积时，发现统治者兽的大脑是有记录以来所有哺乳动物中最小的大脑之一，而且其大脑与身体的比例更类似于哺乳动物的原始祖先犬齿兽类，而不是其他非科盖奥农兽科的多瘤齿类动物。

　　我想我们知道这是为什么。仔细想想，统治者兽住在岛上，而岛屿环境十分艰苦，空间和资源有限，至少与大陆相比是如此。众所周知，许多被冲上岛屿的现代哺乳动物会改变自己的生理和行为，以适应新家园中的种种限制。最常见的变化之一与大脑有关：大脑通常会变小，这可能是为了节省能量，因为巨大大脑的维护成本很高。统治者兽似乎早在白垩纪就具备了现代哺乳动物相当进步的生存技巧。

　　这是白垩纪晚期多瘤齿类动物兴盛的又一个鲜明案例。它们适应能力很强，能够随着环境的变化调整牙齿、食性，甚至大脑。而且正如 2021 年发现的聚居地化石所显示的那样，它们甚至成群挖洞、筑巢。**虽然它们很小，无法在一个恐龙主导的世界中壮大，但白垩纪的地下世界属于它们。**

白垩纪陆地革命，一场生态演化的"疯狂华尔兹"

　　多瘤齿兽类，尽管天赋异禀且战果斐然，却也只是白垩纪众多变化迅速的动物群体中的一员。主导这一演化序曲的是植物——但并非所有植物。

　　一种特殊的新型植物成了这篇乐章的主旋律、白垩纪演化的驱动力。它们是被子植物，通常被称为开花植物。被子植物就像一位疯狂挥舞着指挥棒的大师，将昆虫、恐龙、哺乳动物和其他动物引导至意料之外的新方向，由此引领了一场重塑地球的演化运动。因此，今天被子植物占主导地位——到目前为止，它们是地球上几乎所有陆地景观中最丰富的植物类型。它们装饰了我们的花园，其木料装饰了我们的家；它们是我们给所爱之人的浪漫礼物，还为我们提供了很多食物，比如水果、大多数蔬菜，也有小麦和玉米等谷物。这些谷物都是经过人类培育的草（非常特殊的被子植物）。

我喜欢用音乐来比喻，但其他古生物学家更喜欢用"叛乱"来类比。他们把白垩纪中期到白垩纪晚期，也就是距今约 1.25 亿年到 8 000 万年前的一段时间称为白垩纪陆地革命时期。那是一个多样化且充满巨变的时代，守卫者们从原始群落进入更现代的世界，那里的森林里满是五颜六色的花朵、芳香的水果、嗡嗡作响的昆虫和啁啾的鸟儿。而对我们的故事来说，最重要的是出现了许多新的哺乳动物，包括今天有胎盘类和有袋类的直接祖先。

发动这场起义的是一些最为温顺的革命者：生活在常绿森林树荫下和湖泊边缘的小型草本植物及灌木。通过演化出果实、花朵和更有效的生长方式，这些不起眼的被子植物从食物金字塔的底部"揭竿而起"，改变了整个生态系统的结构。在这个比喻中，本质上，它们就是推翻国王、建立了新政府体系的农民。它们的成功是通过秘密叛乱实现的。它们没有从外围领土入侵，也没有在灾后趁乱夺取控制权，而是一直在那里，在阴暗的流亡中伺机而动。这是一场从内部兴起的起义。

这是一个典型的"弱者上位"的故事。被子植物似乎起源于很久以前，也许在晚三叠世或早侏罗世，现代开花植物 DNA 的大量变异表明了这一点，而这些变异只能在如此长的时间跨度内累积。然而，直到距今约 1.4 亿~1.3 亿年前的早白垩世，它们才以化石的形式出现，之后又以微小花粉粒的形式出现。在辽宁发现的 1.25 亿年前的岩石中，与长着羽毛的恐龙和毛茸茸的哺乳动物一样，第一批真正的植被化石出现在庞贝式的火山尸床上。它们都是野草，茎细叶嫩，很像花园里种植的百里香或牛至。被子植物一直保持着这种方式：不太显眼，主要在沼泽和湿地生长。直到距今约1亿～8 000万年前，它们开始变大，演化出标志性的花朵和果实，产生了从低矮灌木到高大树木不等的物种，并构建出多样化的森林。到白垩纪末期，被子植物占据了植物群的80%，并且已经开花，有了我们熟悉的外表，比如棕榈树和玉兰。

就像人类的许多革命一样，被子植物能夺权成功，能力和时机缺一不可。能力（它们所拥有的众多适应能力）使它们有别于其他植物，如马尾、蕨类植物和常青树（松树等）。被子植物的花朵和果实促进了昆虫的授粉及花粉的广泛传播，更大的叶脉密度（可以运输更多水）和更多气孔（叶片上的小开口，可以带来二氧化碳）让它们在光合作用中得以吸收更多原材料来制造养分，这有助于它们更快、更有效地生长。然而，倘若它们所处的环境没有一起改变，这些能力可能也无济于事。随着盘古大陆的分裂，自三叠纪至侏罗纪一直格外显著的赤道两侧的干旱带，到白垩纪中期缩减成了很小的区域。更相似、更潮湿的环境成为大多数新大陆的特征，高纬度的温带地区不再被沙漠与热带地区分开。这是被子植物传播和繁衍的理想环境。

大量新被子植物的涌现可谓上天对多瘤齿兽类的恩赐。索非娅描述的"俊兽"和马加什发现的脑小如豆的统治者兽，会用它们多尖凸的白齿向后咀嚼这些快速生长的被子植物革命者的叶、茎、芽、果实、花、根和其他部分，这些东西通常比蕨类植物的复叶和松针更有营养。这就是多瘤齿兽类在白垩纪晚期大量繁殖的原因：它们演化出更大、更复杂的牙齿，其上有更多尖凸，可以更好地食用绿色植物。在此过程中，它们分化成几十个新物种，专门以不同的植物为食。

磨楔式臼齿，既是昆虫粉碎器，也是食草动物断头台

但这只是故事的一部分。在这场演化的华尔兹中，与被子植物一起演化的，是它们的授粉者：许多新的昆虫类群，尤其是飞蛾、黄蜂、苍蝇、甲虫、

蝴蝶、蚂蚁、蜘蛛和其他令人毛骨悚然的小爬虫。正如我们所见，昆虫一直是众多哺乳动物的首选食物，这段历史可以追溯到最早的摩尔根兽。白垩纪出现了这么多新昆虫，哺乳动物占了便宜也就不足为奇了。在此过程中，有一类哺乳动物显摆着一种特殊的臼齿，因为它十分适合用来粉碎昆虫坚硬的外骨骼，提取昆虫体内多汁的营养物质。

它们是兽亚纲（therian）哺乳动物，是包括有胎盘类和有袋类在内的主要类群。它们的新臼齿结构是它们（或者应该说，是我们）自白垩纪陆地革命开始，一直成功延续到今天的关键。**尽管一颗臼齿看起来微不足道，它却帮助（几乎）所有现代哺乳动物（包括我们）创造了辉煌。**

● **哺乳动物进化密码** ●

磨楔式臼齿

兽亚纲的臼齿叫作"磨楔式臼齿"（tribosphenic molars），这个词结合了古希腊语中与研磨（tribo）和剪切（sphen）相关的词汇。这种新的臼齿是一项了不起的演化特征，顾名思义，它同时具有两种功能：研磨和剪切。你可能还记得，多瘤齿兽类通过进步的齿系，一举超越了其他侏罗纪和白垩纪哺乳动物，该齿系将用于切割的前臼齿和用于研磨的臼齿整合在了一起。兽亚纲更胜一筹：它们发展出了既能切割又能研磨，且做两项工作都十分擅长的臼齿。虽然多瘤齿兽类的整个颌部堪比瑞士军刀，但兽亚纲将多种工具整合在了一颗牙齿中。

磨楔式臼齿历经许多演化步骤而成（见图4-6）。它的基础是摩尔根兽等三叠纪和侏罗纪首批哺乳动物拥有的、侧视图像三座山峰的臼齿形状。在臼齿的这三个尖凸上，兽亚纲又增加了另外三个尖凸。这六个尖凸分为两个不同的区域：一个是由牙齿前部三个尖凸组成的"下三角座"区域，另一个是由牙齿后部三个更细小的尖凸包围的"下跟座"凹区。与此同时，上臼齿也发生了变化：靠近舌侧长出了一个被称为"原尖"的全新大尖凸，当颌部闭合时，它正好能紧密嵌入与之相对的下臼齿的"下跟座"凹区。

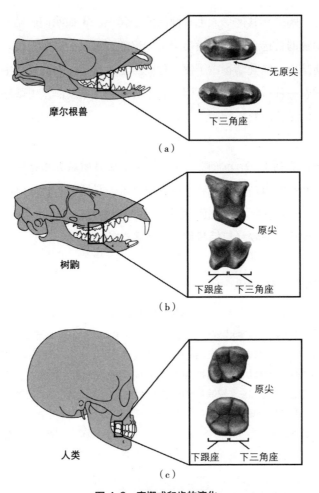

图 4-6 磨楔式臼齿的演化

注：右侧方框显示了每个物种上下臼齿的咀嚼（咬合）面。早期
哺乳动物结构简单、具有三个尖的臼齿（a）变成磨楔式齿兽类复
杂的臼齿，拥有一个大原尖的上臼齿与具有六个尖凸的下臼齿（b）
的凹窝相嵌合。图中也显示了人类牙齿（c）。萨拉·谢利绘。

　　这种新结构益处良多。最重要的是，上臼齿和下臼齿一起咬合时，可以
同时进行剪切和研磨。剪切主要发生在连接下臼齿前部的下三角座尖凸的尖
顶上，研磨则发生在上臼齿的原尖猛击下臼齿的下跟座凹区时，上臼齿和下

臼齿如同杵和臼。因此，这些磨楔式齿能比之前的牙齿更好地咀嚼虫子。昆虫外壳可以被三角座切开，之后被下跟座分解，这一切都是在颌部的一次咬合中完成的，这使得兽亚纲哺乳动物可以更快地吃下更多虫子，并从外壳较硬的昆虫中获取更多营养。

具有尖凸和齿冠的磨楔式齿的适应性也更强。尖凸的大小、形状和位置的微小变化可以带来一组全新的咀嚼和粉碎工具，让兽亚纲哺乳动物拥有更广泛的食物选择范围，并更快地适应环境变化。阅读有关磨楔式臼齿哺乳动物的科技文献时，你会迷失在齿冠、尖凸以及与之相关的凸起、隆起和沟槽等众多拗口名称中。但我们需要这么多术语，因为磨楔式齿复杂多样，比其他哺乳动物、恐龙或大多数动物的牙齿都要复杂得多。

兽亚纲多样化发展十分显著。以磨楔式齿为起点，它们发展出多种多样、令人惊叹的一系列现代物种，且食性广泛，既有保留着基本磨楔式臼齿形状、以虫为食的鼩鼱，也有牙齿可以将肉咬碎的猫狗，还有以鱼为食的海豚，以及包括我们在内的杂食性灵长类动物。如果你张开大嘴对着镜子观察，就会发现下颌的臼齿分为前后两部分，它们都有低矮的丘状物。前、后部分分别是下三角座和下跟座，丘状物则是尖凸。你和我，都拥有磨楔式齿！在人类身上，尖凸比较平缓，下三角座和下跟座也不太明显，这对于我们人类全面且复杂的食性来说可谓是理想的构造。但别搞错了，这些都是自我们遥远的食虫祖先身上率先出现的古老磨楔式结构变化而来的。**创新再次在食虫的小型生态位中发生，这些小型生态位正是哺乳动物不断尝试并多样化发展的伟大孵化器。**

磨楔式臼齿其实并不起源于白垩纪陆地革命时期，而是比这更早。罗哲西和他的研究小组发现，确定拥有磨楔式齿的最古老化石是侏罗兽（*Juramaia*），它是一种体形类似鼩鼱的动物，会爬树，出土于辽宁地区距今约 1.6 亿年前的中-晚侏罗世燕辽地层。因此，兽亚纲的磨楔式臼齿显然出现在中侏罗世早期哺乳动物混乱却停滞不前的演化阶段，与此同时，**柱齿兽类、贼兽类和多瘤齿**

兽类也演化出了它们标志性的齿系和进食方式。当这些早期哺乳动物在侏罗纪相互争夺资源时，磨楔式臼齿对小型食虫动物来说虽是一个有所裨益的构造，但尚不能扭转局面。直到几千万年后的白垩纪陆地革命时期，被子植物大爆发，这才引发了昆虫的多样化，而且这个时期让食虫动物享用了一场"任你吃到饱"的昆虫自助盛宴。在不起眼的小体形食虫生态位中酝酿许久后，拥有磨楔式臼齿的兽亚纲突然拥有了捕捉、切割和碾压众多新型昆虫的完美工具。随着兽亚纲逐渐繁荣，具有更原始的三个尖凸牙齿的哺乳动物逐渐减少，并最终灭绝。

　　早在拥有磨楔式臼齿的兽亚纲于白垩纪取得成功之前，它们就已经分化成两大类群：后兽类和真兽类。后兽类包括现代的有袋类和与它们关系最为密切的化石亲戚；真兽类包括有胎盘类（比如我们）和直系亲属。

　　如今，有袋类和有胎盘类的区别十分明显——有袋类，比如袋鼠和考拉，产下的幼崽身体虚弱，通常得在育儿袋中进一步发育；有胎盘类产下的则是发育良好的幼崽。但这些生殖差异可能出现得较晚，在后兽类和真兽类于侏罗纪分道扬镳之后很久才发生。最初的后兽类和真兽类看起来非常相似，对于来自辽宁的中国袋兽（*Sinodelphys*）身份的反复争论就是一个例子。最初，罗哲西和他的团队将其描述为最古老的后兽类，但又被其他研究人员重新确定为原始的真兽类。早期的兽亚纲彼此很难区分，因为它们都是身量轻巧的攀缘动物，用磨楔式齿咬食昆虫。只有牙齿数量和乳牙转变为成牙的模式上的微小差异，可以用来区分后兽类和真兽类，而这些特征通常很难或不可能从化石中辨别出来。

　　几千万年后，在白垩纪陆地革命期间，后兽类和真兽类终于崭露头角。这两个类群的成员都生活在晚白垩世的蒙古沙丘、绿洲和河岸上，一同生存的还有更常见的多瘤齿兽类。安德鲁斯的探险队在 20 世纪 20 年代对他们找到的第一批化石做了报告，但后来索非娅团队和美国博物馆的工作人员发现了更好的头骨和骨架。重褶齿猬（*Zalambdalestes*，见图 4-7）是一种来自戈壁的典型真兽类，体形如沙鼠，毛茸茸的，用长腿行走，跟踪昆虫，之后用长长的口鼻部捕捉它们，并用磨楔式齿吞食它们。三角齿兽（*Deltatheridium*，见图4-7）是后兽类的代表，和重褶齿猬差不多大，但它们的外观和行为大不相同。

图 4-7　重褶齿猬（上）和三角齿兽（下）

虽然三角齿兽的头部比杏子大不了多少，但颌部肌肉发达，犬齿大而尖，上下臼齿也很大。虽然它的下跟座凹槽缩小了，但用来磨、切的尖凸和齿冠变大了，仿若刀片。它们适应性强的磨楔式臼齿成了断头台，可以用来切割两栖动物、蜥蜴及其他哺乳动物等小型脊椎动物的肉。食植多瘤齿兽类可能特别美味。

到了白垩纪末期，在其他牙齿更原始的哺乳动物日益减少的地方，多瘤齿兽类和兽亚纲大获成功，顺利遍布北部大陆。但是南方的土地——非洲、南美洲、澳大利亚、南极洲和印度这些新兴大陆的情况又如何呢？也许多瘤齿兽类和兽亚纲从未在白垩纪到过那里。这种情况很合理，因为在侏罗纪和白垩纪，古盘古大陆的南北板块距离越来越远，就像两块相互排斥的磁铁。在白垩纪陆地革命时期，南北被一条宽阔的赤道水道隔开，这就是特提斯海。

几十年来，戈壁沙漠、欧洲岛屿和北美漫滩揭露了白垩纪哺乳动物的秘密，人们却对南方的动物群知之甚少。之后，在 20 世纪 80 年代和 90 年代，出现了一些诱人的化石：只有几颗牙齿和几件下颌，但它们十分奇怪，或者说，只有对北方怀有偏见的古生物学家觉得奇怪。这些南方的牙齿中有一些属于食植动物，但它们高大的臼齿上具有弯弯曲曲的牙釉质褶皱，它们看起来更像小马的牙齿，而不是多瘤齿兽类的。更让人费解的是，其他臼齿呈磨楔式齿状，有下三角座和下跟座，尖凸的形状和位置却很奇怪。它们是多瘤齿兽类还是兽亚纲，抑或别的什么物种吗？

现存最古老的哺乳动物

约翰·亨特（John Hunter）也许只能算是爱丁堡大学第二著名的辍学生，因为第一非查尔斯·达尔文莫属。19 世纪 20 年代，达尔文没能完成他的医科学业。他对血液十分反感，让一心想让他成为医生的父亲失了算。每年秋天，我都会在爱丁堡大学的一年级进化论课上告诉学生，如果他们坚持到毕业，就超过了达尔文。

和达尔文一样，亨特也获得了成功。1754 年退学后，他做了自古以来许多游手好闲的年轻人都做过的事：加入海军。他迅速从仆从升为列兵，又被提拔为初级军官。在接下来的几十年里，英国统治着海洋，他也一直过着军旅生活。他在七年战争中与法国人作过战，前往过西印度群岛和东印度群岛，至少环游过南大洋一次，并在美国独立战争期间参加过几次战斗。英国人在约克敦向华盛顿军队投降后，就不能再把犯人扔到美洲殖民地了，所以他们需要一个全新的计划。1787 年，第一舰队就这样驶往了他们最新的殖民地之一 ——澳大利亚的遥远海岸。六艘船运送囚犯，三艘船运送补给，两艘船提供海军力量。其中一艘护卫舰"天狼星"号由亨特担任船长。

亨特对澳大利亚颇有好感，但这种感情很复杂。船队于 1788 年初抵达。发现新家远没有承诺中的那么诱人，亨特便开始在澳大利亚危险的东南海岸寻找更适合居住的土地。他探索了帕拉马塔河。那是一个海湾的主要支流，被良好保护，易于进入，周围有充足淡水和肥沃土壤。这里将成为他们的流放地中心—— 一个他们称之为悉尼的地方。他被召回英国后，与法国人作战。亨特申请返回澳大利亚，但这次不是作为船长，而是作为新南威尔士州殖民地总督。他的任命得到批准，并于 1795 年开始。但这次任职没有持续太久。1799年底，他被革职，因他无法阻止腐败军官与罪犯合谋贩卖酒精——这种交易给破坏分子带来巨额利润，后来导致了叛乱。

亨特作为政治家如此无能，至少在一定程度上是因为他醉心于别处。和达尔文一样，亨特也是一位热心的博物学家，他利用自己在海上逗留的机会观察世界各地的动植物。作为总督，他定期将动物毛皮和植物标本运回英国。随着一批又一批新货物运回，一个事实变得越来越明显：澳大利亚有奇特的动物群和植物群，与欧洲或新大陆截然不同。这个远离其他大型陆地的岛屿大陆，自成一个生态系统。许多哺乳动物产下无助弱小的幼崽，养在育儿袋中——这种养育方式与欧洲常见的狐狸、獾、熊和老鼠都不同。事实证明，在澳大利亚，一些毛茸茸的动物甚至更奇特。

1797 年的一天，本应该去肃清腐败的亨特却在悉尼北部的雅拉曼迪环礁湖旁呆坐着。湖畔，一名土著猎人正紧紧盯着潜伏在湖中的某样东西：一只土拨鼠大小、通身覆盖浓密棕色皮毛的动物，它一次又一次浮上水面换气。等待大约一小时后，猎人认为时机到了，手腕一挥，将一根短矛射入浑浊的水中，那只动物却划着大手和大脚游开了。亨特总督一时有些困惑。后来，他把自己看到的东西画了下来，并用他所能理解的最佳描述给这幅画命名为《鼹鼠类两栖动物》。只不过它比鼹鼠大得多，双手、双脚都长着蹼，爪子锋利，像海狸一样，尾巴又短又粗。不过，它的面部却让它看起来像只鸭子，没有牙齿，只有吻。真的，它一点儿也不像鼹鼠（见图 4-8）。但它到底是什么呢？

图 4-8　在塔斯马尼亚岛小溪里划水的鸭嘴兽

注：照片分享网站 Flickr 用户克劳斯（Klaus）供图。

亨特设法捕获了一只这样的动物，并用一桶烈酒腌制后送到英国。标本到达纽卡斯尔后引起了轰动。从外表看，它有一部分像哺乳动物，一部分像鸟，一部分像爬行动物，一部分像鱼。它毛茸茸的皮毛让人联想到哺乳动物，但它似乎没有乳腺，而且有传言说它会产卵，这是一种最不适合哺乳动物的繁殖方式。土著居民发誓其所言非虚，他们早就知道这种动物，认为它是鸭鼠杂交动物，会像鸟一样筑巢，但英国的科学机构拒绝相信。1799 年，由牧师转行干起博物馆研究员的乔治·肖（George Shaw）在对亨特的标本进行描述、将其命名为"鸭嘴兽"（platypus）时，甚至都没有信心将其视为真正的动物。他和其他许多人都认为它很可能是假的：一个弗兰肯斯坦式的怪物，被骗子用许多动物的部分身体缝合而成。

英国人对澳大利亚东部的探索越来越深入，发现了更多鸭嘴兽的踪迹，再也不能否认这是一只真正的动物。它栖息在河流和湖泊中，用带蹼的脚划水来向前滑行，用尾巴控制方向。它经常饥肠辘辘，可以潜入水中半分钟左右，之后浮出水面，满嘴虾、蠕虫和小龙虾。一个多世纪后，研究人员证明它的吻是一个报警系统，上面布满了数万个可以感知运动和电脉冲的受体。通过这种方式，鸭嘴兽可以关闭视觉、嗅觉和听觉系统，潜入水中，用嘴在泥泞的水底扫来扫去，以潜行的方式感知猎物。英国人注意到，鸭嘴兽偶尔会冒险爬到岸上，用又长又尖的爪子挖洞，爪子就像花园耙子上的尖齿一样伸出蹼外。洞穴是鸭嘴兽休息的地方，显然也是雌性鸭嘴兽哺育幼兽的地方。雄性（并非真正的父系类型）脚踝上有刺，这是毒液的管道。在交配季节，它们会产生毒液，与其他雄性争抢雌性。雌性产下宝宝后，由雌性负责照顾宝宝。

雌性如何繁殖和养育后代？正是这个问题成为弄清鸭嘴兽到底是什么的关键：它是一种奇怪的哺乳动物，还是别的什么物种？在将近一个世纪的时间里，人们争论不休，而且常常闹到不愉快的境地。许多当时顶尖的欧洲自然科学家和解剖学家都参与其中，其中包括脾气暴躁的理查德·欧文，他的大名已经在我们的故事中多次出现。争论有两个焦点，一是鸭嘴兽是否用乳汁喂养后代，如果用乳汁喂养，它们就属于哺乳动物；二是它们是否产卵，如果产卵，它们就不是哺乳动物。

你也可以想到，尽管原住民坚称鸭嘴兽能产卵，欧文却不屑一顾。他确信鸭嘴兽是一种哺乳动物，对他来说，这是显而易见的：哺乳动物能活产。因此，当英国陆军中尉劳德戴尔·莫尔（Landerdale Maule）于 1831 年从一个巢穴中抓出一只鸭嘴兽母兽和两个雌性幼崽，并报告说母兽腹部的小口处渗出了乳汁时，欧文雀跃不已。但是，莫尔随后说巢中有蛋壳碎片，而且有其他观察者真的看到一只母兽产下了两个蛋，欧文对此嗤之以鼻，认为这并非自然分娩，母兽一定是由于恐惧而中止了妊娠。这是一个可悲的例子，一名科学家让先入为主的想法和个人恩怨凌驾于常识之上。当地人与这种动物共同生活了几千年，而他，一个与皇室交往的伦敦人，连这种动物活着时的样子都没见过。

最后，大家不得不承认鸭嘴兽会产卵。1884 年，80 岁的欧文给年轻动物学家威廉·考德威尔（William Caldwell）笔下可怕的报告点了赞，这有点儿像临终忏悔。在两个月的时间里，考德威尔征召了 150 名土著居民，屠杀了他们所能找到的所有鸭嘴兽，以及另一种据称会产卵的毛茸茸的澳大利亚野兽——带刺的针鼹。这是最糟糕的帝国主义科学：大约 1 400 只动物被杀害，土著居民遭受可怕的虐待。在大屠杀中，考德威尔自己开枪打死了一只怀孕的雌兽，当时她正在产卵。一个蛋留在她的尸体旁，另一个还在她的子宫里。

此时有件事情已经很明了了：鸭嘴兽和针鼹都是古怪的物种，像鸟类或爬行动物一样产卵，又像哺乳动物一样分泌乳汁。它们被命名为"单孔类"（monotremes，在希腊语中意为只有"一个洞"的动物），因为它们只有一个孔，具有多种功能，可以用于排尿、排便和繁殖。在那时，达尔文的进化论已经被广泛接受，解剖学家也明白，单孔类动物是不寻常的哺乳动物，不如有袋类和有胎盘类动物"进步"，保留了远古"爬行动物"祖先的许多原始特征（如产卵），但也发展出了自己的许多特点（如具有感觉受体的吻）。它们与世隔绝地生活在地球上的一小块地方，只分布在澳大利亚和新几内亚。在其他地区的野外，从未出现过活的单孔类动物或其他产卵哺乳动物。

一个谜题解开了，又出现了另一个谜题：从演化的角度来看，单孔类动物从何而来？鸭嘴兽和针鼹成年后都没有牙齿，这让谜题更难解了。长期以来，解剖学家通过比较牙齿上所有复杂的尖凸和冠，建立了哺乳动物的家谱。事实上，这个秘密就藏在鸭嘴兽

哺乳动物档案

鸭嘴兽

拉丁学名： *Ornithorhynchus anatinus*
科学分类： 原兽亚纲，单孔目，鸭嘴兽科
体形特征： 体长 40～50 厘米，体重 1～2 千克
生活环境： 生活在澳大利亚的淡水区域，如河流、湖泊中
化石分布： 澳大利亚东部地区和塔斯马尼亚州
讲解： 一种独特的半水生哺乳动物，以其扁平的鸭嘴状吻部而得名；现存最原始的哺乳动物之一，具有单孔排泄系统，即排泄和生殖孔共用；后肢有毒刺，用于自卫；以小鱼、昆虫和甲壳类动物为食，通过电感应来探测猎物；繁殖和养育方式也很特别，雌性会产卵并孵化，之后分泌乳汁哺育幼崽

宝宝的嘴里，它们的牙齿长出一小段时间后，就会被吸收到吻中。这个答案也解开了另一个谜题：在南方大陆的白垩纪化石记录中，是什么哺乳动物留下了这些类似磨楔式齿的奇特牙齿？

一连串推论引发了连锁反应。20 世纪 70 年代，人们首次在南澳大利亚发现了几颗上臼齿，尖凸由厚得异常、被称为"脊"的牙冠相连。在如今的鸭嘴兽幼兽身上，很快就会长出几乎一模一样的脊齿。这件被命名为顽齿鸭嘴兽（*Obdurodon*）的牙齿化石有 1 500 万～ 2 000 万年的历史，属于最古老的鸭嘴兽。随后发现的一颗单独的下牙，以及一件完整头骨，表明顽齿鸭嘴兽的下臼齿也有脊。古生物学家现在有了一个检索图像。他们如果能在更古老的岩石中找到类似的脊齿，就能追溯单孔类动物更早的起源。

重大突破出现在 20 世纪 80 年代初。在莱特宁岭这个尘土飞扬、只有 2 000 人的内陆小镇，一名矿工正在筛分大约 1 亿年前的白垩纪砂岩和泥岩，寻找所有闪着蓝绿色光芒的东西——此处盛产蛋白石。就在这一天，勘探者找到了他要找的东西。那是一颗蛋白石，但不是球形或其他可以轻易切割成宝石的形状。这颗最引人注目的蛋白石约 2.5 厘米长，形似一根两端逐渐扁平的杆子，一端有三个凹凸不平的东西伸出。这根蛋白石杆是一块牙骨，锯齿状结构为三颗臼齿，其上有尖凸和冠。这是哺乳动物的一件下颌，被埋在浅海的沙子里，溶解后变成二氧化硅，成了蛋白石，这是人们所能想象到的最惊人、最不可思议的化石之一。

它也是一件极其重要的化石。1985 年，迈克尔·阿彻（Michael Archer）及同事对它进行了描述，并将其命名为硬齿鸭嘴兽（*Steropodon*）。当时它拥有多项纪录。它是第一件澳大利亚哺乳动物化石，比顽齿鸭嘴兽的牙齿和类似年代的化石更古老，因此是澳大利亚第一个恐龙时代的哺乳动物。这是整个南方大陆上第一件白垩纪早期的哺乳动物标本，而在南美洲、非洲、南极洲或印度，还没有关于那个年代的哺乳动物的报告。最重要的是，它是最古老的单孔类。它也有明显的脊齿，与今天的幼年鸭嘴兽和已经灭绝的顽齿鸭嘴兽相同。不仅如此，它的下颌一端有空洞，后来被解释为巨大下颌管的边缘。下颌管是一根穿过鸭嘴兽牙根的管子，有密集的动脉和神经网络，能使电感受器（吻）活跃起来。因此，这个闪闪发光的小化石，证明单孔类的历史可以追溯到很久很久以前。

硬齿鸭嘴兽的臼齿还有其他值得注意的地方，但与今天幼年鸭嘴兽短暂而高度进步的牙齿相比，这些特征就不是很明显了。它们是磨楔式齿，至少阿彻和他的团队是这样描述的。下臼齿前部有一个由锋利尖凸和齿冠组成的下三角座，后部有一个下跟座状凹槽。由于上臼齿并不为人所知（现在仍如此），所以不清楚它们是否具有原尖——原尖呈杵状，是磨楔式齿结构中不可或缺的一部分。

在接下来的几十年里，古生物学家在南方各大洲对哺乳动物展开搜寻，在其他地方发现了类似的牙齿。首例出现在澳大利亚东南端的维多利亚州，古生物学界大拿汤姆·里奇（Tom Rich）和帕特·维克斯 - 里奇（Pat Vickers-Rich）夫妇报告了一件纤细小巧、只有 1.3 厘米长的下颌，将该物种命名为澳磨楔齿兽（*Ausktribosphenos*）。和硬齿鸭嘴兽一样，它的年代也是白垩纪早期。之后在马达加斯加，约翰·弗林（John Flynn，我在纽约大学的研究生导师之一）和他的团队以某种方式发现了一件下颌骨——大约只有 0.25 厘米长，上面有三颗牙齿。它被命名为昂邦兽（*Ambondro*），来自大约 1.7 亿年前的中侏罗世，比澳大利亚的物种要古老得多。它也成了纪录保持者：它的年代比当时已知的马达加斯加最古老的哺乳动物要早上两倍多。马达加斯加是一个岛国，像澳大利亚一样，也拥有独特的动物群，但没什么化石记录。几年后，另一件来自侏罗纪、被命名为阿斯法托磨楔兽（*Asfaltomylos*）的下颌出现了，这次出土于阿根廷。

这些哺乳动物是什么？跨越了数千千米的南方土地和 7 000 多万年的时

间，它们的化石却少得可怜——几件下颌，常常还是破碎的，以及一些牙齿。由于运气不佳，最重要的上臼齿总是缺失。这些化石都没有什么太大的借鉴价值。它们是否都像硬齿鸭嘴兽那样明确与单孔类有关？或者它们中的一些其实属于兽亚纲？毕竟，它们的下臼齿看起来确实是磨楔式齿。里奇夫妇甚至提出，其中有些古代物种与现代刺猬有关，这也是一种可能的系谱解释。

我们前面提到的哺乳动物专家，研究众多辽宁和戈壁化石的资深人士——罗哲西和索非娅·凯兰 - 贾沃洛夫斯卡——也加入其中。他们与美国同事理查德·奇费利（Richard Cifelli）一起工作。三个人加在一起，已经花了几十年时间在显微镜下仔细研究哺乳动物牙齿的尖和窝。当他们看到南方动物的牙齿时，发现有些地方不对劲。下臼齿确实分为前后两部分，而且这两部分很容易被看作下三角座和下跟座。然而，他们对这些牙齿进行解剖检查时，发现它们似乎与恒温哺乳动物的下三角座和下跟座之间有微妙的区别。为了弄清这个难题，罗哲西、索非娅和理查德建立了一个庞大的哺乳动物牙齿数据集，其中有最著名的南方臼齿的化石代表，像摩尔根兽这样具有磨楔式齿的原始物种、真兽类和后兽类分支上的化石兽类和现代兽类，以及单孔类。他们评估了每颗牙齿的几十处细微解剖特征，这些特征涉及尖凸、冠和脊的存在、大小、形状和位置。他们通过计算机算法运行数据集，将具有独特相似性的物种分组，构建谱系树，最后得出了令人震惊的结果。

南方动物的牙齿不属于兽亚纲。相反，澳磨楔齿兽和昂邦兽等南部物种与硬齿鸭嘴兽能共同归入单孔类分支中，形成一个更广泛的"单孔类干群"。罗哲西的团队称之为"南方磨楔兽亚纲"（Australosphenida），意为"南方楔子"。

换句话说，这两种磨楔式齿并不相同。一种属于兽亚纲，另一种属于单孔类，各自独立演化而成。演化可能都发生在中侏罗世，原因相似：**提高剪切能力，可能还增加了一点研磨作用**。兽亚纲的磨楔式齿在北方演化，使有袋类和有胎盘类的祖先在白垩纪陆地革命时期兴旺起来，并作为一种具有高度适应性的牙齿构造延续至今，我们人类的嘴里也长了这样的牙齿。单孔类的磨楔式齿在南方演化，在侏罗纪和白垩纪似乎在赤道以南广泛传播，但后来基本上消失了，唯一留下的鸭嘴兽口中那幽灵般的牙齿，在幼崽离巢时就会消失。

谱系树上还有一些值得注意的东西：兽亚纲和南方磨楔兽亚纲离得很远，许多其他哺乳动物分支混杂其间。南方磨楔兽亚纲靠近树的根部，与柱齿兽类相距不远，比三叠纪晚期至侏罗纪早期的摩尔根兽位置稍高一些。兽亚纲则构成了谱系树的冠群。**如今单孔类和兽类都存活下来，但它们之间存在无数已经灭绝的物种：许多所谓的枯枝类群，比如多瘤齿兽类已经不复存在。**

这个现象背后的信息让我有点儿不寒而栗。单孔类是一个至少可以追溯到中侏罗世的漫长分支的产物，是曾经在南方游荡的部落的最后幸存者。它们延续至今似乎是个奇迹。你很容易就能想象出另一段历史：单孔类分支在白垩纪就中断了，鸭嘴兽和针鼹鼠未能延续下来，如今的我们也就无法看到哺乳动物演化的早期特征——毛茸茸的洞穴动物既能产卵，腹部也会流出乳汁。你也可以想象另一段历史：在世界某个偏远角落，柱齿兽类或多瘤齿兽类家族中的一脉存活到了今天。就目前的情况而言，我们应该感谢鸭嘴兽和针鼹的存在，它们好似动物学中的一对老夫妇，当邻里正在走向现代化的时候，他们却拒绝舍下旧公寓。

我在这里讲述的是一个处于进行时的故事，因为来自南方大陆的侏罗纪和白垩纪哺乳动物化石仍然非常罕见。但化石就在那里等待人们去发掘，最近的一些发现便是例证。

其中一个是来自马达加斯加的本塔纳兽（*Vintana*），由戴维·克劳斯（David Krause）和他的团队于2014年用马达加斯加语中的"幸运"一词命名。这确实是一个幸运的发现，因为它终于解开了前文提到的那些与马类似的牙齿的古怪之谜。多年来，古生物学家只在南方各地发现了碎片：高大结实的白齿碎片，其咬合面有复杂的褶皱和厚厚的牙釉质，因反复研磨而磨损。它们被重新分类，自成一个类群——冈瓦纳兽类（Gondwanatheria）。这些哺乳动物显然是食植动物，采用了多瘤齿兽类那种向后咀嚼的动作，牙齿磨损情况就能说明这一点。本塔纳兽表明，冈瓦纳兽类是大眼睛、行动敏捷、咬合力强的素食者，宽大的颧骨支撑着使臼齿相互刮擦的肌肉——这一形象在克劳斯于 2020 年描述一只名为疯兽（*Adalatherium*）的近亲时得以证实。疯兽的典型化石是一件与骨架相连的头骨。冈瓦纳兽类自成一个独特的群体，但在谱系树上位于多瘤齿兽类附近。本质上，它们是多瘤齿兽类失踪已久的南方表亲，占据着类似的以被子植物为食的生态位。

在白垩纪，还有另一群成功生存的南方哺乳动物——碟齿兽类（dryolestoids）。它们是有袋类和有胎盘类的近亲，但不完全属于亚兽纲，因为它们没有磨楔式齿。最古老的碟齿兽类出现在北美洲和欧洲的侏罗纪岩层中，但真正兴盛于白垩纪的南美洲。2011 年，吉列尔莫·鲁吉耶（Guillermo Rougier）和同事宣布发现了一种名为克罗诺皮奥兽（*Cronopio*）的新物种。它有两件代表性的头骨化石，有长长的口鼻部、巨大的弧形犬齿，头部肌肉有很深的凹陷。当它们用具有锋利尖凸的牙齿向下咬时，这些肌肉可以使颌部旋转。它们可能是食虫动物，但与北方的兽亚纲或南方有着似磨楔式齿的单孔类不同。

这是大约 6 600 万年前白垩纪末期的情况。哺乳动物体形仍然很小，但无处不在。本塔纳兽体重约 9 千克，是当时最大的哺乳动物，但对于暴龙类或其他食肉恐龙来说，仍然只是唾手可得的零食。从亚洲的中心地带到北美洲的山脉，再到欧洲的岛屿，这些北方地区生活着兽亚纲和多瘤齿兽类。其中就有用磨楔式齿咬死虫子的食虫动物（真兽类），以花朵、水果和其他被子植物部分为食的食植动物（多瘤齿兽类），以及用锋利且经改良的磨楔式臼齿刺穿猎物肌肉和肌腱的奇特食肉动物（后兽类）。再往南，越过特提斯海晶莹湛蓝的海水，那里生活着其他哺乳动物，它们扮演着类似的角色：具有类磨楔式臼齿的单孔类食虫动物（南方磨楔兽亚纲），其他长鼻子的食虫动物（磔齿兽类），以及食草动物（冈瓦纳兽类）。

当小行星炽热的火光自北到南照亮天空时，它们目睹了一切。所有这些主要的哺乳动物群体都将存活下来，至少存活了一段时间。但世界就此天翻地覆。

The
Rise and Reign
of the
Mammals

第三部分

新生代　古近纪:
取代恐龙, 成为地球霸主

约 6 600 万年前~约 2 300 万年前

The Rise and Reign
of the Mammals

外锥兽（*Ectoconus*）

05

恐龙的末日
与哺乳动物的兴起

远古海狸兽，从 6 560 万年前的泥岩中挖出的耀眼化石

野外作业有一些无法解释的准则。

巨大的骨架总在最后一天才出现，而那时你已无暇收集。如果你已经徒劳地找了好几个小时，停下来去方便一下，必定会在蹲着的地方发现一件漂亮的头骨或下颌。最好的化石往往不是教授发现的，而是学生。

最后一条准则在我们 2014 年的新墨西哥州野外作业季中应验了。在 5 月的大约 10 天里，我们的团队在查科峡谷以北的四角地区勘探有着彩色条纹的山丘和沟壑，在那里，普韦布洛人的祖先在 1 000 年前用岩石建造了一座伟大的城市。今天，这里是纳瓦霍人的圣地。一天早上，我们来到一个干涸的小溪床上，这里被纳瓦霍人称为金贝托，意思是"雀鹰泉"。在这里，这片 6 560 万年前的泥岩上布满了化石，它们像蘑菇一样从干燥的地面上冒出头来，等待所有目光敏锐的人前去采摘。

144

卡丽莎·雷蒙德（Carissa Raymond）那时刚读完大学一年级没几天，是我们团队的一员。她是内布拉斯加大学分队的成员，被她的导师罗斯·西科德（Ross Secord）招募为野外助手。那时，她还没有上过任何古生物学课，但在西科德的地质学课上表现出色，所以西科德给了她一个收集化石的机会。在那个烈日炎炎的早晨，当我们在金贝托散步时，卡丽莎那件猩红色的内布拉斯加大学球队短袖在清澈的蓝天下好似灯塔一样显眼。你至少在800米外就能看见她正走来走去，双眼紧盯地面。她还没有学会老猎骨人在沙漠中工作时身着柔和色调衣服的技巧。但她又如何知道呢？这毕竟是她的第一次化石搜寻之旅。

刚开始的几天，卡丽莎不太顺利。她的眼睛还没有习惯牙齿化石的颜色，也没有习惯颌骨在泥土中被侵蚀后的形状。做到这些需要时间，学会这些也不大容易。你必须通过经验来获取这样的本能，这通常意味着你将长时间面对空手而归带来的沮丧，直到某一刻，化石仿若从石头缝里蹦出来一样，"咔嚓"一声出现在你的眼前。要是一名学生能用年轻的眼睛和旺盛的精力达到这种心无杂念的状态，就可以成为一流的化石发现者。

卡丽莎的那一刻将在今天到来。她翻过一座小山，来到一片平坦土地，凝视着地平线上、陡峭悬崖上交替出现的黑色、褐色和红色的岩石带，看着这些已被侵蚀得伤痕累累的岩石。之后她俯视着沙漠里的人行道。路面上干泥裂开，被风吹来的石头撒得到处都是，人在路上一不留心就会打滑摔倒。她的眼睛扫视着地面。石头，石头，还是石头。

然后，她看到了不一样的东西。闪闪发光。通体黑色，浓郁的黑色。那东西形状很奇怪。然后又出现了一个，还有一个。连成一串。这不是石头——它们是化石！牙齿化石——一排牙齿。大的牙齿看起来像乐高积木或玉米棒子，有三排类似玉米粒的尖凸平行排列，被尖锐的缝隙分开。

卡丽莎召唤众人，团队成员从金贝托的各个角落向她靠拢。新墨西哥州自然历史与科学博物馆馆长、探险队领队汤姆·威廉姆森离得最远，所以最后才到。卡丽莎把牙齿递给他。

"我的妈呀！我真不敢相信！"他叫喊着，并不知道我那时正在用尼康相机录制视频。汤姆在这个地区从事收藏工作已有 25 年了。凭借百科全书式的知识储备和过目不忘的记忆力，他几乎可以随便一瞥化石，就告诉你那是什么，是什么类型的牙齿或骨骼，属于哪个物种。我们等待着他发话，犹如等待聆听神谕。

他告诉我们，那些牙齿属于一只多瘤齿兽类。它属于食植动物群体，看起来像啮齿动物，但实际上与它们没有密切关系，索非娅·凯兰－贾沃洛夫斯卡此前在戈壁沙漠中曾发现过几十只。牙齿出卖了它。只有多瘤齿兽类才有乐高积木般的牙齿，牙齿上有一排排大尖凸，当上下颌的牙齿相互滑动时，它们就用这些尖凸来碾碎植物。你可能还记得，这些牙齿是它们在白垩纪繁衍生息的秘密武器，因为它们以被子植物的果实和花朵为食，变得更加多样化。

但卡丽莎找到的这只多瘤齿兽类有点儿奇怪。

"它很大，真的很大！"汤姆继续说道，兴奋中夹杂着不解。

索非娅描述的戈壁多瘤齿兽类只有鼩鼱或老鼠那么大，臼齿可以轻易被放在一便士硬币上。大多数白垩纪多瘤齿兽类也在这个尺寸范围内。然而，卡丽莎发现的臼齿化石大约是我指甲的两倍大，长度接近我的拇指全长。这意味着它的体重为 10～20 千克，它跟现代第二大啮齿类动物海狸差不多。

在接下来的一个小时里，我们搜索了这片区域，收集了头部两侧的颌骨（有臼齿和前臼齿），还有前臼齿和包围大脑的部分头骨上部。回到阿尔伯克基的实验室后，我们开始对这些化石进行清洗、粘贴、拍照和测量。大约一年后，我们将它们描述为一个新的物种：金贝托剪切兽（*Kimbetopsalis*，见图 5-1），以它的发现地命名。我们觉得这个词读起来有点儿拗口，所以给它起了个绰号：远古海狸兽（the Primeval Beaver）。

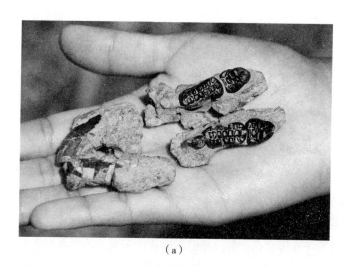

（a）

（b）

图 5-1　金贝托剪切兽，即远古海狸兽

注：金贝托剪切兽的头骨和牙齿化石（a）；卡丽莎·雷蒙德和罗斯·西科德在 2014 年发现该动物后不久收集了这些化石（b）。汤姆·威廉姆森和史蒂夫·布鲁萨特分别供图。

"我知道它很酷，但没想到会这么酷。"在媒体的猛烈攻势下，余惊未消的卡丽莎这样告诉记者。她接受了美国国家公共广播电台的采访，并在《华盛顿邮报》上做了介绍。

这些文章也经常引用汤姆的话。他向一位记者承认："真希望是我发现的。"我并不惊讶，因为汤姆和他那对打小就接受训练、在周末露营时寻找化石的双胞胎儿子瑞安与泰勒，在每个野外考察日结束时都会围在风扇周围，一边嚼着玉米片和莎莎酱，一边对谁发现的化石最好争论不休。

其实，汤姆不必如此沮丧，因为前一天他自己也发现了一块令人印象深刻的化石——如果不是卡丽莎发现了金贝托剪切兽的牙齿，当年最耀眼的发现非他莫属。从阿尔伯克基开车到达金贝托后的一个小时，我们进行了一次快速侦察。汤姆注意到一些碎片被沙漠侵蚀，显露在地面上，却不像岩石。仔细看去，它们就像拼图一样拼合在一起，能够组成某种东西。汤姆立刻认出这是外锥兽的肱骨（上臂骨）。1884年，在新墨西哥州地区工作的第一批古生物学家中的一员，对这种动物进行了描述。

汤姆叫我过去，我喊上了萨拉·谢利。她是我在爱丁堡大学的博士研究生（由汤姆远程指导）。我们手脚并用，小心翼翼地避免压碎任何骨头，也避免我们的皮肤被沙漠石块上的球状突起擦伤。我们用小铲子和针锥在肱骨碎片周围刮来刮去，深入泥岩中。我们挖得越多，发现的骨骼就越多。

这条手臂骨连接着一副骨架！

我们在它周围挖了一条壕沟，用浸在湿石膏里的绷带把骨骼包起来，石膏硬后就能起到保护作用（见图5-2）。我们拿出锤子、凿子和镐头，把包裹着的骨骼从岩石上撬开。这属于蓝领阶层的体力劳动，学术界的科学家们通常不会去做，但它是一种乐趣。当我在附近发现一些外锥兽牙齿时，也收获了乐趣。

虽然这具骨架没有头部，这些牙齿可能来自另一只动物，但谁又能确定呢？

图 5-2　萨拉·谢利和汤姆·威廉姆森

注：2014 年，我们用石膏保护套包裹着"古"有胎盘类外锥兽的骨架。史蒂夫·布鲁萨特供图。

再说一次，正如我们看到的，这种情况在哺乳动物身上很常见——牙齿能告诉我们外锥兽在谱系树中的位置。它没有多瘤齿兽类的多尖凸列，有的是磨楔式齿：上臼齿与下臼齿相嵌合，就像杵和臼。这意味着它拥有有袋类和有胎盘类等兽亚纲哺乳动物标志性的牙齿，可以同时剪切和研磨。此外，牙齿的数量还告诉我们，它是一只真兽类，是有胎盘类分支上的成员。也许它甚至跟人类一样，是真正的有胎盘类哺乳动物。也许外锥兽母亲能够通过子宫内的胎盘滋养和保护发育中的胚胎，让孩子在发育良好的状态下出生。

外锥兽与卡丽莎发现的金贝托剪切兽还有一个更明显的特征。它更大，而且相当大。我们收集到的骨架大小跟猪差不多，它有笨重的肩部和骨盆带，还有粗壮的臂骨——一定是用来支撑强大的肌肉——上面有爪子，看起来是想演化成蹄子。从骨骼的大小，我们可以推测出它活着时体重约为 100 千克，大大超过了迄今为止我们谈及的所有哺乳动物化石。

——•——

虽然我们在那次旅行中没有再发现外锥兽的其他化石，但在同一块岩石中发现了第三种哺乳动物。到目前为止，人们对它们的了解仅限于牙齿——非常小，小到每一颗都可以放在圆珠笔笔尖上。它们是后兽类——兽亚纲群体中的有袋类，也有磨楔式齿。奇怪的是，虽然新墨西哥州的多瘤齿兽类和真兽类比它们的所有前辈都要大得多，但后兽类似乎更小，也更温顺。

就是这样。多瘤齿兽类，真兽类和后兽类。早在 19 世纪 80 年代，在新墨西哥州的金贝托和附近的荒地就收集了数万件哺乳动物化石，它们分属于 100 多个物种，而每个物种都可归类到这三个群体中。我们在前几章中颂扬过的其他哺乳动物则完全不见踪影：没有像摩尔根兽那样的蹄行动物，没有柱齿兽类或贼兽类，没有长着磨楔式齿、齿上有三个山峰状尖凸的兽亚纲祖先。这些化石中也没有产卵的单孔类，不过这并不奇怪，因为它们是南半球的类群。尽管所有的新墨西哥州哺乳动物都被限制在谱系树的这三个分支中，它们仍然不同寻常。事实上，它们比以往任何时候都更加多样化：与任何已经存在的生态系统中的哺乳动物相比，它们的物种更多，体形、食性和行为范围更广。

还有一件事。出土金贝托剪切兽牙齿和外锥兽骨骼的泥岩下方，是另一种泥岩，它们沉积在类似的河漫滩和森林环境中，年代稍早，约为 6 690 万年前。这些岩层里塞满了霸王龙和三角龙的近亲、可怕的蜥脚类恐龙，比如壮观的阿拉摩龙和鸭嘴龙类的骨骼。恐龙骨骼碎片从岩石中掉出来，散落在沙漠中，肯定会被人们踩到。但从来没有人在金贝托岩石或上方的任何岩石中发现过非鸟类恐龙的迹象。没有一根骨骼，也没有骨头碎片。没有一颗牙齿，也没有一个脚印。

恐龙好像消失了一样，但哺乳动物还在。到了这个时期，这些哺乳动物比三叠纪、侏罗纪或白垩纪的所有哺乳动物都要大。

小行星撞击地球，是危机，也是转机

金贝托剪切兽、外锥兽和我们在金贝托收集的其他哺乳动物化石，都来自古新世。古新世紧跟白垩纪，但这两个时期似乎迥然不同。恐龙化石和哺乳动物化石就像小说中两个连续章节中出现的不同主角，让情节没法形成清晰连续的叙事。这是因为随着白垩纪的结束、古新世的开始，故事情节发生了戏剧性的变化。**将它们分隔开来的是地球历史上一场最大的灾难，那天也是地球有史以来最糟糕的一天。**

那颗小行星——也许是一颗彗星，我们尚不确定——来自太阳系的遥远地带，在火星轨道之外，甚至更远。它直径约 10 千米，宽度是曼哈顿的 3 倍，高度与珠穆朗玛峰差不多。诚然，在宏大的宇宙中，它只是一粒宇宙尘埃，但它至少是 5 亿年来接近我们太阳系一角的最大天体。它在天空中飞驰时，速度比一颗高速子弹快 10 多倍。

它本可能飞到任何地方，但命中注定，这颗太空陨石直奔地球而来。它本可能贴着地球表面而过，在大气层上层沙沙作响后，便消失在黑暗的太空中。它也可能在靠近地球的时候因引力拉扯而解体。它还可能从地球表面轻轻蹭过。但这些都没有发生。它与现在的墨西哥尤卡坦半岛相撞，撞击力量相当于 10 亿枚核弹爆炸，在地壳上撞出了一个 40 千米深、160 千米宽的大洞。这道伤痕至今仍然可见——希克苏鲁伯陨石坑，它横跨墨西哥湾海岸，离旅游小镇坎昆不远。

小行星与地球在大约 6 600 万年前相遇，之后一切都变了。这首先是一个物理问题。碰撞释放出的能量必有去处，它被转化为热能、光能和噪声，具有难以想象的威力。几乎在一瞬间，陨石着陆点方圆 1 000 千米内的一切都蒸发掉了。许多恐龙、哺乳动物和其他动物都以这种方式死去，成了冤魂。

美国新墨西哥州的物种稍微幸运一些，因为它们生活在距离尤卡坦半岛约

2 400 千米的地方。它们只需要对抗飓风，比人类经历的所有地震都要严重得多的地震，以及从天而降的热玻璃子弹（由在撞击过程中液化、在落回地球时凝固的灰尘和岩石形成）。当熔化的颗粒呼啸而下时，天空变成红色，大气层热得好似烤箱。这足以使森林自燃，野火肆虐大地。每一场灾难都成了杀戮，而且离撞击地点越近，杀伤力越强。很难估计在这混乱的几个小时里新墨西哥州有多少动物死亡，不过死亡数量应该极多，也许大部分动物都因此丧生。

任何在小行星的直接影响中幸存下来的生物，都不得不应对长期影响。野火产生的烟尘进入大气层，与尚未凝结成玻璃子弹的残余污垢混合在一起。这种有毒的混合物阻断了在地球周围循环的高空大气流，使整个地球陷入寒冷的黑暗之中。那是一个持续了好几年的核冬天。幸免于野火的植物都缺乏光合作用所需的阳光，因而枯萎死亡。随着森林的崩溃，生态系统也好似纸牌搭的房子一样垮塌。但这还不是全部。数千年来一直在喷出熔岩和气体的印度火山，进入了高速驱动期。氮和硫蒸汽与水结合形成酸雨落下，随后从被侵蚀的土地中滤出，污染了海洋。它们都成为全球末日的催化剂。无论离撞击坑有多远，任何事物在灾难日之后的几十年里都不可能安然无恙。

之后，在最后一次残酷的打击中，这颗小行星找到了一种让杀戮世代相传的方式。似乎它的原始破坏力还不够强似的，这颗小行星碰巧撞击了一个碳酸盐岩平台——在浅海中由珊瑚和有壳生物形成的一大片岩石，由钙、碳和氧组成。随着碳酸盐岩的湮灭，碳和氧被释放出来，以二氧化碳的形式逃逸到大气中。我们曾经在二叠纪和三叠纪末期看到过这种情况，我们现在也在经历这种情况：二氧化碳是一种温室气体，它使大气层、地球表面和海洋变暖。最多几十年后，"核冬天"就转变为全球变暖。之后的几千年，炙热的温度一直使生态系统难以恢复。

我丝毫不怀疑：在地球 40 多亿年的历史上，那曾是最危险的时刻。这颗小行星是终极连环杀手，威力极大，因为它拥有众多杀戮武器：在几秒钟内发挥作用的能量脉冲，在接下来的几小时和几天内产生的漫天野火和热玻璃雨，

———•———

随后几十年的核冬天，以及延续几千年的全球变暖。要想在这么多障碍中生存下来，需要相当多的天赋和运气。没有多少动物有这样的运气。大约75%的物种灭绝了，这成为地球有史以来最严重的大规模灭绝之一。

除了一些鸟类恐龙，其他恐龙全都灭亡了，这就是它们的化石在新墨西哥州的岩石中突然消失的原因。同样死亡的还有许多统治海洋的大型爬行动物群体，比如长颈的蛇颈龙类。翼龙类是一种会飞的爬行动物，通常被称为翼手龙类。直到白垩纪末期，翼手龙类一直阻碍着鸟类进入某些空中生态位，它们这时也消失了。鳄鱼、蜥蜴、乌龟和青蛙等动物挺了过来，却元气大伤。许多植物灭绝了，海洋中大量的微小浮游生物也灭绝了，这永远改变了陆地和水中食物链的基础。古新世全新生态系统的建立势在必行。

那么哺乳动物呢？当然，我们知道它们活下来了，否则我们也不会在这里。但这是一个比教科书上"恐龙死了，哺乳动物活了下来"的寓言更复杂、更迷人的故事。对哺乳动物来说，小行星撞击地球之时既是最危险的时刻，也是实现重大突破的时刻。

高举哺乳动物火炬，度过白垩纪末期灭绝的漫漫长夜

哺乳动物几乎灭绝，差点儿步了恐龙的后尘。它们所有的成就——全部演化特征，包括毛发和乳汁，颌骨变成耳骨，以及各种牙齿——差点儿永远消失了。它们将要实现的一切——长毛猛犸象、潜艇般大小的鲸、文艺复兴，以及你正在阅读的这本书——也差一点儿就要无从谈起。这是一次死里逃生，一切都取决于小行星撞击地球后几天、几十年甚至几千年里发生了什么——与漫长的地质年代相比，这点时间实在微不足道。

我们对哺乳动物历史上这个最不稳定的时期发生的事情有了充分了解。在

蒙大拿州东北部的畜牧业之乡，密苏里河及其支流把一片平原雕琢成弥漫着山艾灌丛气味的荒地，那里坐落着一座化石档案馆。化石被保存在泥岩和砂岩中，构成丘陵地形，铁丝网纵横交错，到处是牛粪。这些砂岩由流经古老落基山脉的河流形成，这些河流向东流入一条海道，将北美大陆一分为二，这一切发生在大约 300 万年的时间里，横跨了白垩纪末期和古新世早期。岩石和化石层层叠叠，向我们展现了无与伦比的历史记录，证明了一个单一的生态系统如何在小行星撞击后发生变化。

比尔·克莱门斯（Bill Clemens，不幸于 2020 年底去世）在这片土地上工作了近半个世纪，与看门的牧场主交了朋友。年复一年，他和他的学生团队在白垩纪和古新世的岩石中收集化石，建立起一个由数万件牙齿、下颌和其他骨骼组成的藏品库，藏品数量仍在不断增加。但如果当初命运稍有偏差，比尔可能也就没这个机会了。在他成为灭绝物种方面的专家时，他也与暴力擦肩而过。

安妮·韦尔（Anne Weil）告诉我："比尔（对那次暴力事件）似乎并没有太在意。"我和安妮一起在新墨西哥州度过了许多晚春的日子，她是我们现场小组的常驻多瘤齿兽专家。安妮曾是哈佛大学的一名冰球运动员，也是一名出色的作家，经常为《自然》杂志撰写哺乳动物新发现的摘要。如今，她是俄克拉何马州立大学的一名教授。她是比尔多年来指导过的几十名学生之一，是古生物学家的领军人物，也是当今该领域最杰出的女性之一。比起化石，学生终将成为比尔留给世人更伟大的遗赠。

格雷格·威尔逊·曼蒂利亚是比尔的另一名学生。格雷格在密歇根长大，上大学时打算成为一名医生。也就是说，如果他的足球梦想没有成功的话，他会选择做一名医生，而从事足球工作并不是一个荒谬的梦想，因为他曾是斯坦福大学球队队长。他的哥哥杰夫是一位因研究最大的蜥脚类恐龙而出名的古生物学家，曾带着他去挖掘化石。这是一次令人陶醉的经历，格雷格于是决定成为一名古生物学家，不过他研究的是那些从哥哥的巨型恐龙手中夺取生存桂冠

————

的小型哺乳动物。格雷格现在是华盛顿大学的教授，在过去几年里接手了比尔在蒙大拿州的考察工作（见图 5-3），而比尔过上了他当之无愧的退休生活。

图 5-3　格雷格·威尔逊·曼蒂利亚（左）和比尔·克莱门斯（右）
注：他们在蒙大拿州采集哺乳动物化石。戴安娜·克莱门斯-诺特（Diane Clemens-Knott）摄，格雷格·威尔逊·曼蒂利亚供图。

比尔、格雷格、安妮和他们的同事收集的化石，描绘了一幅生动的白垩纪蒙大拿州图景。毫无疑问，那是一个由恐龙统治的世界。在地狱溪岩石中发现了最著名的恐龙：霸王龙和有三只角的三角龙，口鼻部似鸭嘴的食植埃德蒙顿龙，身披装甲、形似坦克的甲龙类，以及伶盗龙的近亲。尽管霸王龙是地狱溪森林和冲积平原上无可争议的重量级冠军，轻量级的世界却由一种哺乳动物统治：有袋类分支上的后兽类动物，鼠齿龙（*Didelphodon*）。相对而言，它可能比霸王龙还凶猛。作为霸王龙的老粉丝，我也不得不承认这一点。

对白垩纪的哺乳动物来说，鼠齿龙相当大，体重达 5 千克——和它的远亲现代负鼠差不多大。它的臼齿好似切东西的刀片，前臼齿呈圆球状，犬齿则像粗大的钉子。2016 年，格雷格描述了一件新发现的保存十分良好的鼠齿龙头骨化石。他根据现代哺乳动物的计算方程，对头骨和牙齿进行了测量，以估计它的咬合力。研究结果令人震惊：鼠齿龙的犬齿比狗和狼的犬齿更强壮，如果按照体形大小进行衡量，它的咬合力比格雷格研究过的所有现代哺乳动物都要强，也比狼、狮子和袋獾更强。在地狱溪生态系统中，鼠齿龙可能扮演着鬣狗的角色：一种凶猛的捕食者和食腐动物，杀戮猎物，吞食尸体，会将猎物的骨头咬碎，使其动弹不得，并汲取其身上的所有营养。其他哺乳动物、硬壳乌龟，甚至是小恐龙，都在它的菜单上。

鼠齿龙是目前地狱溪岩石中已知的 31 种哺乳动物之一。这些哺乳动物在食物链底部附近占据着许多生态位，既有像鼠齿龙这样的特化的肉食动物，也有各种以被子植物为食的食植动物和杂食动物，还有体形极小、跟鼩鼱差不多大的食虫动物。它们中绝大多数是后兽类，如鼠齿龙（12 种）和多瘤齿兽类（11 种）。

真兽类，即有胎盘类分支上的哺乳动物，不太常见，只有 8 种被鉴定出来，它们的体形范围和饮食种类都远不及其他哺乳动物。真兽类是边缘群体，生活在森林的矮树丛中；后兽类是顶级掠食者；多瘤齿兽类则是主要的食植动物。

如果你沿着地狱溪堆叠的岩石向上走，穿过记录着白垩纪最后 200 万年的岩层，就会发现情况还算稳定。随着新物种的出现和消失，哺乳动物的多样性也有一些起伏，这可能是由于印度火山造成的气候微小变化和邻近海域海岸线的变化。总的来说，白垩纪晚期的哺乳动物生活得很好，尤其是后兽类和多瘤齿兽类动物。它们规模仍然很小，但种类繁多，分布在许多小型生态位中，没有任何身陷麻烦的迹象。

然后一切都变了。岩石中出现了一条富含铱元素的细线，这种元素在地球表面很少见，但在外太空很常见：这就是小行星留下的化学指纹。所有恐龙突然消失了。地狱溪组被联合堡组取代。白垩纪进入古新世。

第一批古新世岩石呈现出可怕的景象。有一个化石点的年代可以追溯到大约 2.5 万年前的小行星撞击后，该化石点被称作"Z 线采石场"。它散发着死亡的气息。不仅所有恐龙消失了，大多数哺乳动物也灭绝了。那里只留下 7 种化石物种，它们都长着很小的牙齿，需要用显微镜才能看清楚。其中，特别常见的是叫作间异兽（*Mesodma*）的多瘤齿兽类，以及叫作袋齿兽（*Thylacodon*）的后兽类和叫作原地狱兽（*Procerberus*）的真兽类。它们是灾后泛滥种。在早些时候，也就在二叠纪末期的大灭绝之后，我们曾见过它们的同类。它们是陶醉于混乱的动物，就像在黑暗和污秽中繁衍的蟑螂。这三种哺乳动物或它们的直系祖先都是幸存者，设法经受住了热脉冲、野火、滚烫的雨水、核冬天和全球变暖。它们高举着哺乳动物的火炬，度过了白垩纪末期灭绝的漫漫长夜。但毫无疑问，它们在古新世早期的繁盛并不是复苏的迹象。这表明，生态系统不健康，也不平衡。

拿到"同花大顺"的哺乳动物，成为最大赢家

蒙大拿州的其他几个化石点向我们揭示了接下来 10 万～ 20 万年间发生的事情。只有在更大的时间跨度观察，我们才能理解小行星带来的真正毁灭性影响。如果把这个时期所有的哺乳动物化石放在一起，你会发现一共有 23 个物种。其中 9 种是多瘤齿兽类，这意味着它们经历了小规模的灭绝。只有 1 种是后兽类。这些在白垩纪极为丰富多样的有袋类分支哺乳动物，却几乎灭绝了，只有 1 个物种在当地存活了下来。取而代之的是真兽类：这些原本处于边缘的有胎盘类分支哺乳动物，从白垩纪的 8 种物种增加到古新世早期的 13 种。

其中一种古新世真兽类可能是我们的祖先。它可能是蒙大拿州的一个物种，也可能生活在其他地方。简单地说，如果这位勇敢的祖先没有坚持到底，

我们今天也不会站在这里。

　　蒙大拿州的真兽类从何而来？大多似乎都是从很远的地方迁徙过来的，因为白垩纪的岩石下没有发现他们的祖先。也许它们来自亚洲，当时亚洲和北美洲通过大陆桥相连。亚洲比蒙大拿州距离小行星撞击点更远，因此在撞击发生后的头几天和几周内受到的破坏较小，也许那里的物种为大量灭绝的北美哺乳动物做了补充。似乎很多物种在撞击后的几千年里都在迁徙。有些动物就像《愤怒的葡萄》（*The Grapes of Wrath*）里的汤姆·乔德（Tom Joad）和他的家人一样，离开被摧毁的家园，去寻找更好的生活。另一些动物则更像淘金者，或在美国西部经历了恐怖的美国原住民大清洗事件后的土地投机者：它们嗅到了机会，冲进来填补空白。出于这样或那样的原因，我们的真兽类祖先很可能就是这些迁徙者中的一员。

　　总而言之，如果你把蒙大拿州的白垩纪和古新世哺乳动物物种数量进行比较，得到的结果会很凄凉。生活在白垩纪晚期的物种消失了 3/4，它们要么自己没能熬过恶劣的环境，要么没能留下任何后代。如果你将北美西部所有的白垩纪和古新世化石点考虑在内，统计数据会变得更糟：只有 7% 的哺乳动物存活了下来。这个数字的实际意义比看起来更具毁灭性，因为它将迁徙考虑在内：如果一个物种在蒙大拿州死亡，但在科罗拉多州生存，它将被列入幸存者类别。你可以把它想象成一款小行星轮盘赌游戏：一把枪的弹匣容量为 10 发，弹匣中装了 9 发子弹，参考者轮流开枪。即使是这样的存活概率——10%，也胜过我们的祖先在小行星撞击后的那个美丽新世界所面临的情况。

　　这就引出了一个问题：哺乳动物生存下来的原因是什么？看看受害者和幸存者就知道答案了。一方面，古新世的幸存者比白垩纪的大多数哺乳动物都要小，它们的牙齿表明它们是泛化的杂食性动物。另一方面，罹难者是体形较大的物种，有更为特化的肉食性或植食性。比如，鼠齿龙非常适应白垩纪最晚期的世界，但当小行星把一切搞得混乱无序时，这些适应特性反而成了阻碍。反之，体形较小的泛化种能利用自己灵活的味蕾吃下任何能找到的食物，虽然可能只有种子、腐烂的植物和肉。似乎生活在白垩纪更广阔区域的物种，以及在生态系统中更为丰富的物种，也有更好的生存机会。

这就好像打牌。我以前用过这个类比，来解释为什么哺乳动物的祖先能够在之前的大灭绝中幸存下来，现在将它用在这里也特别贴切。这颗小行星突如其来，将白垩纪世界颠覆，地球就成了一个赌场。生存归根结底是一场概率游戏。恐龙手里的牌很烂，是一手输家的牌——它们大多体形庞大，不能轻易躲进洞穴或藏在水下，而且大多都具有高度特化的食性。许多哺乳动物的牌也不好，尤其是鼠齿龙这样体形更大、饮食习惯更挑剔的物种。但有些哺乳动物（谢天谢地，这些哺乳动物中就有我们的真兽类祖先，虽然只占了一小部分）的牌则更有优势：它们体形小，容易躲藏，很多东西都能食用，生活区域也广，数量尤为众多。这场赌局中，一只动物单打独斗难保胜利，但一群动物在一起就稳操胜券了。

然而，最终的胜利不仅仅需要在演化的牌局中胜出，也需要好好利用战利品。毕竟，鳄鱼、乌龟和青蛙也活了下来，但从来没能达到哺乳动物达到的高度。这是因为那些少数有"同花大顺"的哺乳动物没有挥霍好运。它们身上的某种特质——多样性，演化能力，还有漫游天地的欲望，让它们迅速超越了其他幸存族群。在最多几万年的时间里，部分哺乳动物就成了灾后泛滥种。

其他物种四处迁徙，迁徙者填补了大灭绝留下的"职位"空缺。当地的幸存者和迁徙者之间、和环境之间相互作用，不断演化，分化成新的物种。最重要的是，它们变得更大了。在小行星撞击后的约37.5万～85万年间，温度稳定下来，生态系统逐渐恢复，哺乳动物在蒙大拿州繁衍生息。白垩纪的物种比以往任何时候都多，而且出现了全新的类群，其中有长着蹄子的粗壮生物，以及一群四肢修长、能爬树的动物。蒙大拿州的这些新哺乳动物的化石保存良好，新墨西哥州的化石就更棒了。

—·—

恐龙帝国谢幕，迎来哺乳动物时代的黎明

1874 年 7 月 25 日，一支探险队从科罗拉多州普韦布洛的铁路终点站向南进发。他们骑着马，后面跟着一队骡子，骡子上装着充足的食物，让他们至少可以在人烟稀少的山区、高海拔的沙漠平原和荒原地带坚持几个星期，他们要穿越的地方仍是纳瓦霍人和其他美洲原住民的领地。这六个人中有两名科学家，一名助手，一位绘图师，一个满嘴脏话的马夫和一个厨子。他们的任务是绘制圣胡安河附近地区的地形图，那里是如今的科罗拉多州与新墨西哥州的交界处。这将对制图师乔治·惠勒（George Wheeler）的勘测计划做出小小贡献。该计划受美国国会委托，旨在绘制子午线以西广阔土地的地图。工作人员在绘制地图的同时，还要对美洲原住民部落进行普查，评估铁路和军事设施选址，并寻找矿产资源。

名义上，领导这个小队的是一个叫 H. C. 亚罗（H. C. Yarrow）的动物学家，但真正做决定的人是来自费城、性格强硬的古生物学家爱德华·德林克·科佩（见图 5-4）。科佩时年 35 岁左右，双眼炯炯有神，留着山羊胡。他是美国著名的化石专家之一，也是科罗拉多州、怀俄明州和堪萨斯州土地调查的老手。一年前，他听说新墨西哥州出土了一些有趣的新哺乳动物化石，于是决定亲自探索一番。他听说乔治·惠勒正在组织一次测绘之旅，便请求加入。惠勒有些犹豫，因为他知道科佩向来独来独往，从不屈从于权威，肯定会将命令抛之脑后，随心所欲地追踪化石线索。科佩继续卑躬屈膝，向父亲借了一笔钱，为团队提供资金。最后，惠勒妥协了，

图 5-4 爱德华·德林克·科佩

注：该照片摄于 1876 年，此时距离他在新墨西哥州发现普埃科泥灰岩已过去两年。美国自然历史博物馆图书馆供图。

———•———

条件是科佩只能担任团队的地质学家，不能再做其他工作。科佩答应了，但两
个人都心知肚明，这将是一个永远不会兑现的诺言。

离开普韦布洛还不到三个星期，科佩就撂挑子了。他发现了哺乳动物的牙
齿，在完成收集之前拒绝和团队一起向北前进。亚罗让步了，这使得科佩更加
得寸进尺。一个月后，他无意中听到西部一个叫阿罗约布兰科的不毛之地，一
个远离科考队路线的地方，有一个绝妙的化石场。这一次，科佩干脆脱离了
队伍。他带着三名队员、一头骡子和一个星期的口粮，前往那里。化石的传
说变为现实——那里出土了大量的鳄鱼、海龟、鲨鱼化石，以及至少8种哺乳
动物化石。科佩认为它们是今天的马等哺乳动物类群的早期成员，并推断它们
来自始新世——我们现在知道始新世是在恐龙灭绝后约1 000万年开始的，从
5 600万年前一直持续到3 400万年前。"这是我最重要的地质学发现。"几天后，
科佩在给他父亲的信中写道。鉴于此时他已经撕下了作为团队地质学家的所有
伪装面具，这可谓极具讽刺性的措辞（见图5-5）。

图5-5 科佩于1874年撰写的实地考察笔记

注：描绘了新墨西哥州富含化石的岩石。美国自然历史博物馆图书馆供图。

收拾好自己的东西后，得意扬扬的科佩回来找惠勒，表面上是为了道歉。然而，这位领导者有更严重的担忧。他传达了一个令人震惊的消息：科佩离开团队后，制图师意外身亡，亚罗被召回了华盛顿。气急败坏的惠勒告诉科佩，他现在只能靠自己了。令人难以置信的是，科佩并没有受到官方的责难，但他再也没有受邀参加过惠勒的其他探险。

时值9月中旬。突然间无人约束科佩，在天气变坏之前，他至少还有一个月的时间去探索。他往南走，在10月底经过了一个叫作纳西缅托的帐篷城市，在那里，成千上万的工人正在开采三叠纪的石化原木——并非因为它们是化石，而是因为它们被注入了铜。科佩穿过里奥普埃科河干涸的河道，注意到一些石化的木头从灰色和黑色的黏土中伸出来。这些木材与正在开采的原木不同，科佩可以分辨出这些黏土位于三叠纪岩层和含有他"最重要"化石的始新世岩石之间。他记下了这一点，借用那条河流的名字将这种黏土命名为"普埃科泥灰岩"。他认为黏土里面可能也有哺乳动物的化石，但在雪灾来临之前，他一件化石也没找到，只能转而回到普韦布洛火车站。

第二年，惠勒继续进行勘测。由于科佩不再受欢迎，他们雇用了一个名叫戴维·鲍德温（David Baldwin）的当地拓荒者。鲍德温是一个神出鬼没的人：没有任何出生或死亡的记录，似乎一生中大部分时间都独来独往。他同意加入这个团队可是件了不得的事，因为他通常只在驴子的陪伴下冒险进入腹地，尤其是在深冬，那时他可以将雪融化成水喝。传说他穿得像个墨西哥牛仔，肩膀上扛着一把鹤嘴锄，靠几袋玉米粉维持生命。

鲍德温完成惠勒的勘测任务后，于1876年因一个新的委托返回了新墨西哥州的圣胡安地区。这次他要亲自为一位年轻、苛刻、蔑视权威的东海岸古生物学家收集化石。不过，那人不是科佩，而是科佩的竞争对手——耶鲁大学的奥斯尼尔·查尔斯·马什（Othniel Charles Marsh）。

——

　　科佩和马什在"骨头大战"中的恩怨可谓科学界的耻辱，好莱坞曾一度计划将其拍成一部电影，邀请史蒂夫·卡瑞尔（Steve Carell）和詹姆斯·甘多菲尼（James Gandolfini）饰演影片中这两位互相较劲的科学家（由于甘多菲尼突然去世，这部电影就被搁置了）。你读的所有关于恐龙的书，一定都会讲到这对曾经互为好友的寻骨者的悲伤故事。他们任由贪婪、自大和名利将他们变成一对死对头，互相破坏对方的工作，摧毁对方的化石，并在媒体上互相诋毁。如今，他们的争斗很大程度上被视为关于恐龙的争斗，可能是因为恐龙词典中一些最著名的名字——雷龙、梁龙、剑龙，都是在 19 世纪七八十年代这段混乱时期被发现的。当时，科佩和马什正斗得你死我活。

　　但他们的争执其实大多关于哺乳动物的化石。他们两个都在努力寻找最古老、最原始的马、灵长类动物和其他现代类群的化石。在这样的前提下，马什对鲍德温在 1876 年至 1880 年间送给他的化石的反应着实令人费解。他无视了它们，还拒绝付钱。鲍德温的回应也是明摆着的：他转而支持科佩去了。这是马什犯下的最大的错误，因为自鲍德温改旗易帜后不久，他就在科佩的普埃科泥灰岩中发现了哺乳动物。**这些骨骼和牙齿夹在已知最后的恐龙和 1874 年科佩发现的更具现代性的始新世哺乳动物之间，是首次有记录的过渡动物群。它为恐龙时代扫尾，开创了哺乳动物时代。**

　　在接下来的 10 年中，鲍德温和他的驴子大部分时间都漫步在新墨西哥州的沙漠中，寻找普埃科泥灰岩，并收集了数千块化石。鲍德温也在纳瓦霍人称为金贝托的干涸河床中发现了哺乳动物，这个地方我们在本章开头提到过，也是我们 2014 年野外考察小组的作业地点。鲍德温把他所有的发现都寄给了远在费城的科佩。科佩不仅给鲍德温钱，还对他表示尊重。虽然马什对此漠不关心，但科佩还是热情地对这些哺乳动物进行描述和命名，速度堪比鲍德温找到化石的速度。从 1881 年到 1888 年，科佩发表了大约 41 篇关于鲍德温哺乳动物的论文，将它们描述为近 100 个新物种。他的研究往往匆忙且草率，但这只是个开始。

在接下来的 125 年里，新墨西哥州的这个地区，也就是现在被称为圣胡安盆地的地方，不断有着新的发现。采矿小镇纳西缅托很久以前就被废弃了，被离纳瓦霍印第安人居留地不远的巨巴城所取代，很多印第安人被迫在那里安家。普埃科泥灰岩现在被视为纳西缅托组的一部分，该组被广泛认为是古新世（白垩纪灭绝后的 1 000 万年）以来世界上最重要的哺乳动物记录。如今，该地区的野外调查工作由汤姆·威廉姆森领导，他于 20 世纪 90 年代搬到新墨西哥州居住，当时他还是一名研究生，被科佩和鲍德温的传奇故事所吸引。汤姆还研究在哺乳动物化石下发现的白垩纪恐龙，正是他对霸王龙的研究，使我在大学时结识了他。当时我还是一名本科生，后来我们成了朋友。经过多年苦口婆心的劝说，他终于说服我也去研究哺乳动物化石。我完全是因为他才戴上哺乳动物古生物学家这顶帽子——我永远感激他。

通过汤姆的研究，我们现在知道新墨西哥州的古新世哺乳动物是如何进入哺乳动物灭绝、生存和多样化的历史进程中的。金贝托的化石可以追溯到大约 6 560 万年前，这意味着它们最多生活在小行星撞击后 38 万年内，以及蒙大拿州"灾后泛滥"动物群之后的 20 万年内。从地质学上讲，这段时间并不长。但就物种总数、丰富行为、食物来源、栖息地和移动方式，以及最显著的体形而言，金贝托哺乳动物已经超过了所有之前出现过的哺乳动物。

"在白垩纪的地层中发现哺乳动物十分罕见，我们必须爬来爬去才能找到它们，还要收集泥土，通过丝网过滤来归拢牙齿。"汤姆在团队视频聊天中解释道，当时我们正通过网络为因新型冠状病毒感染疫情而被迫取消的原定于 2020 年 5 月的野外考察工作而惋惜。"蒙大拿州古新世最早期的所有化石也必须通过精心筛选来寻找。但在新墨西哥州的普埃科泥灰岩中，事情发生了巨大变化！我们突然发现到处都是哺乳动物巨大的颌骨！"

我们已经见过其中两种来自金贝托的哺乳动物了。卡丽莎·雷蒙德找到的"远古海狸兽"金贝托剪切兽就是其中之一，它是一种可以用牙碾碎植物的多瘤齿兽类,比任何白垩纪多瘤齿兽类都要强健。"多瘤齿兽类"这个名字正是由科佩在1884年创造的,部分是基于鲍德温在普埃科泥灰岩中发现的另一种和海狸差不多大小的纹齿兽（*Taeniolabis*）。鲍德温把金贝托的岩石拣得干干净净,就像过去一个世纪里许多其他的野外工作人员一样,这使得卡丽莎关于金贝托剪切兽的发现更令人钦佩了。

同样令人敬佩的发现还有外锥兽,代表性化石是汤姆发现的那具骨架,但它最初也是由科佩于1884年根据鲍德温的另一件战利品命名的（见图5-6）。

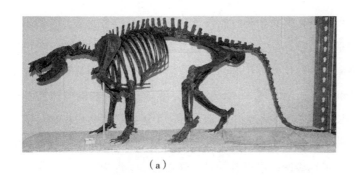

（a）

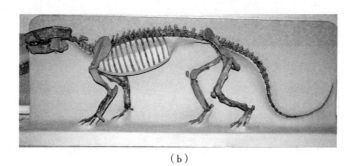

（b）

图5-6　"古"有胎盘类哺乳动物

注:外锥兽（a）和全棱兽（b）。汤姆·威廉姆森供图。

外锥兽是金贝托生态系统中最大的动物,其腰围和猪相似。它是一只踝节类动物：该术语也是由科佩发明的，指的是难以分类的古新世和始新世哺乳动物，它们通常有原始骨架，身材粗壮。我和萨拉·谢利、汤姆一起发掘了这具骨架，萨拉的博士论文就是研究外锥兽和其他踝节类动物。她以她特有的幽默感，描述外锥兽"非常胖、似猪像羊的动物，有一条长长的尾巴；与它胖胖的体形相比，它的头实在很小"。它的前臼齿和臼齿有低而圆的尖凸，就像那些可以用来按摩你背部的凹凸不平、能滚动的球，但在它身上，尖凸可以破坏坚硬的植物。外锥兽在地面上十分自在，在灌木间漫步，不疾不徐。不过，你可以感觉到它正以更快的速度演化，因为它的手指甲和脚指甲开始越来越像微型蹄。

外锥兽是来自金贝托的数十种有胎盘类分支上的真兽类之一。它们不是多瘤齿兽类，也不是少数仅存的超小型后兽类，却牢牢地控制着一切。我可以花上几章的篇幅来一一介绍这些真兽类，因为它们种类繁多，而且形成了复杂的食物网。在古新世，它们生活在沼泽丛林中，那里有茂密的棕榈树和其他树叶巨大、叶尖细长的树木，雨水会不断地从叶子上滴落。森林里植被茂密。从最高的棕榈树到蕨类植物，再到布满潮湿土壤的开花灌木，所有植物都长势良好，因为这里终年炎热潮湿。最重要的是，降水的季节性很强，在一年中的某些时候，季风会使森林更加湿润。水平面当时仍在上升。河流从落基山脉流下，穿过丛林，经常淹没河岸，汇聚成池塘。哺乳动物偶尔被困于其中，骨骼和牙齿便成了化石。

另一种生活在丛林世界的真兽类是始锥齿兽（*Eoconodon*，见图 5-7），名字与外锥兽相似。它也被归类为科佩确定的粗壮的踝节类，尽管两者的相似之处只有名称。始锥齿兽是来自古新世新墨西哥州的一种可怕的动物，体形如狼，但更像一头野牛，占据了食物链顶端。它下颌成节的方式使嘴可以张得特别大，所以圆柱状的尖犬齿可以咬住猎物。当动弹不得的受害者流血而死时，始锥齿兽就会用前臼齿切开猎物的皮肤和肌肉，将锋利的尖凸朝后，然后用巨大可怕的臼齿（类似于熊的臼齿）击碎猎物的骨头。外锥兽会是它的一顿美味大餐，但外锥兽因速度非常快，很多时候都会逃脱。

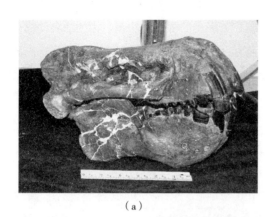

（a）

（b）

图 5-7 斯泰利诺齿兽（*Stylinodon*）和始锥齿兽

注：斯泰利诺齿兽的头骨（a）和始锥齿兽的下颌（b）。史蒂夫·布鲁萨特和汤姆·威廉姆森分别供图。

另一种名为沃特曼兽（*Wortmania*）的真兽类则是它们更容易得手的目标。沃特曼兽和獾大小差不多。如果古新世有选美比赛的话，它一个奖项也得不到，或者用萨拉不那么圆滑的话来说，"它可能真的很丑"。沃特曼兽是肌肉发达的挖掘者，用巨大的带爪前臂挖开泥土，用巨大的嘴和扩大的犬齿刨出块茎。沃特曼兽体格健壮，步履缓慢，待在洞穴中十分安全，在一对一的战斗中可能是一个可怕的对手，但如果始锥齿兽能在开阔的森林空地上追赶它，那么

——·——

游戏很快就会结束。沃特曼兽是生活在古新世新墨西哥州的几种所谓的纽齿类（taeniodonts）之一。它们是最早长出高冠牙齿的哺乳动物之一，这种牙齿对食用坚硬植物大有帮助，比如覆盖着泥土的根部和块茎。因为哺乳动物一生都无法更换牙齿，所以食用硬食物存在风险，牙齿断裂可能意味着死亡。演化出超高冠牙齿后，牙齿会在常年咀嚼下逐渐磨损，这可谓一种聪明的终极策略。

恐龙灭绝后，哺乳动物的进化是体形优先还是大脑优先

大约在金贝托化石形成 100 万年后，一种新的真兽类进入了新墨西哥州的化石记录。它的名字叫全棱兽［见图 5-6（b）］，它是典型钝脚类（pantodont），是一个活跃在古新世和始新世的神秘群体。你猜得不错，它也是在 19 世纪 70 年代由科佩命名的，但它最早公认的化石是从伦敦附近的泥土中挖出的几颗牙齿。19 世纪 40 年代，我们的故事中另一个反复出现的角色——维多利亚时代的"反派"科学家理查德·欧文，对这些牙齿进行了描述。全棱兽是当时的一种野兽，体形大约是外锥兽的两倍，与维丘奶牛（今天最小的牛品种）差不多。大约 6 400 万年前，当它笨拙地穿越新墨西哥州时，它是曾经生活在那里的最大的哺乳动物。它是一种温和的巨兽，懒洋洋地啃咬并吞下树叶，很可能与长颈鹿十分类似，只不过它的颈部粗壮，没那么长。它有着圆桶状的胸部、宽大的臀部，以及巨大的前肢和后肢（让人想起那些在体育迷中很受欢迎的巨大手形泡沫牌），从远处看它显得很滑稽。如果你近距离观察它，会发现它看起来更蠢。它的头很小，口鼻部很厚，眼睛朝前，长在鼻子上，巨大的锥形犬齿可能用来吸引配偶，也可能用来恐吓对手。全棱兽的骨骼被发现时是混合在一起的，说明它们成群生活，而且可能是高度社会化的动物。

胎盘是生殖生物学的一个奇迹，是一个只在怀孕期间存在、连接着胎儿和母亲的临时器官。胎盘并非哺乳动物所独有，它们在各种各样以活产取代产

卵的物种（甚至包括一些鱼类）中已经演化了大约 20 次。原因很简单。从本质上讲，卵本身就是一个护理包，卵黄包含了胚胎生长发育所需的所有营养。一旦母亲产了卵，它可以为它们提供保护，但不能真正打破卵壳来提供额外营养。然而，活产需要胚胎（之后变成胎儿）在母亲体内生长，直到出世。在这段时间里，它需要获得食物和氧气，也需要排泄废物。胎盘就发挥了这些作用。它是终极的多任务处理器官，同时充当起胎儿的食品储藏室、肺和排泄系统。然后，在分娩后，它就被简单地丢弃了。我们毫不客气地称之为"胞衣"。

哺乳动物进化密码

胎盘

与胎生鱼类和爬行动物的胎盘相比，哺乳动物的胎盘十分特别。它的地位很高，以至于今天哺乳动物中种类最丰富多样的主要分支都以它们的名字命名。我们是一种"有胎盘类哺乳动物"，其他衍生的真兽类，如啮齿类、蝙蝠、鲸、马、熊、狗、猫和大象，也是如此。每一只现存的哺乳动物，只要不是单孔类或有袋类，都被归为有胎盘类。不过，这有点儿用词不当，因为有袋类动物实际上也有胎盘，只不过胎盘存在的时间很短，这是它们奇怪的生育方式的一部分。这些有袋类中，受精卵被短暂包裹在一个壳里，然后被植入母亲的子宫并孵化，由胎盘提供营养。袋鼠胎儿出生时是一只光裸无毛的小袋鼠，将在母亲的育儿袋中继续安然发育。有袋类的胎盘很小，只有一层可提供营养的膜，而我们这样的有胎盘类哺乳动物有巨大而复杂的胎盘，胎盘上有独立的膜来输送养分、处理废物。复杂的胎盘可以让孕期维持很长一段时间，让有胎盘类哺乳动物生下月份够大且充分发育的幼崽。

任何目睹过分娩的人都知道，胎盘是蛋糕状的软组织团块，上面覆盖着血管，与脐带相连。这样的组织通常不会变成化石，但我们可以通过骨架得知胎盘的存在。单孔类和有袋类有一块三角形的骨骼，叫作上耻骨，它从骨盆向前伸入腹腔。这些骨骼曾经被称为"袋骨"，因为人们之前认为它们是用来支撑育儿袋的。现在，我们知道它们还具有其他功能，比如固定移动肢体的肌肉，并为许多（无论是孵化还是分娩出生的）后代提供悬浮时的托举力。在许多化石物种中都发现了上耻骨，其中包括哺乳动物的犬齿兽类祖先、多瘤齿兽类，甚至包括在戈壁滩发现的白垩纪真兽类。这表明，最早的真兽类，即有胎盘类哺乳动物的直系祖先，要么像单孔类动物那样通过产卵繁殖，要么像有袋类动物那样活产许多很小的后代。

但我们没有上耻骨，现代其他所有有胎盘类哺乳动物也没有。我们腹部的太多空间被胎盘和体形更大、发育时间更久的后代占据了，所以无处容纳这些骨骼。另外，我们不需要上耻骨来托举婴儿，因为他们始终依偎在母亲的乳头上。外锥兽、始锥齿兽、沃特曼兽和全棱兽，以及来自新墨西哥州和其他地方的所有古新世真兽类身上，都没有发现上耻骨，这有力地证明它们演化出了巨大而复杂的胎盘，从而成了像我们这样真正的有胎盘类哺乳动物。这可能是它们在大灭绝后取得成功的秘诀之一。

然而，这些古新世有胎盘类哺乳动物并不是特别聪明。我的同事奥尔内拉·贝特朗（Ornella Bertrand，见图 5-8）是法国古生物学家，擅长拍摄颅腔的 X 射线图像、建立三维大脑模型。我的团队在她的带领下进行了 CT 研究，发现钝脚类和大多数古新世哺乳动物的大脑都非常小。不过，与蜥蜴、青蛙和鳄鱼的大脑相比，它们的大脑确实很大——这些古新世物种毕竟是哺乳动物。正如我们之前看到的，首批哺乳动物一开始给自己的孩子喂奶，就发展出了更大的大脑，有了新的结构和皮层，用于感觉处理。但是，与体形相似的现代哺乳动物相比，古新世物种的大脑却非常小，新皮质也要小得多。乍一看，这似乎说不太通。在白垩纪末期大灭绝中幸存下来的哺乳动物，难道不是利用敏锐的智慧和感官来获得成功吗？事实似乎并非如此。相反，这些古新世哺乳动物的体形膨胀得太过迅速，以至于大脑跟不上身体的变化速度。直到 1 000 多万年后的始新世，现代有胎盘类哺乳动物标志性的巨大大脑才出现，其庞大的新皮质这才膨胀到了大脑的大部分表面。

（a）

（b） （c）

图5-8 奥尔内拉·贝特朗和她建立的数字模型

注：奥尔内拉·贝特朗正在对哺乳动物头骨化石的 CT 结果进行研究（a）。数字模型显示了"古"有胎盘类熊犬兽小小的大脑（b）和现代地松鼠大得多的大脑（c）。多伦多大学斯卡伯勒分校供图，熊犬兽标本归比利时皇家自然科学研究院所有。

　　古新世哺乳动物繁荣发展的原因在于发达的肌肉，而非大脑。哺乳动物被禁锢在小体形的生态位中，无法长得比狼獾更大，但经历了 1 亿多年的限制之后，它们突然获得了自由。这背后的原因并不神秘：恐龙已经灭绝了。没有什么能阻挡哺乳动物的脚步，在对于地球历史来说不过是小小插曲的几十万年间，有胎盘类哺乳动物开始扮演起三角龙、鸭嘴龙和伶盗龙曾经扮演的角色。恐龙在金贝托化石的时代已经成为遥远的回忆，在全棱兽的时代更是如此，好似它们从来没有存在过一样。哺乳动物形成了一个完整的食物链——长着尖牙的食肉动物和身形巨大的咀嚼树叶的动物，像猪一样用牙碾食植物的动物和肌肉发达的挖洞动物，还有许多其他物种。它们或在地面上奔跑，或在树上漫步，或在树枝间攀爬。**古新世成了哺乳动物的世界。**

但这并不完全准确。有一类恐龙幸存了下来，那就是鸟类。它们拥有自己的制胜牌：个头小，繁殖快，能飞离危险，长着非常适合食用种子的喙。种子是营养丰富的食物来源，在森林崩溃后很长一段时间内还会留在土壤中。在新墨西哥州，古新世鸟类薄如纸张的精致骨骼与哺乳动物一起被发现。这些从大灭绝中幸存下来的先驱者享受着自己的成功，最终演化出今天的 1 万多个鸟类物种，数量大约是哺乳动物物种数量的两倍！数字可能具有欺骗性。鸟类在我们的世界中具有无可否认的多样性，但它们并不像哺乳动物那样占据主导地位。即使是有史以来最大的鸟类——来自马达加斯加、体重在 500 ～ 730 千克之间的已灭绝的隆鸟，与真正的哺乳动物大象相比，也相形见绌。当体重 6 吨的大象在非洲大草原上隆隆而过时，地面也会随之微微震颤。而大多数鸟类都很小，轻易就能落在你的掌心，或者在你的窗台筑巢。它们是长期小型化演化趋势达到顶峰的产物，这种趋势始于大灭绝之前，在大灭绝之后开始加速。

演化的方向因此发生了逆转。鸟类的体形越来越小，哺乳动物的体形越来越大。哺乳动物不仅取代了恐龙，而且在某种意义上，它们成了恐龙。哺乳动物的时代自此拉开帷幕。

The Rise and Reign
of the Mammals

欧洲马（*Eurohippus*）

06
哺乳动物现代化

—·—

从矿场到世界遗产

在德国中部，距离法兰克福东南方不远的麦塞尔，地面上有一个大洞。该洞占地约 40.5 万平方米，深约 60 米，在树木繁茂的平地上形成了一道沟壑。18 世纪，当地人在这里发现了富含油母岩质的黑色页岩，它可以转化成石油。在将近两个世纪的时间里，帝国衰落、两次世界大战开始又落幕，人们一直在开采油页岩，直到 20 世纪 70 年代初变得无利可图。矿场关闭了，矿坑却留了下来。

这个洞很碍眼。政府希望它消失，提议把它改成垃圾填埋场，用来处理法兰克福的垃圾。当地居民则表示反对。经过 20 年的法律争论，当局做出了让步。

这个矿坑却被联合国教科文组织列为世界遗产。联合国仅对全世界约 1 100 个地方授予了这一称号，它们被认定具有杰出的文化、历史或科学影响，这个矿坑能够入选，与该地区的采矿历史或人类历史无关。这一切都与黑色页岩中发现的其他东西有关，那就是化石。化石讲述了一个更为深远的历史故事，发生在大约 4 800 万年前的始新世中期，即第一个有胎盘类哺乳动物群落在古新世的新墨西哥州繁荣发展之后。

我们可以想象一下，那时的居民和它们的生活方式是什么样的。我将为你讲述一个故事，它虽然是虚构的，却以真实的麦塞尔化石为基础。

在始新世，德国的这部分地区与今日印度尼西亚群岛类似。故事发生在其中一个岛屿上。在一个春天的晚上，一匹母马突然产生了一种渴望。它在去年夏天即将结束时怀孕，到现在已经怀孕 200 多天了。它的腹部隆起，手腕和脚踝也肿了，走路时很疼——对习惯于在森林矮树丛中奔跑的动物来说，这种感觉很奇怪。虽然这是它的第一个孩子，但它本能地预感到，孩子马上就要出生了。

那个时刻，这匹母马沉浸在饥饿之中。那是一种特殊的饥饿感：它渴望吃下附近湖岸浅滩上探出头来的白紫相间的甜美睡莲。它整个下午都未曾进食，熬过了亚热带一天中最热也最潮湿的时段，但这并非出于自愿。只是除了躺着，它已没有足够精力做任何事情。当太阳落山，傍晚森林里的气温下降时，它突然涌出一股斗志。现在正是进食的好时机。但它的计划有一个缺陷：湖离这里有 1 000 米远，只有穿过丛林中最茂密的树林才能到达，而此时掠食者也将开始它们的日落狩猎。

母马环顾四周，让眼睛适应逐渐逼近的黄昏。它可以看到马群里还有大约 20 个成员，分散在森林中的小块草地上。它们看起来都一样，是毛茸茸的动物，每只都有狼犬那么大，大部分都覆盖着粗糙的棕色皮毛，拱起的后背上有长长的黑色毛发条纹。它们骄傲地用四肢站立，用蹄子维系平衡。它们中有许多用短粗且鬃毛浓密的尾巴拍打着蚊子，还有一些鼻子紧贴着地面，用门齿啃咬着树叶和浆果，咀嚼时舌头从嘴唇上扫过。它们都竖起耳朵，留心倾听着灌木丛中捕食者逼近时发出的沙沙声，也倾听着同胞的声音。它们是群居物种，通过雄性和雌性牧群领袖发出的尖锐哀鸣来严格执行纪律。

这匹母马虽然不是马群中的精英，此时却十分想要大叫。也许其他马会和它一起去寻找睡莲？它发出一声响亮的嘶鸣，十分刺耳，划破了草地的寂静。有几匹马恼怒地抬起头来看看，之后又低下头继续吃晚餐。其他马则对它不理不睬。如果它想满足自己孕期的欲望，就必须自己行动。于是它起身，用小蹄子站稳了身子，慢慢地走进丛林，把马群抛在了身后。不一会儿，它就消失在了树叶间。

森林里到处是野草、灌木和其他树木。那里有蕨类植物和松树，但大部分绿色植物都是被子植物，而且因为正值春天，花儿也都开了。粉红色的木兰花在暮色中闪闪发光。月桂和玫瑰的香味在空气中飘荡，因午后的大雨而愈发浓郁。那里有肉豆蔻和棕榈树，槲寄生、山茱萸和石楠花，茶树、甜瓜、山毛榉和桦树，还有柑橘树，它们酸涩的果实刚从花朵中冒头。葡萄藤盘绕着树干，给森林厚厚的中层塞满了又大又平的叶子。从冠层上流下的雨水顺着藤蔓滴落，豆荚、核桃和腰果悬挂在上面。几个月后，它们会覆盖森林的地面，为兽群和许多其他以丛林为家的动物提供大量食物。

母马穿过一片月桂树丛，听到头顶的树枝间发出噼里啪啦的响声。它与另一只毛茸茸的动物对上了视线。这只动物大约有 1 米长，尾巴比身体更长，此时正用钩状爪攀爬着树干，站在一根树枝上，把浓密的尾巴朝后方伸出以保持平衡，还伸出头，用巨大的门齿啃咬着树叶。与此同时，在一棵甜果树的高处，另一只动物动作更加娴熟地穿梭于树冠间。它比那只啃树叶的动物要小一点，信心十足地抓住树枝。它的手和脚都很大，末端是扁平的指甲，而不是爪子。它用一只手上可以对握的拇指和细长的手指缠住一根树枝，用另一只手抓住一个果子。虽然果子还没熟，但显然可以吃。

　　母马被树梢间的动静惊呆了。它过了一会儿才注意到，还有一只更奇怪的动物驻足在一只蚂蚁窝前。它身体结实，肌肉发达，一边咕哝着一边向前摆动手臂，铲子般的爪子破开了蚂蚁窝。当蚁群惊慌失措地散开，逃到森林地面的腐烂树叶上时，这只毁巢者用蛇信子般的长舌头舔了舔嘴唇，然后开始用狭窄无牙的口鼻部吸食蚂蚁。母马以前从未见过这样的动物。这只食蚁兽的背上有一些毛发以奇怪的角度朝外伸着，但它身体的大部分都覆盖着鳞片。每一片鳞片看起来都像一个吉他拨片，它们交叠在一起，给这个生物披上了一层结实而又灵活的盔甲。

　　这匹母马被昆虫的骚动弄得心烦意乱。有那么几分钟，它忘记了自己对睡莲的渴望。它放松了警惕，正好让一只夜行食肉动物盯上了它。这只猫鼬大小的肉食动物藏身在一些蕨类植物下，用赤红色的眼睛观察着，并用胡须感知着微风中的气味。它已经吞下了几只蜥蜴和青蛙，但仍然很饿，刀状的颊齿已经为今晚的下一道菜做好了准备。猎手权衡着面前的几个选择：覆盖着鳞片的动物可能很美味，但啃咬盔甲会花费太多精力，最好的办法是对那匹丰满的母马下手，因为它似乎对周围的环境毫无警觉。

　　当捕食者从它的藏身之处冲出来，亮出利齿时，它突然意识到自己还有另一个选择。母马的左边有另一只动物，它的指甲很像蹄子。母马有三只脚趾，它却有四只。它似乎也对周围毫不留心，用牙签似的长手臂和腿站立着，大口吞咽着长满菌类的腐烂水果。这家伙似乎比母马更蠢，更没有防御能力，于是猎手做出了选择，向吃水果的动物猛扑过去。母马听到了骚动，迅速恢复了理智。真是死里逃生，它最好快点儿赶路。

　　凭借着机智和身为母亲的本能，母马继续前进。这一次它没有分心，睡莲在召唤着它。几分钟后，它穿过一片欧石南丛，黑暗陡然被一片闪烁的月光照亮。森林到了尽头，它正站在岸边凝视着一片湖景。

———————

同心圆状的波浪在深蓝色的水面上荡漾，冲刷着繁盛的藻类。水面看起来很脏。在深处游动的鱼儿吐出气泡，海龟也伸出头来透气。头顶的天空中，飞行动物的剪影在火红的橙色夕阳最后的余晖中飞舞。有些显然是夜鹰家族的鸟类，它们捕食着飞蛾和蜻蜓，啁啾和嘎嘎声预示着即将到来的黑暗。其他飞行动物则不同，它们有宽大的翅膀，手指间伸展着宽大的皮翼，浑身是毛，在夜莺间俯冲时会发出超声波叫声，用尖凸锋利的臼齿刺穿昆虫的角质层。

然后，母马看到了那朵睡莲。几近满月，月光在湖面和陆地的交接处舞动着，照亮了睡莲多彩的花瓣。它的胃咕咕叫起来，感到胎儿在踢它。它在森林里得到了教训，所以这次慢慢地向岸边移动，小心地探查周围是否有掠食者。几条鳄鱼在湖中游动，它们离岸边很远，不会构成什么威胁。另一只毛茸茸的生物在蠢蠢欲动，但这没什么可怕的，因为那是个大约 30 厘米长的小东西，浓密的尖毛覆盖在背部和身体两侧。它也在寻找日落时分的湖边大餐，但它吃鱼，不吃花。

母马将蹄子踏进岸边的泥里，涉入温暖的水中，之后走进一片睡莲花丛。它发出一声俏皮的欢呼，随后进入正题。它贪婪地吃着，先啃咬了那些最漂亮的花朵，但随即放弃，转而啃咬所有它咬得动的，无论是花、叶子还是茎。这真是一种幸福，给了这位准妈妈诞下新生命所需的能量。毫无疑问，它就快生了，所以它吃饱了肚子，转向陆地，准备回到安全的兽群中。

但是有些事情不太对劲。它刚从水中走出一步，便开始摇晃。它迷失了方向，跌倒在地，试图再站起来，但没有成功。刹那间，一切都陷入了黑暗。母马，连同它子宫里的孩子，滑入了麦塞尔湖满是藻类的水中。

始新世的麦塞尔湖不是一个普通的湖，它形成于一次火山爆发。当时，从地下深处涌出的岩浆与地下水接触，引发蒸汽爆炸，形成了一个火山口。从周围雨林流出的河流使火山口充满了水。随着时间的推移，水变得很深，逐渐分层。每隔一段时间，在毫无征兆的情况下，湖水就会咕嘟咕嘟地响起来，一团看不见的气体会从厌氧的深渊中升起。这些气体有时是火山喷发产生的，有时是细菌或藻类产生的副产品。不管怎样，这些气体是有毒的，所到之处的所有生物——在湖面附近游泳的动物，在岸边闲逛的动物，攀爬在水面附近树枝上的动物，在头顶上飞翔的动物，或者在浅滩上吃睡莲的动物——都会窒息。

被这样的无形杀手杀死后，动物们就会滑入死水深处，表面看上去毫发无伤。没有氧气催化腐烂，尸体就这样躺在湖床上，慢慢被泥土掩埋，变成最精致的化石：不仅是骨架，而是看起来像真正的动物，有毛发，胃里还有最后吃下的食物，在某些情况下，肚子里还有未出生的胎儿（见图 6-1）。整个生态系统通过被页岩包裹起来这种方式和动物一起沉入湖底的海藻中，蒸馏出了油母岩质，将页岩渗透。**麦塞尔化石成千上万，从花朵到昆虫，从鱼到海龟，从蜥蜴到鳄鱼，从鸟类到哺乳动物，应有尽有。**

图 6-1 麦塞尔母欧洲马

注：圈内是马腹中保存完好的胎儿。弗兰岑等[1]供图。

---

[1] 引自 Franzen et al., 2015, *PLoS ONE*。

——

虽然我没有在故事中说出那些哺乳动物的名字，但你也许能够认出我写的是哪些动物。母马是一种叫作欧洲马的野生物种，几乎只有纯种马的脚踝那么高。在几具麦塞尔湖欧洲马的骨架中，有一具腹中的子宫内盘缩着晚期胎儿，胎儿周围有胎盘的痕迹，好似超声波照片捕捉的图像。尾巴浓密、啃食树叶的动物是一种名为猫祖兽（*Ailuravus*）的啮齿动物，看起来像一只松鼠。与它同住在树上，有着对生拇指的是灵长类动物达尔文猴（*Darwinius*），我们的早期表亲。食蚁兽是始穿山甲（*Eomanis*），是最早为人所知的穿山甲之一，如今濒临灭绝，只因它们的鳞片是中药常用的成分。故事里的食肉目动物被称为小鼩兽［*Lesmesodon*，见图 6-2（b）］，尽管其亲缘关系存在争议，但它可能是一种原始的食肉目动物，是狗和猫群体的一员。腿似高跷的食果动物梅氏锥齿兽［*Messelobunodon*，见图 6-2（c）］是一种与牛、羊和鹿有亲缘关系的偶蹄类，脚趾数量为偶数。长着刺毛的食鱼动物是刺猬家族的大猴猬［*Macrocranion*，见图 6-2（a）］。在湖面上进行回声定位的有翼食虫动物是蝙蝠——在麦塞尔发现了几种蝙蝠，它们是油页岩中最常见的化石。

与新墨西哥州的古新世动物群和其他所有古新世时期的哺乳动物生态系统相比，这个哺乳动物群落的物种更多，生态环境、食性、体形和行为也更丰富。就像古新世比白垩纪更多样化一样，始新世也比古新世更多样化。除此之外，关于麦塞尔哺乳动物的两个事实立刻明晰起来。

第一，我讲的故事中所有哺乳动物都是有胎盘类。在麦塞尔丛林中生活着后兽类，即有袋类家族的成员，但它们是边缘角色，几乎不值得一提。从古湖中打捞出的数千具动物骨架中，只有寥寥五具是后兽类。它们是杂食动物，像负鼠一样，利用能缠物的尾巴和强壮的脚悬挂在树枝上，但它们显然被啮齿动物和灵长类动物从树栖生态位中挤了出去。这反映了一个更宏大的演化故事：后兽类在白垩纪末期大灭绝中遭到重创后，设法在欧洲、亚洲和北美洲存活了几千万年，之后在北方彻底消失。它们的后代散布至南美和澳大利亚存活下来，而且会在那里再次繁盛起来，这个故事我们稍后再讲。那多瘤齿兽类呢？

这个在白垩纪很常见，经历了大灭绝，又在古新世壮大的主要类群，去了哪里？在麦塞尔，连它们的影子都没见着：没有骨架，没有下颌，甚至没有它们标志性的乐高积木般的臼齿。当麦塞尔湖埋葬这些宝藏时，多瘤齿兽类已经日薄西山，而到了约 3 400 万年前的始新世末期，它们已经消失不见。

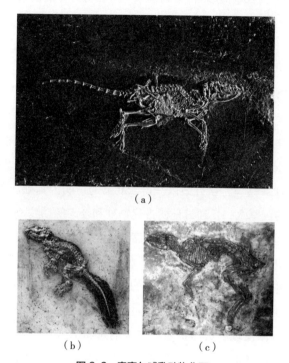

（a）

（b）　　　　　　　（c）

图 6-2　麦塞尔哺乳动物化石

注：大猴猬（a），小鼯兽（b），梅氏锥齿兽（c）。H. 泽尔、诺伯特·米克利希（Norbert Micklich）和盖多荷朵（Ghedoghedo）分别供图。

第二，我们可以识别出这些有胎盘类动物。我们可以把它们划进今天存在的主要亚群。我们的女主角欧洲马是一匹马，尾巴似刷子的猫祖兽是啮齿类，在树枝间摇晃的达尔文猴是灵长类动物，诸如此类。在恐龙灭绝后 1 000 万年的古新世，哺乳动物就不是这样了。如果你回想一下上一章，古新世的新墨西哥州有很多有胎盘类，但它们看起来很奇怪，很难归类。在小行星撞击地球数

———·———

十万年后揭开了哺乳动物时代的序幕的那三个关键类群——踝节类、纽齿类、钝脚类，究竟是什么？它们与今天的有胎盘类没有明显的共同特征，比如啮齿类用来啃咬的门齿或灵长类动物的对生拇指。相反，它们看起来是泛化且原始的，以至于它们经常被认为是"古"有胎盘类。自从它们的化石在 19 世纪末首次被发现以来，科佩和众多古生物学家一直在努力弄清楚它们在哺乳动物谱系树上的位置。

DNA，见证哺乳动物分化的通用"时钟"

一个多世纪以来，科学家们一直在为哺乳动物绘制谱系树。乔治·盖洛德·辛普森（George Gaylord Simpson）于 1945 年提出的具有里程碑意义的分类方案巩固了这一共识，该方案以一份 350 页的声明为基础。辛普森是 20 世纪古生物学界的巨擘之一，通过证明古代物种和今天的动物一样受自然选择支配，将化石带到了演化生物学的"贵宾席"上。辛普森曾干过上门销售员，后来上了大学，开始迷恋化石。22 岁时，他靠自吹自擂的功夫加入了他有生以来的第一支野外考察队伍，成了该团队的司机，尽管他对驾驶一窍不通。几年后，他成了美国自然历史博物馆的研究员，并在新墨西哥州进行常规的野外调查，重点研究科佩发现的古新世岩层之上的始新世岩石。辛普森的职业生涯在第二次世界大战期间中断，当时他在北非和意大利担任情报官员。他不仅被授予了两颗铜星勋章，还声称自己违抗了乔治·巴顿将军（General George Patton）要求剃掉胡须的命令，直接向后来成为美国总统的美国驻欧洲最高指挥官德怀特·艾森豪威尔（Dwight Eisenhower）申诉。

辛普森是一名权威人士，他制定的谱系树几十年来一直被视为绝对权威。1992 年，他在美国博物馆的继任者之一迈克·诺瓦切克（Mike Novacek）对它进行了更新，我们之前在戈壁沙漠收集白垩纪哺乳动物时与他见过面。总的来说，诺瓦切克的谱系树与辛普森的相似。卵生的单孔类动物，比如鸭嘴兽，

———◆———

是最原始的哺乳动物，其次是有育儿袋的有袋类及有胎盘类。在有胎盘类中，大象和有蹄类哺乳动物（如奇蹄马和偶蹄牛）放在一起；蝙蝠紧靠着由一群大脑袋树栖动物组成的灵长类旁；食蚁的穿山甲则位于食蚁兽和树懒旁；还有一群主要的食虫动物叫食虫类，其中包括来自世界各地的许多生长迅速的小型害兽。大多数关系都很直观，因为诺瓦切克的谱系树和辛普森的一样，都基于解剖学建立。具有相同特征的哺乳动物被归为一类，比如有蹄子，或者有可以用来刺穿昆虫的带尖凸的臼齿等。从逻辑上看，这似乎是合理的：演化通过自然选择塑造了哺乳动物的身体，所以如果一群物种都有蹄子，这就是它们拥有共同祖先的标志。

这种研究谱系树的方法存在一个严重的问题：趋同演化。如果两种生物面临相似的环境压力，可能会各自演化出相同的特征。以蹄子为例。我们没有理由认为今天所有有蹄类物种的共同祖先中，蹄子是一次演化而成的。相反，它们的发展可能历经了许多不同的时期，那期间，许多彼此之间有着远亲关系的不同的物种都必须在开阔的土地上跑得更快，这样它们才能生存。具有尖凸的臼齿也是如此：也许许多不同的哺乳动物群体都喜欢昆虫，所以演化一遍又一遍地发生，产生了力学上适合咬破昆虫角质层的牙齿。形态往往服务于功能，所以这些牙齿自然看起来彼此相似，即使它们是许多独立演化的产物。人们很容易因为这些相似的臼齿而误认为它们的主人是近亲，而实际上，它们只是拥有相似的饮食习惯和生态环境罢了。辛普森和诺瓦切克知道这个陷阱的存在，但他们没有将趋同演化和共同祖先区分开的工具。

20 世纪 90 年代后期，DNA 扭转了乾坤。那是人类基因组计划的时代，它是科学史上最伟大的成就之一，绘制了我们的基因密码，照亮了全人类的共同基础。也是在那个时候，DNA 指纹技术成为执法部门的一种常见技术，将许多杀人犯送入了监狱。这一切的背后是基因测序技术的改进——本质上是把人体组织放入机器中，通过化学反应读出基因组成串，这些组成串由字母 A、C、G 和 T 组成。同样的技术也可以应用于动物组织。不久之后，生物学家就获得了构建谱系树的完美新证据。

你可以把每一个 A、C、G 和 T 都看作一种特征，比如蹄子或尖臼齿的分子版本。如果你对一群动物的基因组进行排序，将它们排成一行并进行比较，就可以将 DNA 最像的物种分组，以此建立谱系树。在实践中，这意味着将拥有共同 DNA 突变（即它们拥有而其他物种不拥有）的物种联合在一起，构建谱系树。每一个突变都是一个独立的演化事件，就像发育出蹄子或牙齿一样。和解剖特征一样，DNA 也会受到趋同演化的影响，但影响并没有那么严重。需要比较的 DNA 碱基对可能有数十亿对，所以一些趋同突变更容易被过滤掉。此外，DNA 还可以揭示解剖学上的趋同：如果两只动物独立演化出了蹄，很可能是通过不同的基因途径实现的，就像两名历史学家用各自的语言来描述同一个人（比如查尔斯·达尔文）的外貌一样。

最后，古生物学家找到了一种方法，来判断两种哺乳动物共有的解剖特征究竟是源于共同的祖先（以此来构建谱系树），还是由趋同的误导效应导致的。更棒的是，古生物学家可以与分子生物学家合作，用 DNA 来构建谱系树，完全避免解剖学上产生的混乱。

分子生物学家马克·斯普林格（Mark Springer）和合作者在 20 世纪 90 年代末及 21 世纪初发表了第一份基于 DNA 的哺乳动物谱系图，古生物学家们纷纷为之震惊。辛普森提出的许多有胎盘类动物之间的关系不复存在，人们发现它们是解剖学特征趋同造成的错觉。基因显示穿山甲、食蚁兽和树懒没有密切的关系，而是与狗和猫归为一类。蝙蝠不是灵长类动物的近亲，它与狗、猫、穿山甲和具有奇数脚趾的奇蹄类（如马）及偶数脚趾的偶蹄类（如牛）组成了一个更大的类别。后两类动物都有蹄子，但还有其他有蹄类哺乳动物分布在谱系树上，比如可爱的蹄兔，它与大象同属一组。因此，蹄确实经历了多次演化。但这与食虫动物的疯狂变化相比根本不值一提。辛普森和诺瓦切克曾认为食虫动物组成了一个单一群体，但它们其实遍布在 DNA 树上。金鼹鼠和马岛猬与蹄兔、大象有密切的关系，真可谓一种最不寻常的组合，此前从未有人从解剖学的角度推测出来过。食虫性以及使其成为可能的独特臼齿，被许多不同的哺乳动物分支反复创造了无数次。

斯普林格的谱系树现在已经取代了辛普森的谱系树，成了权威标准。在此基础上，有胎盘类动物被分为四大类。靠近树干底部，有两个分支从其他分支分化了出来。一类是金鼹鼠、马岛猬、蹄兔、大象、土豚和海牛的组合。这个类群被命名为非洲兽总目（Afrotheria），因为大多数成员如今生活在非洲，有化石记录表明它们已经在那里生活了很长一段时间。第二个早期分化出的类群是异关节目（Xenarthra），主要包括食蚁兽、树懒和犰狳等南美物种。组成谱系树冠群的是两类不同的北方物种，广泛分布在欧洲、北美洲和亚洲，也有成员分布在赤道以南。一个类群叫作劳亚兽总目（Laurasiatheria），是由狗、猫、穿山甲、奇蹄类或偶蹄类哺乳动物、鲸和蝙蝠组成的小团体。第二个类群是灵长总目（Euarchontoglires），我们也是其中的一员，此外还有我们的灵长类表亲、兔子和啮齿类动物。

因此，这棵树的整体结构更多地反映了地理环境，而非解剖学或生态学的关系。有胎盘类主要亚群的历史在很大程度上是在某些大陆或陆地上发生的，尽管这些亚群不在一起生活，但在某个饮食习惯或生活方式上会发生趋同。这表明，当大陆之间离得较近的时候，这些亚群彼此分离，之后随着大陆分离得更远，非洲兽类和异关节目在很大程度上分别独自在非洲及南美洲生存。而北方的部落能够更自由地在高海拔大陆桥上活动，这些大陆桥自白垩纪以来就断断续续地连接着北美洲、欧洲和亚洲。在这种普遍模式下，还存在一些导致扩散的事件，将一些非洲兽类（如海牛和猛犸象）和异关节目（如犰狳）带到了北方，而将灵长类动物和啮齿类动物等北方物种带到南方。我们将在本书的后半部分对这些地理模式和扩散事件进行讨论。

如果斯普林格谱系的地理结构还不够令人惊讶的话，那么古生物学家肯定

———

因 DNA 证据的另一个含义感到震惊。正如本书前文所讨论的那样，在介绍宾夕法尼亚纪的煤沼泽中，哺乳动物从爬行动物谱系中分化出来的故事时，DNA 可以作为通用"时钟"使用。你可以将两个物种的 DNA 排列起来，计算差异的数量，如果知道 DNA 突变累积的普遍速度（可以通过实验和其他技术估算），你就可以反向计算出这两个物种最后拥有共同祖先的时间。这跟小学数学题差不多：如果杰克和吉尔相距约 800 千米，我们知道他们以每周约 160 千米的速度移动，那么他们一定在 5 周前就分道扬镳了。当斯普林格的团队将这一原理应用于 DNA 树时，又受到了另一个冲击：许多现代有胎盘类分支——不仅包括非洲兽类和劳亚兽类这样的基本类群，也包括灵长类和啮齿类这样的单个分支——一定起源于白垩纪或古新世初。很多情况都显示，这是在它们的化石首次出现之前很久的事情，这说明其间有很长时间的历史未曾被记录下来。

这就提出了一种有趣的可能性：也许那些古新世的"古"有胎盘类，如踝节类、纽齿类和钝脚类，就是现代类群那段朦胧的早期历史中失踪的化石。我们只是不能轻易地将它们与现代类群联系起来，因为它们还没有发展出今天能够定义这些类群的标志性解剖学特征。这个想法并不新颖，最早是科佩提出的。古生物学家们已经按照这种思路进行了推测，而且有合理的证据表明，一些踝节类是奇蹄类和偶蹄类的早期成员，一些生活在白垩纪末期小行星撞击后不久、在树间摇荡的哺乳动物是原始灵长类。面对化石，我们最大的障碍是通常只了解到解剖学特征，而经验告诉我们，解剖学可能会造成误导。如果我们有这些奇异的古新世物种的 DNA 样本就好了，那就能像那些午后谈话节目用亲子鉴定来确定嘉宾的亲生父亲一样，迅速而准确地解决这些问题——20 世纪 90 年代的 DNA 革命使之成为可能。

还需要进行更多研究，特别是需要将化石的解剖学证据与当今物种的解剖学和 DNA 结合起来，建立一个总体的谱系树。这可是我的实验室眼下正在进行的大项目。经过数次尝试，我终于获得了欧洲研究理事会的一笔拨款，用来建立这个谱系树，并试着将"古"古新世物种也纳入树中。我们有一个顶尖的研究团队，团队成员包括我在新墨西哥州的"战友"萨拉·谢利和汤姆·威廉姆森，哺乳动物大脑专家奥尔内拉·贝特朗，哺乳动物解剖学专家约翰·威布尔（John Wible，也是我最喜欢的哺乳动物导师之一），以及几名优秀的博士研究生（见图6-3）。所以，如果说有什么人能将这个问题搞清楚，那应该非我们莫属了。当我撰写这本书的时候，我也不知道我们会发现什么。

图6-3　我研究哺乳动物谱系的团队

注：团队由我的同事和学生组成。前排（自左向右）：简·亚内卡（Jan Janecka）、我、约翰·威布尔（和他最喜欢的穿山甲）。后排（自左向右）：汉斯·皮舍尔（Hans Püschel）、萨拉·谢利、索菲娅·霍平（Sofia Holpin）、佩奇·德波洛（Paige dePolo）、佐伊·奇米歌布尔（Zoi Kynigopoulou）、汤姆·威廉姆森。史蒂夫·布鲁萨特供图。

　　不过，目前我们知道的是，当麦塞尔湖在始新世掩埋尸体的时候，今天主要的有胎盘类哺乳动物类群都出现了，其中的许多都在繁盛发展。**随着古新世过渡到始新世，古代动物群开始变得现代化。环境的巨变再一次成为变化的导火索。**

———·——

古新世—始新世极热事件，生命大洗牌

古新世是一个温室世界。新墨西哥州的"古"有胎盘类动物生活在热带雨林中，这种郁郁葱葱的生态群系，与今天同一地区干燥的不毛之地截然不同。当时，大部分中纬度地区都覆盖着亚热带森林，由小行星撞击后演化出的新开花树木组成。鳄鱼在高纬度地区晒着太阳，那里没有冰，被温带林地所覆盖。所有积雪都只出现在最高的山峰，比如落基山脉上。这一切都是因为大气中充斥着二氧化碳，这让地球保持着高温。

然后，随着 5 600 万年前古新世向始新世过渡，地球变得更加炎热。更多二氧化碳进入空气中，全球气温上升了 5 ～ 8 摄氏度。北极地区的平均陆地温度飙升至 25 摄氏度，鳄鱼和海龟在北极圈以北地区的棕榈树荫下闲逛。赤道地区突破了 40 摄氏度，大片低纬度水域成了禁区，那里太过炎热，无法养活任何生命。这是让恐龙灭绝的小行星灾难后，地球上最热的时候，这个纪录一直保持到现在。这一切发生得非常快：碳排放最多花了 2 万年，但全球变暖效应的激增则在 20 万年内达到顶峰，随后减弱。然而，这足以破坏世界各地的环境，并改变哺乳动物的演化过程。

这一短暂的气候变化周期被称为古新世—始新世极热事件（简称 PETM），是地质记录中典型的全球变暖事件。许多科学家都在研究它，希望更好地了解当代气候变化，并预测全球变化。毫无疑问，它是我们现代困境最为合适的古代参照物，但两者产生的原因不同。现代气候变暖是由人类引起的，燃烧石油和天然气释放的二氧化碳加剧了气候变暖。古新世—始新世极热事件则和许多史前热潮一样，都是由火山引发的。

此时，岩浆正在北大西洋下的地幔和地壳中蜿蜒流淌，遇到冰冷的海水后结块成玄武岩。这个仍在变大的玄武岩团就是冰岛。它是欧洲和北美洲在古新世晚期开始分裂的地方。在此之前，格陵兰岛一直与欧洲相连。然后岩浆柱开

始上升，将两块大陆分开，打开了北大西洋走廊——这是盘古大陆解体的最后动作之一，大约自 1.4 亿年前开始，那时最早的哺乳动物还在四处奔跑。

　　岩浆在地壳中渗透，到达地表时散开，变成成千上万被称为基岩的水平片状物。这些基岩实际上会烘烤与它们接触的有机物。就像引擎燃烧汽油一样，这个过程释放了温室气体：二氧化碳以及更强的甲烷。数万亿吨碳泄漏到大气中，使二氧化碳水平比已经炙烤灼热的古新世还要高出 2～8 倍。温度飙升，在岩石中留下了明显的化学指纹：较重的氧同位素（^{18}O）的比例要显著低于较轻的氧同位素（^{16}O）的比例。经过实验研究，这两种同位素的比例就像一个古温度测定计，精确地指出：在古新世与始新世的交界时期，气温上升了 5～8 摄氏度。

　　如此剧烈的全球变暖对生态系统和哺乳动物都产生了重大影响。通过对世界上跨越古新世和始新世交界时期的哺乳动物化石的主要记录进行研究，我们得到了最好的证据。这些化石来自怀俄明北部的比格霍恩盆地，该盆地位于游客前往黄石公园途中会穿越的雄伟的比格霍恩山以西。菲利普·金格里奇（Philip Gingerich）和他的学生、同事——包括肯·罗斯（Ken Rose）、乔恩·布洛赫（Jon Bloch）、埃米·丘（Amy Chew）和罗斯·西科德——以记录这些化石为职业，他们挖掘出了数千件古新世—始新世极热事件的哺乳动物骨架、颌骨和牙齿。

　　如今的比格霍恩盆地一片荒芜，但在古新世—始新世时期，它是一片潮湿茂盛的森林，与古新世的新墨西哥州没什么不同。在气温上升之前，森林里的树木多种多样，既有常绿针叶树，也有核桃、榆树和月桂树等开花树木。随着冰岛火山喷发释放了碳，地球变暖，始新世最早期的怀俄明州变得更加干燥。针叶树枯萎了，取而代之的是更耐温的树木，尤其是豆科植物，它们从热带地区向北迁移了 600～1 500 千米。然后，岩浆羽流速度减慢，变为今天仍不停息的细流：它是冰岛的间歇泉，也是阻碍飞机通行的火山灰喷发的源头。碳喷涌成了涓涓细流。温度稳定下来，天又开始下起了大雨，针叶树又回来了。

温度的波动、植被的变化、干旱和降雨的回归，这20万年的巨变造就了一个全新的哺乳动物群落。古新世的怀俄明州与新墨西哥州相似，以"古"有胎盘类为主。当岩石碳成分的变化标志着火山作用的开始时，它们也繁荣起来了。然后，在接下来的1万年到2.7万年里，岩石中的氧成分记录了气温的急剧上升，大量新的哺乳动物也突然出现在比格霍恩盆地。**其中最主要的是三个现代类群的第一批成员，也就是我们所说的古新世—始新世极热事件三类群：灵长类、偶蹄类和奇蹄类。**

同样的三类群也出现在同时期的欧洲和亚洲。古新世—始新世极热事件似乎引发了大规模迁徙。三类群的化石像蝗虫般迅速涌现，我们甚至很难确切地研究出它们到底如何迁徙。它们是来自亚洲，然后传到欧洲和北美洲的吗？还是反其道而行之，或者干脆另辟蹊径？它们是否在更早的时候就演化了？也许是从像新墨西哥州的踝节类这样的"古"有胎盘类演化而来，但被限制在一个孤立的山谷或山脉中，之后在气候变暖的帮助下挣脱束缚，向北扩散，穿越了极地走廊？或者它们是在古新世—始新世极热事件时期，在温度和环境变化的催化下疯狂演化而来？我们都还不确定。我们只知道，一切发生得很快，火山活动消退时，三个最典型的现代哺乳动物家族已经广泛地分布在北部大陆上了。

古新世—始新世极热事件三类群的到来也引发了变革。在比格霍恩盆地，这些迁徙动物占领了森林。几乎在同一时间，生态系统中大约一半的生态位都被这些新来者占据。它们还带来了自己的习俗：平均来看，它们比当地动物大，食性也更明了，它们被划分为吃树叶、吃水果和吃肉类几种。相比之下，当地动物的口味更偏向杂食和食虫。

这些迁徙者还拥有新的适应特性。怀俄明州的第一个灵长类动物——德氏猴（*Teilhardina*）有着大大的眼睛，可以用手指和脚趾上的指甲抓住树枝，纤细的脚踝使它可以在树冠中优雅地移动。最早出现的偶蹄类是古偶蹄兽（*Diacodexis*），它看起来像一头鹿，尽管只有兔子那么大。它的身体为速度而生：四肢又长又细，长着蹄子。它的主踝骨（距骨）两端都有一个很深的凹槽，确保足部可以向前后伸展、弯曲，而不会横向旋转。这种"双滑轮"特征是今天牛和骆驼等偶蹄类的标志，让它们的脚踝在快速跑动时也不会脱臼。怀俄明州的奇蹄类——小型马始祖马，以另一种方式来实现快速奔跑。它的蹄子也长在长长的四肢上，肩膀和骨盆关节更为灵活，为它在茂密的灌木丛中奔跑提供了更大的机动性——就像它的近亲，在升温之后生活在始新世晚期的麦塞尔马（欧洲马）一样。总的来说，所有这些迁徙动物都比相对迟钝的古新世"古"有胎盘类拥有更大的大脑。

在众多迁徙动物和部分本地动物经历全球变暖的过程中，一些特殊的事情发生了。它们变矮小了。之后随着气候变冷，它们又变大了。金格里奇首先注意到这种模式，之后他的一名研究生罗斯·西科德弄清楚了此事产生的原因。西科德现任内布拉斯加大学教授，也是我们新墨西哥州野外工作组的一员，他把在比格霍恩盆地工作营地里培养的纪律性带到了我们这群散漫惯了的人中。他的帐篷总是整齐地搭在一起，晚餐也总是按时按点地在一尘不染的厨房帐篷里做成，通常有各种各样的热狗，要么放在传统的面包卷上，要么切成块放在墨西哥卷里，要么配在意大利面上（我必须承认，这总会让我对意大利裔美国人产生一些微妙的不适感）。我非常尊敬西科德，他是位不可多得的古生物学家，既精通哺乳动物解剖的细微差别，又熟知解读岩石中碳和氧同位素的知识。这使他能够将古代哺乳动物置于环境中研究，了解它们如何随着温度和气候的变化而变化。

在 2012 年公开的一项里程碑式的研究中，西科德对比格霍恩盆地的哺乳动物化石进行了调查。他发现，大约 40% 的当地动物在古新世 – 始新世极热事件时期变小了，它们中的大部分体形随后又反弹，变大了。更引人注目的是

哺乳动物档案

始祖马

拉丁学名: *Hyracotherium*

科学分类: 奇蹄目,马科

体形特征: 身高约 30 厘米,四肢细长

生存时期: 始新世 ~ 渐新世

生活环境: 森林和灌木丛,可能也适应了开阔的草原环境

化石分布: 北美洲、欧洲、亚洲

讲解: 目前已知的最古老的马科动物,仅有一只小羊一般大小,身体灵活,可以在草丛和灌木中穿行;现生马的每只脚上只有一个脚趾进化成了漂亮的马蹄,而始祖马前足四趾,后足三趾,马蹄也远没有现生马那么发达;始祖马的臼齿均为低齿冠,不如现生马的牙齿发达,因此它喜欢吃比草更加柔软的树叶

迁徙动物的命运,尤其是小马——始祖马。当火山开始释放碳时,第一批马进入了比格霍恩盆地,它们很小,平均体重约 5.6 千克。之后随着温度的升高,这些马变得更小了,缩小了约 30%,平均体重只有可怜的 3.9 千克,这使它们成为有史以来最瘦小的马之一。在大约 13 万年的时间里,它们一直保持这种状态,后来随着气候的改善,它们的体重迅速增加了约 75%,平均达到 7 千克。岩石中的氧同位素古生物温度计显示,体形变化趋势几乎与温度变化趋势完全吻合。**随着地球变热,这些马逐渐变小,而地球变冷后,它们又大了回来。**

　　我们今天看到了类似的情况,尽管是发生在空间尺度而非时间尺度上:生活在温暖地区的动物通常比生活在寒冷地区的同时代动物更小,这一生态规律被称为伯格曼法则。原因尚不完全清楚,但部分原因可能是瘦小的动物的表面积比丰满的动物大,因此瘦小的动物可以更好地散发多余的热量。西科德研究成果的精妙之处在于,我们可以预测到,随着今天气温的上升,许多哺乳动物可能会变得更小。也许,也包括人类在内。毕竟,我们也是哺乳动物,和迷你马以及我们的灵长类亲戚一样,也承受着许多生态和演化上的压力。后文会介绍,人类以前也曾形似侏儒。

　　三类群进入怀俄明州,体形随着温度的变化而变化,森林也变得比以前更

加多样化。它们的状态一直得以维持，因为迁徙动物成功迁入，并没有使本地动物消亡。"古"有胎盘类，如踝节类、钝脚类和纽齿类，与新物种共存了1 000多万年。矛盾的是，古新世—始新世极热事件时期的全球变暖同我们之前了解到的二叠纪和三叠纪末期的火山气候变化不同，并没有导致大规模灭绝。但随着时间的推移，古新世—始新世极热事件时期的动物迁徙带来的后果缓慢地显现出来。"古"有胎盘类存活了一段时间，但灭亡是迟早的事。世界的未来属于猴子、牛和马。

在始新世剩余的时间里，真正繁盛起来的是马和它们的奇蹄类近亲。与它们今天更为多样化的偶蹄类表亲相比，奇蹄类显得微不足道。奇蹄类的马、犀牛和貘的种类不到20种，与之形成鲜明对比的是近300个物种的偶蹄类，比如牛、骆驼、鹿、猪和鲸（鲸是从陆生偶蹄类动物演化而来的，我们将在下一章介绍）。这些群体是根据蹄来分类的，它们的消化系统也不同。奇蹄类是后肠发酵动物，在肠道中分解植物中的纤维素，而这些物质此前先要通过胃。我们和大多数哺乳动物也是如此。而许多偶蹄类的大部分消化工作都是在胃里完成的，它们的胃是由四个腔体组成的复合式器官。这就是为什么奶牛会"反刍"，或咀嚼它们反刍的食物：它们吞下食物，在前两个胃腔中对食物进行处理，然后反刍出来，再进一步咀嚼，之后食物从胃通过。这样，它们可以从每一口食物中最大限度地汲取营养，这是食用硬食物或低质量植物（如草）时的一个诀窍。然而，始新世仍然是森林时代，草原直到很久以后才扩散开来。在这个充满果实和树叶的世界里，"奇蹄类"即将繁盛发展。

马、犀牛和貘都起源于始新世，但当时最引人注目的是两个现已灭绝的物种，这些奇异的野兽体形巨大，特别能激发我们的想象力。其中一个是雷兽类［brontotheres，见图6-4（a）］，它们没能活过始新世。另一种是爪兽类［chalicotheres，见图6-4（b）］，直到不到100万年前，它们还一直生活在非洲，可能在那里与我们的古人类祖先有过接触，也可能曾被我们的祖先猎杀。

（a）

（b）

图6-4 已灭绝的奇异的奇蹄类

注：这是美国自然历史博物馆陈列的经典展品雷兽（a）、爪兽（b）。美国
自然历史博物馆图书馆供图。

雷兽类是始新世最大的哺乳动物，也是最早真正尝试对远古巨型恐龙进行模仿的哺乳动物。"雷之野兽"这个名字有两方面意思。一是这些毛茸茸、有角的庞然大物行走时真的会令大地隆隆震动。二是它们的名字与"雷兽"的传说有关，在苏人[①]的传说中，"雷兽"会在雷暴期间从云中跃出，并将成群的水牛赶向美国原住民的狩猎队伍。这个故事听起来可能有点儿牵强，但它不仅仅是一个神话。苏人曾生活在美国西部平原上，后来被迫来到居留地，因为这样一来，殖民者就方便窃取他们的土地和黄金。在居留地，他们的周围都是化石。他们发现了这些化石，收集它们，并试图理解它们，就像我们今天所做的一样。科佩在"猎骨大战"中的劲敌马什是苏人酋长红云（Red Cloud）的朋友，他花了大量时间就部落的困境向美国政府游说。对于马什这样一个刺儿头寻骨人来说，这似乎是一种不拘一格的体面之举。苏人给马什的队员看了雷兽类的颌骨化石，向他们讲述了"雷兽"的故事。正是马什在 1873 年正式提出，将这些已灭绝的奇蹄类命名为"雷兽类"。

最早的雷兽类是不起眼的短跑运动员，看起来很像始新世小型马。之后它们的演化变得疯狂起来。在始新世时期，雷兽类体形骤然膨胀，最大的雷兽类肩高约 2.5 米，从口鼻部到尾巴长约 5 米，体重可达 2～3 吨。这大约是现代

哺乳动物档案

雷兽类

拉丁学名：_Brontotherium_

科学分类：奇蹄目，雷兽科

体形特征：最大的雷兽类肩高约 2.5 米，从口鼻部到尾巴长约 5 米，体重可达 2～3 吨

生存时期：始新世早期 ～ 渐新世中期

生活环境：开阔的林地

化石分布：主要发现于北美洲，在中国古近纪地层中发现了很多

特征：长得很像犀牛，但有可能是马的近亲；前肢有四趾，后肢有三趾；牙齿适合撕开植物；后期类型身躯巨大，形态和习性与现代犀类似，头上有骨质角

---

① 美洲土著，很多居住于美国北达科他州和南达科他州。——编者注

非洲森林象的大小。雷兽类变得越来越大，身体变得肥胖且粗壮，四肢变成希腊柱状，口鼻部也开始长出角。许多雷兽类的角在顶部分叉，也有些雷兽类有着一个形态骇人、向上拱起、1米长的攻城槌状物。这些结构都是用来在摔跤比赛和正面交锋中恐吓对手的，今天许多有角哺乳动物也会如此。

雷兽类是群居动物，成群结队地行动，大量发现的集中死亡表明了这一点，经常有数十具骨架被保存在一起。你可以想象成百上千只雷兽类穿行在始新世森林中的情景，它们哼哼着从蕨类和灌木丛上踩踏而过，边走边开出一条路来，寻找小马表亲够不到，只有它们才能够到的美味树叶和水果。它们很不寻常，但在爪兽类面前相形见绌。爪兽类肯定是有史以来最令人难以置信的哺乳动物，看起来就像马与大猩猩杂交的产物。当它们的骨骼于19世纪30年代首次被发现时，人们甚至认为这些骨骼属于两种不同的动物：一种动物长着马的头，蹄子未知；另一种则是奇怪的食蚁兽，有弯曲的长爪子，只是缺了头骨。半个世纪后，这个谜题的答案终于被拼凑成形，人们这才意识到，它的头和爪子属于同一种动物：一个长胳膊短腿的"迷幻怪"，走起路来好似一个醉鬼，用指关节支撑，防止锋利的爪子摩擦地面。它们的爪子不是用来防御或捕捉猎物的。爪兽类会一屁股坐下，身子靠在树上，用爪子将树枝拉下。它们在成年后失去了门齿，可能是为了留出空间生长长颈鹿那样可以用来缠绕的长舌头，从树枝上将树叶剥下。想象一下，我们的祖先面对这样的生物时会作何感想。我为今天无法亲眼看到它们而感到惋惜。它们如果能幸存下来，肯定会与大象和熊猫一样，成为我们动物园里最受欢迎的动物。

在始新世，随着爪兽类、雷兽类和其他奇蹄类的多样化，其他类群也加入了多样化行列。其中不仅有古新世—始新世极热事件三类群的其他成员，还有另外两个在今天非常重要的家族：啮齿类（rodents）和食肉目（carnivorans）。它们都起源于古新世时期，也就是气温飙升之前，之后，它们随着三类群迁徙到了很远很远的地方。

早期的啮齿类，如负鼠，看起来像是松鼠和土拨鼠的混合体，大部分生活在树上。它们拥有现代大鼠老鼠、海狸和其亲属的两个特征：一是通过前后滑动上下颌来咀嚼食物的能力，二是门齿不断增长、用于啃咬的能力。用 X 射线透视啮齿类动物的头骨，你会发现门齿很大，只有齿尖从牙龈中突出，但牙齿的大部分隐藏在颌骨中，向后弯曲得很长，牙根经常延伸到臼

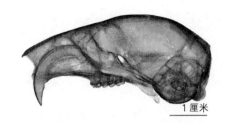

图 6-5　红色松鼠头骨的 X 射线图像

注：该 X 射线图像显示了极其长的环形门齿，牙根延伸到下颌。由奥尔内拉·贝特朗供图。

齿之外（见图 6-5）。这些优越的进食适应特性可能帮助啮齿类战胜了先前多样化的多瘤齿兽类，后者在恐龙时代和古新世的大部分时间里主宰着啃食及咀嚼植物的生态位。到始新世末期，多瘤齿兽类灭绝了，啮齿类开始走向惊人的现代多样化之路。今天，啮齿类有 2 000 多种，约占所有哺乳动物的 40%。

会吃这些啮齿类、小马，也许在铤而走险的情况下还会食用雷兽类的，是食肉目动物，也是狗和猫类群的成员。在古新世的大部分时间里，捕食者的生态位都被来自新墨西哥州的大始锥齿兽等拥有锋利犬齿的"古"踝节类动物所占据。食肉目动物在这方面做得更好，演化出了一种用于切肉折骨的全新牙齿结构：颊齿扩大（前臼齿或臼齿），形似刀刃。它们嘴中有四颗这种"裂齿"，上下颌各一颗，上下对应的两颗牙齿在撕咬时相互作用（见图 6-6）。如果你敢偷偷去看看你家猫咪的嘴巴，就会看到这些气势汹汹的裂齿已经将其他牙齿挤在一旁。若你观察一只狗啃骨头的样子，就会发现它是用嘴两侧的裂齿来啃咬骨髓，而非前犬齿和门齿。**有了这些全新的剃刀似的牙齿，食肉目动物取代了"古"食肉目动物，从此稳坐食物链顶端，比如狮子、老虎、鬣狗和狼。**

猫　　　　　　　　　狗　　　　　　　　鬣狗

图 6-6　食肉目哺乳动物刀片状的裂齿

注：裂齿部分以白色显示。萨拉·谢利绘。

古新世—始新世极热事件之后不久，也就是麦塞尔的哺乳动物因湖泊气体窒息的时期，生态系统可能已经是我们很熟悉的样子了。如果我们突然置身于始新世中期，并不会感到太不习惯。当然，看到一只雷兽[①]或爪兽可能会让我们觉得有什么地方不对劲，但那里应该也有马、灵长类动物、啮齿类和类似于小狗的食肉目动物。然而，我们必须记住，这是亚洲、欧洲和北美洲曾经的情况。自白垩纪以来，南北大陆一直被海洋隔开，拥有截然不同的生态系统。事实上，南美洲当时是一个岛屿大陆，那里的哺乳动物正在上演一出完全属于自己的演化大戏。

南美洲的独立演化，奇异的有蹄类的兴衰

南美洲的土著居民，比如北美平原的苏人，偶尔会遇到巨大的石化骨骼。苏人把这种化石骨骼尊为"雷兽"，南方部落则对这些化石骨骼嗤之以鼻，认为它们是因风流行为而受上帝惩罚的原始巨人。这些故事传到了自 16 世纪开始对南美洲大部分地区残暴殖民的西班牙征服者那里，后来又传播给了天主教传教士。

1832 年，另一名信仰基督教的旅行者在如今大西洋海岸的阿根廷和乌拉

[①] 目前北美洲渐新世的多属大型雷兽已被证明只是巨角雷兽的同物异种。——译者注

—·—

圭地区出现。这名英国人时年 23 岁，有贵族血统，刚从剑桥大学毕业。从爱丁堡的医学院退学后，他便迫于父亲的压力学习起神学，今后将成为英国圣公会的一名教区长，过上平静安定的生活，但这对他来说却无疑是最沉闷无趣的人生。所以，当有机会搭乘一艘名为贝格尔号的船环游世界时，这位年轻人欣然接受了。他的职位算不得光鲜，主要是陪船长用餐——因为船长想在吃饭时与另一位同样出身上流社会的人交谈，挽回一些同工人阶级水手一起进食而失去的体面。当这艘船在 1831 年底离开普利茅斯时，没有人能想到接下来的 5 年会发生什么，更想不到这位漫无目的准传教士在旅途中记录下的所见所闻，将会动摇西方文明的核心。

查尔斯·达尔文的贝格尔号之旅已经成了一段神话。在大多数故事中，英勇的高潮发生在厄瓜多尔西海岸的加拉帕戈斯群岛，达尔文据说正是在那里获得了灵感。那里生活着许多种雀类，每一种都生活在不同的岛屿上，有着自身独特的、专门食用某种食物的喙，这让达尔文突然意识到物种是通过自然选择演化的。但奇怪的是，达尔文在写《物种起源》时并没有将这个故事作为开头，而是开篇就提到了他在南美洲大陆上看到的其他东西：化石。当贝格尔号沿着海岸航行，在一个又一个港口下锚停靠时，达尔文会下船去内陆探险。有几次，他收集了大型哺乳动物的骨骼化石。他不是解剖学方面的专家，于是把它们送回英国，由另一位年轻的博物学家进行研究。这位博物学家当时是达尔文的朋友，后来却成了达尔文最激烈的反对者，他就是我们在本书经常提到的反面人物——理查德·欧文。

这些哺乳动物中的大部分，即使是像达尔文这样的非专业人士也能立即辨认出来。它们并非当地传说中的巨人，而是树懒和犰狳的骨骼。这两种特殊的有胎盘类哺乳动物如今生活在南美洲各地，但当时达尔文只知道它们并不生活在欧洲。不过，它们与现代树懒和犰狳并不完全相同：在许多情况下，它们体形更大，树懒的体形更是惊人，而且它们显然属于不同的物种。这些事情让达尔文无比兴奋。它们是已经灭绝的奇怪哺乳动物，显然与现今生活在南美洲的动物很相似,但无论是死还是活,它们都不曾在其他地方被人见到过。用达尔文开篇的话来说,这些化石表明了"现在居住的动物与过去居住的动物的关系"。达尔文不仅对雀类进行了思考,还看到了哺乳动物血统的连续性,也就是"在同一片大陆上,死者和生者之间的奇妙关系"。这构成了他提出的物种随时间而变化的理论的关键证据。

但有一些哺乳动物也让达尔文感到困惑。其中一种被欧文命名为后弓兽(*Macrauchenia*,见

> **哺乳动物档案**
>
> ### 后弓兽
>
> **拉丁学名:** *Macrauchenia*,含义是"巨大的美洲驼"
>
> **科学分类:** 滑距骨目,后弓兽科
>
> **体形特征:** 长约 3 米,体重超过 1 吨,有长长的脖子和大张的腿
>
> **生存时期:** 更新世
>
> **生活环境:** 草原
>
> **化石分布:** 南美洲
>
> **讲解:** 体形类似骆驼,四肢修长,头颅狭小;鼻子短短的、向下垂,上面还长满一道道褶皱;脖子细长灵活,牙齿锋利;平时以植物为食

图 6-7),长约 3 米,体重超过 1 吨,有长长的脖子和大张的腿。它看起来有点儿像骆驼,但脚更大更结实,更像犀牛。更奇怪的是一种被欧文称为箭齿兽(*Toxodon*,见图 6-7)的生物,也有 1 吨多重。它粗壮的身体很像犀牛或河马,但它有像啮齿类一样不断增长的高冠牙齿,以及后移的鼻孔,让人想起海牛这样的水生动物。达尔文说它"可能是迄今为止发现的最奇怪的动物之一",推测这种动物令人困惑的解剖特征组合意味着,今天被划分为不同家族的哺乳动物曾经"混杂在一起"。这是他在旅行中观察到的另一个现象,他因此开始思考物种如何随时间变化。

这些哺乳动物被称为达尔文发现的南美洲有蹄类(ungulates),因为它们中有许多用蹄子走路。蹄子是指甲,或是每根手指或脚趾上的最后一块骨骼改良后的成果。

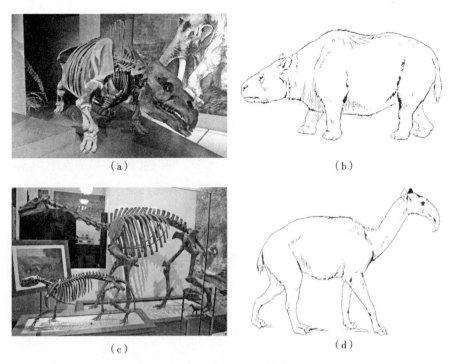

图 6-7　南美洲有蹄类动物

注：箭齿兽（a）（b）和后弓兽（c）（d）。图片引自威廉·斯科特1913年的经典专著，汉斯·皮舍尔供图。

　　达尔文发现的有蹄类有着惊人的多样性。人们已经发现了数百个物种，它们大小不等，有的如宠物般大小，有的体重达3吨。许多物种都拥有羚羊、骆驼、马、犀牛、河马、大象、啮齿类和兔子的特征。这些特征经常以意想不到的方式组合在一起，就好像演化将一群北方物种拆分开来，又把它们以新的方式结合在一起。达尔文发现的后弓兽和箭齿兽就是最好的例子，巨大的焦兽（*Pyrotherium*）也是如此。焦兽上下颌有长牙，还有一只象鼻，看起来就像大象的头长在了河马身上。其他动物则类似于北方的物种，但这种相似非常流于表面，只有一个北方类群的独特特征相似，但骨骼就不一样了。例如，巨弓兽四肢有镰刀状的爪子，就像那些如醉鬼般用指节行走的爪兽类。还有一些动物将北方物种的特化程度提升到全新水平。纤巧的南美原马型兽（*Thoatherium*）

只靠一个蹄趾行走，就像现代的马一样，只不过现代马的主脚趾两侧还保留着两个趾的痕迹，而南美原马型兽没有。

达尔文发现的有蹄类存在了 6 000 多万年，差点儿就活到了现在。活到最后的有蹄类是大约 1 万年前冰河时代大灭绝的受害者，那次大灭绝发生的时间要晚得多。有蹄类中有许多是用蹄子在陆地上快速奔跑的赛跑者，其他的则是跳跃者、挖掘者、平足跋涉者或半水生涉水者。它们似乎都以植物为食，但有些专门吃柔软的叶子，有些则食用更粗糙坚硬的植物。有些有蹄类在古新世或始新世时期最末期设法迁到了南极洲，毕竟当时各个大陆间有细长的陆地接壤，之后又慢慢移开。除此之外，只有南美洲和中美洲的有蹄类动物为人所知。除了几次"谎报军情"，它们没有一块骨头或一颗牙齿在其他地方出土（只有一个例外，而这个例外证明了一个规则，之后我们会介绍）。

这些都没能回答最基本的问题：达尔文发现的有蹄类是什么？自从贝格尔号回到英国以来，这一直困扰着古生物学家。关于它们在谱系树中的位置，以及可能的祖先是谁，一直存在着巨大的争论。它们可能与北方大陆的有蹄类哺乳动物，比如奇蹄类或偶蹄类有关吗？它们确实有蹄子，但正如我们所见，在哺乳动物的历史中，蹄子经过了多次演化，所以并不能作为谱系学的可靠指标。它们可能与其他身体笨重的哺乳动物（如大象）有关，或者与另一个群体（如啮齿类）的奇怪分支有关？又或者它们与北方有胎盘类没有任何关系，而是在很久以前就从谱系树上分化出来，自成一个分支？

直到 2015 年，这个谜团才解开。两组分子生物学家从达尔文命名的后弓兽和箭齿兽中提取到了蛋白质。通常，在化石中很难甚至不可能找到这样的软组织，但达尔文命名的这两种哺乳动物都活到了冰河时代，所以它们的骨骼得以在比古新世或始新世更原始的条件下保存。这些蛋白质被输入数据库，并用于构建谱系树，结果显示这两个物种都可以与北方的奇蹄类动物归为一类。两年后，一个更有力的证据——后弓兽的 DNA，进一步证实了这一点。

血缘鉴定结果表明，至少有蹄类中的大多数是马、犀牛和貘的近亲。它们可能是从"古"有胎盘类祖先（比如新墨西哥州的踝节类，它们在古新世跨越了横亘在北美洲和南美洲之间的岛屿）演化而来。之后，随着古新世进入始新世，南美洲与北美洲完全隔绝，南北类群分道扬镳。北部类群在古新世一始新世极热事件时期迁徙，在北美洲先是变小，后又变大，并扩散到亚洲和欧洲。它们中的一些物种喜欢食用麦塞尔湖岸的睡莲。南方类群自由自在地演化，过程中获得了一些不同寻常的特征，但也趋同演化出和北方同胞相似的蹄子、长牙、躯干、单趾脚和不断长出的其他牙齿。因为已与北方的分支脱节，这些有蹄类经历了一个独立的演化过程，发展出了略微不同的趋同特征，并且这些特征组合在一起的方式也不同。它们从始新世一路发展到冰河时代，与失联已久的北方表亲越来越不同。

达尔文发现的有蹄类属于南美洲孤立的哺乳动物群落，用乔治·盖洛德·辛普森的话来说，这个群落是在"极其孤立的环境中"发展起来的。其中一些哺乳动物（比如有蹄类）现在已经灭绝了。另外一些今天仍然是亚马孙雨林、安第斯草甸和巴塔哥尼亚潘帕斯草原的特色物种。

其中就包括达尔文记录的其他化石：树懒和犰狳。它们与食蚁兽一起归于更广泛的异关节目。你一定还记得，异关节目是有胎盘类哺乳动物谱系树上4个主要分支之一。它们在靠近树底的地方分化出去，形成了最原始的有胎盘类。异关节目这个名词很拗口，是指它们脊椎之间的额外关节——"异关节"能强化并稳定脊椎，这可能是它们擅长挖掘的祖先留下的适应特性。这个祖先可能是在白垩纪晚期或古新世早期从北美洲迁徙而来，也许一同前来的还有达尔文发现的有蹄类祖先。之后它们在南美洲岛屿上多样化发展，产生了今天的约30个异关节目物种。

异关节目是最上镜的哺乳动物之一。树懒常因其低能耗的生活方式而受到指摘，但不可否认的是，它们那么可爱，会用爪子和长长的四肢倒挂在树上，大口咀嚼着树叶。它们的皮毛上长满了共生的绿藻，能帮助它们融入周围的树冠间，躲避美洲虎的目光。犰狳则别样可爱：身体与哺乳动物明显不同，覆盖着被称为皮内成骨的骨质片。这些皮内成骨在皮肤中生长，并像足球内板一样拼合在一起。如果美洲虎试图发起攻击，一些犰狳可以将身体卷成一个像岩石般坚硬的球，硬扛过去。

时至今日困扰着树懒和犰狳的美洲虎，都是近两三百万年来到南美洲的迁徙动物。之前南美洲还是一个岛屿大陆，没有猫、狗或熊出没。而在数千万年的时间里，异关节目和有蹄类被一种类型完全不同的哺乳动物折磨。从古新世到几百万年前，这些动物占据着掠食性生态位。它们的身份令人惊讶——它们甚至不是有胎盘类，而是后兽类，属于有袋类成员，在育儿袋中抚养身形极小的幼兽。后兽类在北方大陆灭绝，我们几乎要将它们从我们的故事中抹去了，但在南美洲（后来是澳大利亚），它们在有胎盘类尚未完全崛起时获得了新生。**在这个新岛屿王国上，它们得以重新夺取它们自白垩纪晚期开始享有的显赫地位，那时，小行星还没有改变一切。**

这种南美洲后兽类食肉动物被称为袋犬目（sparassodonts），最初由弗洛伦蒂诺·阿梅吉诺（Florentino Ameghino）于 19 世纪末描述。如果你看到活着的它们，可能不会认为它们是后兽类，至少在没检查腰腹有没有育儿袋的情况下，不会认为它们是后兽类。它们看起来和我们今天熟悉的有袋类（袋鼠或是考拉）不像，而像黄鼠狼、狗、猫、鬣狗和熊这些有胎盘类动物的翻版。一种袋犬目动物是袋剑虎（*Thylacosmilus*, 见图 6-8），上颌长着巨大的剑齿，用来撕开猎物的腹部，吃掉它们的内脏。你肯定会认为那是一只剑齿虎，是那个著名的巨型冰河时代猫科动物。这是另一个趋同演化的例子，是整个化石记录中最引人注目的例子。在古新世和始新世，狗和猫等真正的食肉目动物无法到达南美洲，后兽类却可以，所以它们效仿了有胎盘类。或者是北方的有胎盘类效仿了后兽类？不管怎样，像袋剑虎这样的袋犬目动物最终被美洲虎和其他向南迁徙的真正的有胎盘类掠食者所取代，但它们的许多表亲仍留在南美洲，

————

那里还有大约 100 种负鼠和其他有袋类动物。

（a）　　　　　　　　　　　　　（b）

图 6-8　掠食性有袋类动物

注：袋剑虎（a）和狼形袋犬（b）。乔纳森·陈（Jonathan Chen）和盖多荷朵分别供图。

有袋类剑齿动物和其他袋犬目动物以有蹄类为食。我们从猎物的骨骼上发现了与它们的牙齿相匹配的咬痕，因此得知了这一点。如果它们能将犰狳的骨甲破开，树懒和犰狳也会成为它们的盘中美餐。这些有袋类捕食者还吃其他东西：四肢瘦长、在树间穿梭的大脑袋动物，以及在落叶层中钻来钻去、在丛林小溪中划水的长着龅牙的胖墩儿。

这些是灵长类和啮齿类，是真正的有胎盘类，而不是奇怪的有袋类。它们又是从哪里来的？

乘坐木筏漂洋过海，一场改变进化历程的海上迁徙

亲缘鉴定给了我们一个令人震惊的答案：它们来自非洲。由 DNA 和化石证据组成的谱系树将南美灵长类和啮齿类归入了不同的非洲群体。因此，它们是迁徙的动物，来自数千万年前白垩纪时与南美洲分离的大陆。在始新世，也就是迁徙发生的时候，这片大陆被至少 1 500 千米宽的大西洋隔开。

在始新世，非洲也是一个岛屿大陆，拥有自己的有胎盘类动物群，如大象和其他非洲动物。古新世—始新世极热事件导致全球变暖后的一段时间，灵长类和啮齿类从亚洲来到非洲。这是说得通的：亚洲和非洲之间只有一条狭窄的特提斯海道（地中海的前身），它将两者分开，欧洲的岛屿则成了迁徙的踏板。但灵长类和啮齿类如何从非洲向西迁移到南美洲，却令人费解。那里根本没有陆路，这些远离家园的动物一定是通过水路分散到别处的。它们可能搭乘着腐烂植物形成的木筏漂浮在水上，被风暴驱离了非洲海岸，之后又被冲到南美洲。也许它们曾短暂停留在途中的小岛上，又或者一直待在救生筏上。无论是哪种方式，它们都必定经历了数周在海浪中的颠簸、烈日的暴晒和缺食少水的煎熬。像许多迁徙动物一样，它们一定精力充沛、坚韧不拔。这些特质为它们在遥远的新家园取得成功奠定了基础。

这一切看似不太可能发生。但我们今天已经观察到，小型哺乳动物可以搭乘着由枝叶形成的筏状物漂过水域，并在新的土地上定居。生物学家有一个专门的术语描述这种长距离迁徙：流浪儿传播（waif dispersals）。流浪儿是一个略带贬义的名字，指无家可归或失去父母的孩子离开悲惨的故乡，去一个遥远的地方。我更喜欢用我最喜欢的运动之一——橄榄球（美式足球）来做类比：孤注一掷的长传。比赛快要结束的时候，只剩下几秒时间，比分落后的一方需要进球才能赢得比赛，但球此刻离对方球门禁区尚有几乎整个球场长度的距离，于是他们心生绝望。四分卫此时只能孤注一掷：一记远投，祈祷着奇迹发生。这样的传球通常传不远，但总有那么一次，球会落到球门区的接球手的手里。触地得分！也许 100 次中只有一次能成功。但只要有足够的时间和机会，不可能的事情就会变成现实：球队得分，植物木筏带着哺乳动物抵达了大洋的另一边。

灵长类和啮齿类从非洲迁徙到南美洲，是改变哺乳动物历史进程的偶然事件之一。正是因为这段看似不可能的旅程，今天才有了新大陆的猴子和南美豪猪类（属于啮齿类）。这些猴子有 60 多种，是中美洲和南美洲丛林必不可少的一部分。有些猴子（如吼猴）刺耳的尖叫声充斥在雨林中。其他一些灵长类，比如蜘蛛猴，是唯一一种能通过缠绕尾巴挂在树上的灵长类。而 15 厘米长、不到 450 克重的侏儒狨，创下了灵长类动物体形最小的纪录。南美豪猪类的种类更为多样，有数百个物种在南美洲的各种环境中挖掘、攀爬、奔跑和游泳。其中包括皮毛光滑的龙猫和现存最大的啮齿类——狗般大小的水豚，以及已经灭绝的更大的动物，如跟牛差不多大的莫尼西鼠（*Josephoartigasia*），该物种以乌拉圭的国父之名命名。还有天竺鼠——我儿时的宠物，也许你也养过。它们是始新世乘木筏漂流而来的动物的后代。

横渡大洋需要勇气和毅力，我无法理解这种行为。但这甚至不是始新世哺乳动物最狂野的行为。当猴子和啮齿类在海浪中颠簸时，其他有胎盘类哺乳动物膨胀到了巨大的体形；有些演化出了翅膀，飞向天空；还有些将四肢变成鳍状肢，这样就可以进行更短但更为卓越的迁徙：从在陆地上奔跑到完全生活在水中。

The Rise and Reign
of the Mammals

恐象（*Deinotherium*）

07

极端进化，
最令人惊奇的哺乳动物

2831 年 7 月 25 日

旅行者发现有史以来最大动物的骨头？

　　新迈阿密（通讯社）电　一家人在佛罗里达州沙漠进行背包旅行时偶然发现了巨大的骨骼化石，这些骨骼可能属于地球上有史以来最大的动物。

　　据赶到现场的古生物学家估计，这头巨兽身长超过 30 米，体重可能超过 100 吨。

　　"这真令人震惊，"新迈阿密市气候与环境研究所的洛拉·布里克（Lala Bricker）教授说，"我从没见过这么大的东西。它打破了我们此前对动物最大体形的认知规则。"

　　散落的骨骼覆盖的面积比足球场还大。它们属于一种尚未命名的生物，有长长的类似潜水艇的管状身体。

　　"如果我的计算是正确的，它至少是现存最大动物的两倍大。"布里克告诉记者。她站在动物的一根肋骨旁，这根肋骨比她高出至少 30 厘米。

科学家们说，他们已经找到了该动物的前肢碎片——看起来像鱼的鳍，但迄今为止还没有找到后肢的任何痕迹。它巨大的头部几乎完好无损，有弓形的下颌骨，但缺了牙齿。

"它的大嘴正好能站下这一家四口。"布里克指着一张广为流传的照片说。这张照片由登山者一家人在发现这些骨头时拍摄，许多学者认为这张照片是伪造的。

这头野兽以何物为食以及它如何移动，仍然是一个谜。科学家们说，这些骨头是在泥岩中发现的，泥岩形成于大约 5 000 年前的海河底，当时佛罗里达州是一个植物茂盛的半热带半岛，将墨西哥湾和大西洋隔开。

布里克说："我确信它生活在水中。通过它的耳骨，我可以判断它是一种哺乳动物，但目前我们知道的也就这么多了。"

她计划将这些骨骼挖出来，然后在自己的实验室里重新组装，但她担心人力、财力都跟不上。

"我需要一个至少 20 人的团队，用 6 个月的时间挖出所有的骨骼，之后还需要在我的大学里找到一个足够大的空间来研究它们。"她慎重地说，呼吁富有的捐助者对她的研究进行资助。

她认为这样的尝试是值得的，因为这样的发现会激发孩子们对自然的兴趣。

"若是亲眼看到这只动物活着时的样子，会是什么体验？和它们生活在同一个世界里，又是什么感受？一定令人难以置信。"她说。在移走骨骼之前，布里克希望能缩小对这只巨兽身份的鉴定范围。

"我的同事们可能会对此嗤之以鼻，但 1 000 年前的传说中提到过生活在海洋中的庞然大物——鲸。有些故事说蓝鲸超过 30 米长。我们一直认为它们是神话，但事实也许会告诉我们，所言非虚。"

潜艇般大小的蓝鲸，地球历史上最大的居民

上述这则新闻显然是虚构的，读起来着实有点儿滑稽可笑。希望佛罗里达州不会变成沙漠，我们的历史记录不会断档，鲸不会灭绝！但想象一下，如果这些真的发生了，后代发现了它们的骨骼化石，肯定会像我们面对巨大恐龙时一样，对它们心生惊奇：真希望能目睹这些远古时代最进步的动物。

说实话，包括我在内的许多人并不会经常留意到，现在有许多进步动物还活着，与我们共享地球，其中许多是哺乳动物。蓝鲸是这些"极端哺乳动物"中最极端的一种。它不仅是现存最大的哺乳动物，也是现存最大的动物。没有人发现过更大的化石，这意味着蓝鲸是历史纪录的保持者，是世界历史上的重量级冠军（见图 7-1）。

（a）

图 7-1　地球上最大的动物：蓝鲸

（b）

图7-1 地球上最大的动物：蓝鲸（续）

注：伦敦自然历史博物馆展出的蓝鲸骨架（a），以及在
头骨旁边摆造型的鲸古生物学家特拉维斯·帕克（Travis
Park）（b）。简·贝拉尼克（Jan Beránek）和特拉维斯·帕
克分别供图。

这是一个简单却意义深刻的现实，值得我们重复强调：有史以来最大的动物现在还活着。纵观地球几十亿年历史中生活过的数以亿计的物种，我们人类是少数能说出这种话的特权物种之一。**我们和蓝鲸呼吸着同样的空气，徜徉在同样的水域，凝望着同样的星光，这是多么光荣啊！**

当你阅读这本书的时候，蓝鲸正在海洋中游弋。每一片海洋中几乎都有它们的身影，因为除了北极的最北端，它们的活动范围几乎遍布全世界。它们中

213

———

体形最大的有 30 米长，重量通常为 100 ～ 110 吨，这比波音 737 飞机的最大起飞重量足足多出 20 吨，而且可能比最大的恐龙还要重 30 ～ 40 吨。蓝鲸妈妈产下的幼鲸体重达 3 吨，有一艘快艇那么长，体重在半年的哺乳期内会增加约 15 吨。成年蓝鲸可以下潜至超过 315 米的深度，闭气呼吸一个多小时。浮出水面换气时，它们的喷水孔会喷出两层楼高的水柱。它们的大嘴能大大张开，一口就能喝下一个游泳池的水。它们一天要这样喝上几次，以便从水中获取 2 吨磷虾（一种小虾，甲壳类动物），为新陈代谢提供动力。它们很聪明，善于社交，其低沉的叫声是动物王国里最有力的声音，可以在深渊中传到约 1 500 千米外的地方。

但它们的生活并非一帆风顺。据估计，在过去的几个世纪里，99% 的蓝鲸因捕鲸业而灭绝。一个曾经有几十万只的群体，现如今最多只有几万只个体存活着。我斗胆在这儿说几句老生常谈的话：让我们赞美它们，别等为时已晚；趁我们还有机会，尽我们所能爱护它们，保护它们，不要让它们重蹈雷龙的覆辙。

谈论蓝鲸，不可能不语带夸张。对其他的极端哺乳动物也是如此：无论是其他鲸，还是像大象这样的巨型陆地物种，又或是通过改造身体来做出非凡举动的小型哺乳动物，比如蝙蝠——唯一一种利用翅膀的动力来飞行的哺乳动物，也是达成此成就的仅有的三种有脊椎的动物之一（另外两个是翼手龙类和鸟类）。大象、蝙蝠和鲸，所有这些极端的哺乳动物在始新世开始崭露头角，经过漫长的演化旅程后，才有了今日的辉煌。

大象，肌肉与智慧并存的陆地巨兽

大象是当今陆地上最大的哺乳动物——事实上，是所有种类中最大的动物。最大的物种是非洲丛林象，肩高约 3 米，相当于一个篮筐的高度。最大的雄性体重为 5～7 吨，大约是福特 F-150 皮卡重量的两倍。如果一只丛林象站在游乐场跷跷板的一端，大约需要 100 个人站在另一端才能与之平衡。诚然，大象不像蓝鲸那么大，但必须克服鲸不需面对的障碍：重力。蓝鲸可以被动借助水的浮力漂浮在水面，大象则需要借助四肢将身体支撑起来，移动、交配和生产。

只有三种大象存活至今，它们分布在撒哈拉以南的非洲、印度和东南亚。它们不过是曾经繁盛的家族在这世间可怜的余存。猛犸象和乳齿象等物种曾经分布在世界的大部分地区，其中一些物种的吨位是非洲丛林象的两倍多——这使它们成为有史以来在陆地上居住的最大的哺乳动物（也许如此，我们拭目以待）。但在它们走向世界并衰落之前，大象被禁锢在非洲长达数千万年之久，是非洲兽类辐射性演化的一部分。

正如上一章介绍的内容，非洲兽类是有胎盘类哺乳动物谱系的四个主要分支之一。与树懒和犰狳所属的异关节目一样，非洲兽类在靠近谱系树底部的地方分化了出去，成为最原始的有胎盘类的类群之一。非洲兽类在古新世和始新世的大部分早期历史都发生在一块与世隔绝的陆地上，这也与异关节目相似。树懒、犰狳和达尔文发现的奇怪的有蹄类，以及具有剑齿的有袋类，都生活在南美洲的岛屿大陆上。大象和其他非洲兽类也生活在一块岛屿大陆上，这块岛屿大陆就是非洲。

数千万年来，非洲一直是一座孤立的"堡垒"。大约在 1 亿年前的白垩纪，非洲从古老的盘古大陆南半部（冈瓦纳大陆）分离出来后，便自成一块大陆。它的西面是不断扩大的大西洋，偶尔会有猴子和啮齿类乘着筏状物漂流而过。南面和东面是印度洋，海洋中的水拍打着南极洲和澳大利亚，在始新世与亚洲碰撞的过程中，一个较小的岛屿——印度——迅速穿过了印度洋。非洲岛的北部是特提斯海，这个温暖的赤道海道将南北一分为二。特提斯海并非不可逾越的障碍。每隔一段时间，北方的动物会从靠近北非海岸的欧洲岛屿群上穿过，去往南方，但这将是一次具有挑战性的旅程。非洲与世隔绝的漫漫长夜直到大约2 000万年前才结束，当时阿拉伯半岛与欧亚大陆接壤，特提斯海面积缩小，成为西部的狭长港湾，也就是我们现在所说的地中海。

大象是众多非洲兽类中的一种。这个家族的其他成员包括水生海牛、小蹄岩狸、吃蚂蚁的土豚、地下金鼹鼠、马达加斯加（及附近岛屿）的马岛猬和象鼩。象鼩看起来像一种长着大象鼻子的小型啮齿类。你不是唯一一个觉得这样的组合十分怪异的人。非洲兽类并没有多少明显的解剖学特征。一些科学家认为，也许它们都有特殊的牙齿尖凸，或在脊椎发育上存在细微差别，不过这也只是推测。非洲兽类的主要证据在于遗传方面，而且这个证据十分有力。在20世纪90年代末到21世纪初的第一批DNA家谱中，大象－海牛－海狸－马岛猬类群的鉴定是最令人震惊的发现之一，它经受住了时间和更为复杂的全基因组分析的考验。让老派解剖学家懊恼的是，亲缘鉴定证据确凿，非洲兽类是真实存在的。

现代非洲兽类之所以看起来如此不同，是因为它们很久以前就从一个原始的共同祖先发展为多种多样的物种，以填补非洲岛屿大陆上的各种生态位。这个祖先可能是一个跟狗差不多大的"古"有胎盘类，看上去像新墨西哥州的踝节类，它可能在晚白垩世或在早古新世的小行星撞击事件发生后不久，从北方迁徙到了特提斯海的群岛上。恐龙一灭绝，食物链中的许多位置出现了空缺，非洲兽类便趁势而为，适应了森林地面、草地、树冠和特提斯海岸线上的生态位。

这与北方发生的情况是类似的，在那里，四个主要有胎盘类亚群之一——劳亚兽类正在多样化。北方有长着蹄子的奇蹄类和偶蹄类，非洲有岩狸；北方有食蚁的穿山甲和挖洞的鼹鼠，非洲有土豚（非洲食蚁兽）和金鼹鼠；北方有鼩鼱和刺猬，非洲有象鼩和马岛猬（有时被称为"马达加斯加刺猬"）。我们很快就会看到，鲸在北方演化，而在非洲，海牛经历了从奔跑者到游泳者的类似转变。这个故事是趋同演化的又一个绝佳案例。在一个恐龙突然消失的世界

—•—

里，原始有胎盘类发现自己被封闭在世界各地。它们彼此距离遥远，无法混合或共享基因，但随着多样化发展，逐渐趋于相同的方向，使非洲兽类和劳亚兽类适应了相似的生态位。

从今天的角度来看，很难理解非洲兽类的多样化。在非洲和欧亚大陆连接之后，北方哺乳动物（斑马、角马、狮子和鬣狗的祖先）较近期的迁徙活动，已经在很大程度上覆盖了它们原本的多样性情况。但在古新世，特别是在始新世和渐新世，非洲是非洲兽类的王国，值得我们去探索。

《圣经》中提到过蹄兔（岩狸），称它们是"无能的家伙"，"在岩石上安家"的毛兔子，但如果我们这些来自北方大陆的人从未听说过它们，那也没什么大惊小怪的。蹄兔现存的五个物种仅在非洲和中东存在，它们要么是像土拨鼠一样矮胖的食草动物，用蹄子爬过露出地面的岩石；要么是脚上长着吸盘的爬树动物。而在始新世和渐新世，非洲蹄兔有几十种。它们的体重都不等，从仅有几千克到跟犀牛体重差不多，还有体重达 1.3 吨的泰坦蹄兔（*Titanohyrax*）。它们有些是杂食动物，有些长着可以剪切植物的弯牙齿，还有一些专吃种子和坚果。叉角岩狸（*Antilohyrax*）可能与羚羊相似，用高跷般的四肢在森林中疾驰，其他蹄兔则像猪一样将长鼻子拱进泥里。这些蹄兔填补了后来被角马、羚羊、疣猪、河马和犀牛占据的生态位。从本质上讲，它们是现代非洲常见的有蹄类哺乳动物的蹄兔版本。

与此同时，在海岸边，第一批海牛类正尝试着进入水中。它们最初是陆地动物，有强壮的前肢和后腿，之后发现这样的四肢还可以用来在浅水里"狗刨"。在始新世，演化使它们完全适应了水生领域，前肢变成鳍状肢，腿也消失了，取而代之的是一条巨大的桨状尾巴，能通过上下摆动为它们在水流中游泳提供必要的动力，虽然动作会有些笨拙。海牛类是第一批走向世界的非洲兽类，它们沿着特提斯海岸线迁徙，有时甚至能够到达更远的地方，从美国北卡罗来纳州到匈牙利，再到巴基斯坦，到处都留下了化石。但就像蹄兔一样，它们的伟大未能延续至今。世界上现存的现代海牛类只有三种，生活在加勒比海、西非和亚马孙河流域，只有一种儒艮生活在印度洋和西南太平洋。它们很可爱，是濒临灭绝物种的代表：游动缓慢，以海草为食，这样慵懒的生活方式，使它们很容易成为渔网以及船只碰撞的受害者。

稍不小心，海牛和儒艮就可能会灭绝。若此事真的发生，它们将遗憾地加入其他那些曾经多种多样、占据统治地位，后来却消失得无影无踪的非洲兽类大军。其中最令人难忘的是埃及重脚兽（*Arsinotherium*，见图 7-2），它是神奇动物万神殿中已灭绝的哺乳动物之一。它看起来像注射了类固

图 7-2　埃及重脚兽骨架

注：阿拉姆·杜兰（Aram Dulyan）供图。

醇的犀牛，前额上伸出两只巨大的角，每只角都比头部其他部分高得多，使它顶着好似玛吉·辛普森[①]的发型。与奇蹄类犀牛不同的是，重脚兽的角是由骨骼构成的，而不是角蛋白，而且角是中空的，极度前倾，肯定会限制它行走时前方的视野。也许这并不是太大的问题，因为重脚兽是一种庞大的食植动物，可能并不惧怕掠食者。很难想象除了作为一种吸引配偶的工具和恐吓对手的"用力过度"的武器外，这些可笑的角还有什么作用。

当然，还有大象。它们是比蹄兔、海牛和重脚兽更具标志性的非洲兽类。这一类群曾经无比辉煌，却今非昔比。

与所有巨兽一样，大象一开始很小，也很不起眼。法国古生物学家伊曼纽尔·盖布兰特（Emmanuel Gheerbrant）和他的摩洛哥同事研究了摩洛哥磷

① 玛吉·辛普森是美国动画情景喜剧片《辛普森一家》中的主要角色，喜欢把头发染成蓝色，并固定成竖立的样子。——编者注

矿中的一组过渡序列化石，揭示了大象一步步变成庞然大物的过程（见图 7-3）。这些已经灭绝的大象中最古老的被称为古兽象（*Eritherium*），生活在古新世中期，距今约 6 000 万年。它的长相毫不起眼：肩高约 20 厘米，体重约 5 千克，大多数哈巴狗都能把它吓倒，现代大象一脚就能把它踩扁。然而，它的臼齿开始显示出象牙钉的迹象：横向齿冠，从舌头一侧延伸到脸颊一侧，连接着尖凸。这些所谓的"脊"使牙齿的研磨表面呈现波纹状，从而使它非常适合粉碎植物。

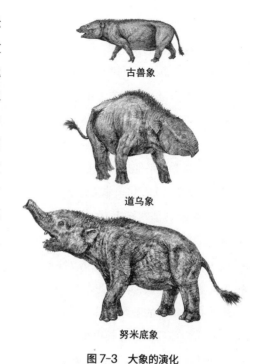

古兽象

道乌象

努米底象

图 7-3　大象的演化

注：托德·马歇尔绘。

随着古新世向始新世过渡，以及古新世—始新世极热事件导致的全球变暖，小小的摩洛哥象类变得越来越大，齿脊也变得更突出。首先出现的是磷灰兽（*Phosphatherium*），是古兽象的三倍大，有完整的波纹齿。然后出现了道乌象（*Daouitherium*），第一种体形适当增大的大象，体重约 200 千克。大约 5 500 万年前，在森林变成稀树草原和草原之前，它漫步在森林中，是有史以来存在过的最大的非洲哺乳动物。磷灰兽和道乌象都有平卧的门齿，这预示着在演化的下一个阶段会有象牙长出，比如阿尔及利亚的努米底象（*Numidotherium*），身高超过 1 米，体重为 300 千克。正是在这个时候，大象长出了高高的额头，鼻孔向后移动，以固定与貘类似的小长鼻。演化稍加改进，小长鼻就成了象鼻。这些鼻子看起来很傻，却能扭转乾坤：大象无须移动整个身体就能获取食物和水，因而释放了体形的潜能。

它们越来越大。到大约 3 400 万年前的渐新世早期，像古乳齿象（*Palaeomastodon*，见图 7-4）这样的物种体重全部达 2.5 吨，超过了今天的非洲森林象（现存最小的物种）。古乳齿象的上牙向下伸，而下牙从下颌上水平伸出，远超出上牙，形成反颌，这看起来非常愚蠢。这样的象牙只是在渐新世（距今 3 400 万～2 300 万年前）和随后的中新世（距今 2 300 万～300 万年前）发展出的无数种象牙形状中的一种。有些物种的下牙像抹刀或铲子，有些物种的上下牙长得很长，像一个从嘴巴中伸出来的巨大镊子。

哺乳动物档案

恐象

拉丁学名：*Deinotherium*，含义是"可怕的野兽"

科学分类：长鼻目, 恐象科

体形特征：肩高约 4 米, 体重达 14 吨, 是非洲丛林象体重的两倍

生存时期：中新世～更新世

化石分布：非洲、欧洲、亚洲

生活环境：森林、平原

讲解：体形高大, 下颌有弯钩状象牙, 象鼻较短; 因为身材过于庞大, 它每天大部分的时间都在进食

（a）

（b）

图 7-4 已灭绝的古乳齿象和恐象

注：古乳齿象的头骨（a）和恐象骨架（b）。照片分别由埃及地质博物馆和亚历克斯（Alexxx）提供。

还有一种叫恐象（见图 7-4）的物种，没有上牙，下牙变形为一对向后弯

——

曲的牙，好似一个开瓶器。这些多种多样的牙齿形状可能具有双重作用：一是使不同的物种可以专攻不同的植物，例如，恐象开瓶器般的长牙可以钩住树上的树枝；二是牙齿挥动起来也可充当展示特征，向兽群显示力量或吸引力。

中新世的一些大象变成庞然大物，吨位超过了今天所有的物种。在此过程中，它们趁阿拉伯半岛与欧亚大陆接壤之时走出了非洲。恐象肩高约4米，体重达14吨，是非洲丛林象体重的2倍。但恐象甚至还不是最大的大象。这个头衔属于后来一种被称为古菱齿象（*Palaeoloxodon*）的物种，人们发现了它零碎的骨骼，并利用骨骼推测：它的尺寸大得荒谬，身高超过5米，体重大约为22吨。如果这些数字正确（对于根据孤立的骨骼推断出的整个身体尺寸，我们总是有点儿不确定），那么古菱齿象将成为陆地上曾经生活过的最大的哺乳动物。它将打破大多数教科书中所说的有史以来最大的哺乳动物的纪录——一种名为巨犀（*Paraceratherium*）的无角犀牛，生活在始新世-渐新世交界时期，据说高约4.8米，体重约17吨。

究竟谁才是王者并不重要。古菱齿象这样的大象和巨犀这样的犀牛都是巨大的。它们在体格上可能相当相似，这说明了哺乳动物演化的一个更广泛的模式：在3 400万年前的始新世-渐新世交界时期，陆地哺乳动物达到了它们有史以来的最大体形，从那时起直到现在，犀牛和之后的各个大象群体轮流占据榜首。这表明陆地哺乳动物的整体体形受到一定限制，这可能由多种因素决定。首先是食性：体形最大的

哺乳动物档案

巨犀

拉丁学名: *Paraceratherium*

科学分类: 奇蹄目，巨犀科

体形特征: 体长可达8米，肩高可达5米，体重约17吨

生存时间: 始新世～渐新世

生活环境: 森林和开阔林地

化石分布: 亚洲、东欧

讲解: 额头隆起，无角；耳朵小，脖子很长；鼻骨光滑，向下弯曲；身躯庞大；四肢很长，每足有三个趾头；以树叶和嫩枝为食

哺乳动物总是食植动物，通常比它们身边最大的食肉动物还要重 10 倍左右。体形要变得特别大，就需要稳定的热量来源，而最好的方式是疯狂进食植物，它们往往比肉类更容易获得。第二点与温度有关：大型动物面临着体温过高的风险，体形越大，问题就越严重。古菱齿象和巨犀的体形可能接近功能极限。如果再大一些，也许哺乳动物就无法摄取足够的食物，或无法迅速排出体内的热量。当然，这些哺乳动物可能还面临着其他限制因素。但话又说回来，若找到了一种更大的陆地哺乳动物的化石，我们就可能会重新考虑这个问题。

你可能会问另一个问题：为什么陆地哺乳动物没有变得和恐龙一样大？尽管它们已经很大了，但古菱齿象和巨犀的重量仍然不及最大的长颈恐龙的一半。这个难题可不容易回答，我认为这可能与肺有关。哺乳动物肺的运行是潮汐式的：随着肺部的扩张和收缩，气体呼进和呼出。当我们呼吸时，胸部就会上下起伏，我们都能感觉到这一点。鸟类则不同，呼吸时气体是顺着单一方向通过肺。这一精妙的构造是由气球状的气囊实现的，这些气囊连接到肺部，并以精确的顺序将空气输送到肺部。当鸟类吸气时，一些富含氧气的空气会直接穿过肺部，其余的则被分流到气囊中。然后气囊收缩时，其中仍然富含氧气的空气将在呼气时穿过肺部，这意味着鸟类和具有相同肺部的巨大恐龙在吸气和呼气时都能获得氧气。如此一来，恐龙每次呼吸都能比同等大小的哺乳动物获得更多氧气。还有，鸟类的气囊遍布全身，甚至连骨头里也有，充当着空气调节系统，并减轻了骨架的重量。我们最终得出的结论是：大型恐龙的呼吸效率更高，身体更容易降温，骨骼更轻、更柔软。我想，这就是为什么没有陆地哺乳动物能企及它们的巨大体形。

以任何客观标准衡量，虽然陆地哺乳动物体形可能无法媲美恐龙，但今天的非洲象和印度象仍然非常大。它们整个身体的构造满足了体形的需要。四肢是梁，像希腊圆柱，支撑起它们的腰部。看起来滑稽、松软、下垂的耳朵是降温板，帮助它们排出多余的热量。它们将哺乳动物以传统方式排列的牙齿组合变成一组简化的长牙、鞋般大小的臼齿和前臼齿，牙齿大到每个颌骨中每次只能塞进一两颗。这就需要一种全新的牙齿生长方式，也就是顺次替换（serial replacement）。它们的颌骨是传送带：新的臼齿在后部萌出，并逐渐向前移动，在咀嚼时被磨损，然后从颌骨的前部掉落，由来自后方的下一颗牙齿取代。这样它们就可以食用很多很多植物——每天几百千克——来维持它们的体形。它们的大量进食也产生了些影响：它们吃得太多，可以连根拔起树木，使稀树草原成了草原；它们挖掘水源时，可以挖出水坑，这些水坑反过来成了新的微型生态系统的生命之源。

不过，请不要误以为大象是四肢发达、头脑简单的巨兽。真正让它们如此伟大的是它们肌肉与智慧并存。从绝对值上来说，它们的大脑是巨大的，毕竟它们是这么大的动物。从相对值来说，它们的大脑也是巨大的：大象的大脑体积与身体大小的比值，与灵长类动物处于一个等级。与灵长类动物和鲸一样，大象是"大脑仁俱乐部"的成员：大脑与体重的比值最大，它能够完成许多耗费智力的任务。大象拥有超群的长期记忆，可以用鼻子制造工具，表现出复杂的社会行为和解决问题的能力，并能认出镜中的自己。它们通过低频次声波发声或震动通讯来进行长距离交谈——通过制造小型地震来交流！生物学家认为，大象甚至可能表现出一种同理心，对象群中生病或垂死的成员表示关心，并对祖先和表亲的骨骼产生兴趣。

它们拥有这多技能，却有一件事做不到。动画片主角小飞象可以通过拍打耳朵在空中翱翔，但现实生活中的非洲象和亚洲象显然不会飞。有史以来的其他所有哺乳动物都没法做到这点，只有一个群体除外——蝙蝠。

夜幕中的飞行者，成功的蝙蝠

在纽约攻读博士学位时，我在中央公园西侧的美国自然历史博物馆有一间办公室。我在那里是为了研究恐龙：美国自然历史博物馆收藏了世界上最大的收藏品之一，其中包括一些最著名的霸王龙骨架。当我走进恐龙仓库，在排列着木制橱柜的高高的拱形走廊穿行时，偶尔会遇到南希·西蒙斯（Nancy Simmons）。

那时候我和南希还不是很熟。在博物馆的近 5 年时间里，我大概只和她说过几次话。我为此颇感遗憾，因为随着我逐渐将研究重点从恐龙转到哺乳动物，我对她的研究越来越熟悉，她已逐渐成了我的学术偶像。

南希是一名古生物学家，尽管这只是她的兼职工作。她的职业生涯始于研究生时期，之后她成了研究多瘤齿兽类的世界级专家之一。多瘤齿兽类是一种长着獠牙、以花为食的哺乳动物，生活在白垩纪的霸王龙脚下。出乎意料的是，她随后改变了方向，成了研究蝙蝠的世界级专家。在我开始攻读博士学位的几个月之前，她发表了一项轰动一时的发现，还因此登上了《自然》杂志的封面。她的发现是关于世界上最古老、最原始的蝙蝠——名为爪蝠（*Onychonycteris*，见图 7-5），来自约 5 250 万年前的始新世早期。但大多数时候她并非忙于描述古老的骨骼，而是穿行于东南亚和新热带地区的丛林，寻找当今蝙蝠的新物种，收集蝙蝠的血液和其他组织样本，以获取 DNA 来绘制家谱。

图 7-5　南希·西蒙斯描述的爪蝠化石

注：马修·狄龙（Matthew Dillon）供图。

蝙蝠我们无须过多介绍。不管你是喜欢它们还是害怕它们，你对它们的名字一定很熟悉。蝙蝠是唯一一种会飞的哺乳动物。有些哺乳动物可以借助皮肤膜飞翔或滑翔，比如飞鼠和皮翼类（也叫鼯猴，但不是灵长类动物），或者在侏罗纪和白垩纪已经灭绝的贼兽类，比如我在前几章提到的在中国工作坊看到

——·——

的神秘化石。然而，蝙蝠是唯一一种采用动力飞行的哺乳动物。它们通过主动拍打翅膀，产生推动自身在空中飞行所需的升力和推力。

扑翼飞行并非易事，这就是为什么在整个脊椎动物的历史上，相关演化只成功了三次。每一次飞行都是一次不同的实验。翼手龙伸出无名指来支撑巨大的皮肤帆。鸟类的恐龙祖先将整个手臂拉长，以固定长满羽毛的翼。而蝙蝠则将大部分手指拉长，形成了翼手（见图 7-6）。蝙蝠翅膀的构造很巧妙：手指之间延伸的皮肤很薄，富有弹性，当附着在胸骨上的大肌肉收缩时，它就会随之扇动。这使得蝙蝠能够快速飞行——有些蝙蝠飞行速度可以达到每小时 160 千米，并且能够流畅地绕过障碍物，这对于主要在夜间活动的动物来说是一种有用的天赋。

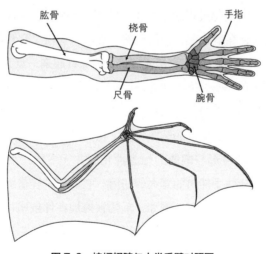

图 7-6　蝙蝠翅膀与人类手臂对照图

注：萨拉·谢利绘。

飞行是蝙蝠的超能力。这种能力使蝙蝠得以获得地球上的哺乳动物无法获得的栖息地和食物，这肯定是蝙蝠种类今天如此多样化和丰富的主要原因。目前，每五种现存的哺乳动物中就有一种是蝙蝠。蝙蝠总数约为 1 400 种，其多样性仅次于啮齿类。蝙蝠不仅物种多，而且善于共存：在热带地区，已知有100多种蝙蝠生活在同一个生态系统中。其中一些蝙蝠种类非常丰富。蝙蝠之所以令人毛骨悚然，一个原因是它们经常生活在密集的群落中，无数蝙蝠用脚倒挂在洞穴里或桥下栖息，彼此堆叠在一起，从远处看它们就像一张巨大的毯子，然而它们散发出恶臭味，粪便大量滴落，这暴露了它们是一群动物。我永远记得参观蝙蝠聚居地时的情景。在得克萨斯州奥斯汀的国会大道大桥下，大约150万只蝙蝠聚集在那里。黄昏时分，在阵阵翅膀拍打声中，它们倾巢出动，准备在夜晚捕食昆虫。这样的动物"表演"我前所未见。但正是因为这种群居生活，蝙蝠才如此容易受到感染和疾病的影响，这也是为什么蝙蝠栖息地是臭名昭著的病毒孵化器——那里的病毒随后会传染给人类。

蝙蝠是如何演化出它们的空中超能力的？令人惊讶的是，我们对它们发展出翅膀和飞行能力的进化过程知之甚少。我们从 DNA 亲缘鉴定中得知，蝙蝠是劳亚兽类的成员，在谱系上，它们汇聚在食肉目动物（狗和猫）和有蹄类哺乳动物（奇蹄类和偶蹄类）附近。毫无疑问，蝙蝠看起来一点儿也不像马或狗，所以这之间一定存在一个灭绝物种的过渡序列，这个序列中，四肢行走的陆生哺乳动物演变为使用翼手的飞行动物。问题是，我们没有太多化石来描述这种演化转变。最早出现在始新世的蝙蝠骨架，比如南希发现的爪蝠，已经看起来形似蝙蝠了。它们的身形与蝙蝠的标志性轮廓并无二致：小脑袋，紧凑的身体，小尾巴，以及从两手伸出的宽大的翅膀。它们都是轻量级动物，精致的骨骼只有在特殊情况下才能保存。例如，爪蝠被掩埋在怀俄明州一个平静的湖泊深处，就像蝙蝠后来在始新世被埋在德国的麦塞尔湖一样。这些幸运保存下来的始新世蝙蝠的祖先可能更小，死后骨骼更容易四分五裂。我们还没那么幸运，没能找到它们的化石——目前还未找到。

虽然我们还没找到第一批长出翅膀并飞到空中的真正的蝙蝠祖先的化石，但我们可以根据爪蝠和其他早期蝙蝠的情况做出推测。南希和同事对爪蝠进行描述时，意识到它比现在的物种要原始得多。当然，它有一只翼手，胸骨上有一个用于附着拍打肌肉的巨大的脊，所以它能够飞行。但它的翅膀形状十分独特：与大多数现代蝙蝠更宽阔、更优雅的翅膀相比，它的翅膀又短又结实，这意味着爪蝠的机动性较差，需要飞得非常快才能产生足够维持空中飞行的升力。它的飞行模式可能很奇怪，在扑翼和滑翔之间交替，它像一只醉酒的蝴蝶一样在空中乱舞。这些蝙蝠还有其他解剖学上的奇怪之处。有趣的是，如果将翼手拿开，你会发现爪蝠拥有滑翔动物的标志性身体比例，好似一只鼯鼠。此外，它所有手指上都有锋利而弯曲的爪子，这一点和现代蝙蝠并不类似，现代蝙蝠的翼指上没有爪子。爪子表明爪蝠是一种敏捷的攀爬者，可以用四肢攀爬上树。

把所有的线索放在一起，我们会发现，蝙蝠是由一个生活在树上、会滑翔的祖先演化而来的，它通过延长手指形成翼手而成了扑翼飞行者。新翅膀扭转了乾坤：表面积大约是其他滑翔动物翅膀的 2 倍，能产生升力和推力，因此蝙蝠能够进行更精确和更远的飞行。即便如此，它们的动力飞行也会相当笨拙。爪蝠的空气动力学效率比当今蝙蝠要低，它需要更努力挥翅才能产生升力，而且永远无法轻松地绕过树枝或其他障碍物。但是，蝙蝠已经跨越了一个门槛，开始拍打翅膀。从那时起，自然选择便将它塑造成越来越优秀的飞行者，让它拥有更宽大的翅膀，从而赋予它更大的升力，让它能飞行更长的距离，有更强的机动性。

这个故事听起来很不错，根据我们目前的了解，这个故事的逻辑也说得通。但最终，我们需要找到中间物种的化石，即从地面活动到滑翔再到拍打翅膀的过渡期间的物种，来证明这一点。

不管蝙蝠是如何长出翼手并开始拍打翅膀的，很明显，一旦具备飞行能力，它们很快就遍布于世界各地。到始新世早期结束时，也就是古新世—始新世极热事件导致的全球变暖的几百万年后，蝙蝠将它们的化石留在了北美洲（如爪蝠）、欧洲和非洲。化石甚至出现在了澳大利亚和印度。那时的澳大利亚已经像今天一样，是位于世界边缘的一个岛屿，而当时的印度是一个尚未与亚洲接壤的岛屿。蝙蝠因此成了第一种遍布世界的有胎盘类哺乳动物，它们率先打破了地理桎梏，而正是这种地理桎梏在那时决定着古新世和始新世物种的演化。背后的原因并不神秘。蝙蝠会飞，它们可以轻易跨越阻碍，飞过彻底阻碍陆地哺乳动物迁徙的海洋屏障。它们像入侵部落一样在全球范围内迅速发展。在南美洲和非洲的本土动物演化出自己特有的飞行形态之前，它们到达了这两个巨大的岛屿大陆。唉，这可能就是为什么没有奇怪的有袋类蝙蝠或非洲兽类蝙蝠，而只有劳拉兽类蝙蝠。

蝙蝠在地球上散布开来。时至今日，除了南极洲，每一块大陆和所有不结冰的陆地上都有它们的身影，它们的体形、翅膀形状、飞行方式、食性和生态变得多种多样。在大约 4 800 万年前的始新世中期，数百只蝙蝠坠入了麦塞尔湖有毒的泥浆中。它们的化石种类繁多，令人惊叹，已知有 7 个物种，其翅膀形状和石化的胃内容物证明了它们生活方式的多样性。其中，既有在湖面上空翱翔的窄翼高飞者，也有在森林下层茂密植被中飞冲的宽翼冒险者，还有的翅膀形状介于两者之间，常在树间的空地上盘旋。有些物种以飞蛾和其他飞虫为食，有些则从树枝上食取甲虫和更多静止不动的虫子。

似乎所有的麦塞尔蝙蝠都有第二种超能力：回声定位。这是一个高功率的生物声呐系统，完全无法与我们拥有的感官系统相媲美。蝙蝠会从喉咙中发出尖锐的叫声，或者用舌头发出"咔嗒"声，之后倾听回声，并在大脑中对声音景观形成"图像"。通过这种方式，它们可以在黑暗中"视物"——这是一种第六感，可以用于发现隐藏在暗处的捕食者、可以食用的美味虫子和需要避开的树枝。要做到这一点，使用喉咙进行回声定位的蝙蝠需要满足两个条件：第一，耳朵中要有一个巨大的螺旋耳蜗，用来听取回声；第二，喉部和耳朵之间要有牢固的连接，该连接由一个被称为茎舌骨、包裹在耳膜环状骨上的扩大的喉骨实现，这样神经系统就可以将传出的尖叫声与传入的回声进行比较，并为用来发声的突出的喉部肌肉提供支撑。这些解剖特征可以在化石中观察到。这就是为什么我们知道麦塞尔蝙蝠可以进行回声定位，而南希找到的爪蝠做不到这一点。因此，回声定位很可能是在蝙蝠可以飞行后演化的。

和飞行一样，回声定位的最初尝试作用并不大。一些麦塞尔蝙蝠的耳蜗只比那些没有回声定位能力的物种大一点点，也许只能进行低负荷的回声探测，帮助进行一般定位和避开明显的障碍物。随着时间的推移，这一系统经过自然选择的微调，好比 20 世纪 90 年代画面粗糙、功能有限的 Game Boy^①主机会升级成为现代游戏主机。更大的耳蜗使更进步的蝙蝠在黑暗中"看"得更清楚，能做更多事。它们不仅能避开障碍，还可以积极地使用声呐在飞行中捕捉昆虫。如今的蝙蝠是最老练的空中捕猎者之一，能在一片漆黑中聆听虫子忙乱的声音并准确定位，以便在飞行途中将它们抓获。回声定位是蝙蝠的宿命，是蝙蝠掌管夜空的入场券，使鸟类无法染指夜间生态位。鸟类更早从恐龙演化而来，但除了少数物种外，它们未能发展出回声定位功能。

并不是所有的回声定位蝙蝠都使用声呐来寻找昆虫，有些蝙蝠用它来获取其他种类的食物。其中最臭名昭著也最为可怕的蝙蝠是吸血蝙蝠，因为它们真的吸血。生活在中美洲和南美洲的三种吸血蝙蝠，是唯一一类完全以血液为食的哺乳动物，这种最不寻常的食性被称为血液寄生。没有什么比这些蝙蝠更让人毛骨悚然的了，它们通过回声定位和大脑调节来探测睡梦中的受害者。它们会在黑暗中悄无声息地向未知目标飞去，然后在附近降落，用四肢缓慢爬行，用鼻子上的热传感器找到皮肤下有血液流动的地方，之后亮出尖牙，发起攻击，用舌头舔舐渗出的血液。它们会持续狂饮大约 30 分钟，还会小心翼翼地避免吸走太多血液，以便让宿主活到下一次进食的时候。受害者通常是鸟、牛和马，但这些"吸血鬼"也会攻击人类。这些吸血蝙蝠群居生活，白天成百上千地悬挂在洞穴顶上，然后在夜间潜行——好像它们本身还不够可怕似的。一年中，一个由 100 只吸血蝙蝠组成的群体可以喝下 25 头牛的血。

---

① Game Boy 是任天堂公司发售的第一代便携式游戏机。——编者注

————

始新世有蝙蝠吸血吗？这是关于这些动物演化的众多开放性问题之一。我们不能确定。作为一名年轻的古生物学家，你想要有所建树，那就去寻找古新世或始新世最早的蝙蝠化石。如果你真的能找到，我建议你用南希的名字命名其中一件化石——就像我们的新墨西哥州团队正式将卡丽莎·雷蒙德发现的"远古海狸兽"命名为金贝托剪切兽一样——用来纪念南希在转而研究蝙蝠之前对多瘤齿兽类早期研究的贡献。在过渡性化石揭示蝙蝠如何从奔跑者变成滑翔者再变成飞行者之前，相当多的谜团仍将存在。另一个哺乳动物群体经历了一个截然不同却同样显著的转变，但是这一次，有化石向我们展示了演化的过程。

鲸，升级装备称霸深海的海洋巨兽

吉萨金字塔屹立了4 000多年，在撒哈拉沙漠饱受日晒雨打。它们和许多古埃及纪念碑一样，使用了坚硬的材料，是用比法老还要古老得多的石灰石建造的。这些富钙岩石十分坚硬，形成于4 000多万年前始新世时期特提斯海温暖而安静的海水中。早在北非变成陆地，后变成沙漠，然后成为人类文明的摇篮之前，生活在这个失落世界的生物就以化石的形式留下了痕迹。吉萨金字塔的砖块上覆满了藻类的碎片、微型浮游生物的外壳和石化的蜗牛。在西南约160千米处，尼罗河灌溉的棕榈林立的法尤姆绿洲附近，更为壮观的化石从始新世地层中冒出头来。

阿拉伯语中的 Wadi al-Hitan 译为"鲸鱼谷"。这并非比喻。那里，鲸的骨架散落在沙漠中，仿佛从始新世的海底被冲到了地面，变成石头。这一场景令人不安，很有冲击力：那里距离有鲸游动的最近的海洋160多千米远，是世界上最干燥的地区之一，居然有成千上万的鲸遍布在沙漠中，经受高温炙烤。它们确实是离开水的鲸，几乎就像被扔在月球的火山口上一样离奇又神秘。许多骨骼都像古代骨骼一样原始：巨大的躯体排列得井然有序，长满牙齿的头部与微微拱起的脊椎相连，肋骨侧向突出。如果你沿着躯干的蛇形轮廓看去，会发现扁平的鳍状肢自肩部开始出现，之后从背椎过渡到尾椎，到尾巴开始变细时，开始出现一些与骨架其他部分没有联系的小骨骼——一个骨盆和一条腿（见图7-7）。

（a）

（b）

图7-7　埃及沙漠鲸鱼谷中的鲸骨架化石

注：艾哈迈德·摩萨德（Ahmed Mosaad）和穆罕默德·阿里·穆萨（Mohammed ali Moussa）分别供图。

———•———

这很奇怪。在现代鲸身上可看不到腿。它们不需要腿，因为它们用前鳍状肢来掌握方向，用有尾片的尾巴来游泳。

鲸鱼谷中的骨架属于约 15 米长的龙王鲸（*Basilosaurus*）、它较小的表亲矛齿鲸（*Dorudon*）等其他物种，都不是普通的鲸。它们让人想起鲸曾经依靠两腿行走的时代。虽然鲸鱼谷的物种生活在海洋中，但它们保留了曾生活于陆地的祖先的腿——祖先在始新世大约 1 000 万年的时间里冒险进入水中，身体也从短跑运动员般的长四肢结构变为潜艇般的游泳工具，再也没有回归陆地。在这个过程中，它们变得越来越大，越来越适应海洋，逐渐失去了陆地哺乳动物典型的身体结构，获得了完全适应水下生活的结构。

这是一个关于重大演化转变的典型例子。这个概念在所有生物教科书中都有介绍，指的是一种有机体的外观和行为发生彻底转变，其身体经过改造，以适应新的生活方式。这不是假设。我们有龙王鲸和矛齿鲸等一系列真正的化石骨架——展示了鲸一步步的蜕变。如果有人声称在化石记录中没有"过渡化石"或"缺失环节"，我们就可以告诉他们关于"行走鲸"的故事。

在深入研究鲸的历史之前，让我们先弄清楚一些显而易见的事情。鲸看起来像鱼，但把它们误认为大鱼并不好笑，我也是上了很多年学才明白鲸是哺乳动物。它们与鱼相似，因为趋同演化使它们的身体适应了同样的生活方式：在水中游泳、进食和繁殖。这意味着鲸与其他哺乳动物不太相似，因为始新世从陆地到海洋的过渡抹去或改变了许多典型"哺乳动物"的特征和行为。因此，鲸是所有哺乳动物中最不像哺乳动物的，但它们确实是哺乳动物。如果仔细观察，你就会发现一些迹象。它们有定义哺乳动物的单块下颌骨和三块中耳骨；有乳腺，用乳汁喂养后代；皮肤光滑，但保留着残余的毛发，即嘴边的胡须。在某些物种中，这种毛发只存在于幼崽身上。此外，鲸是有胎盘类哺乳动物，后代体形较大（通常非常大），发育良好，由胎盘滋养。如果你不相信，可以去它们的肚脐上寻找证据：自胎盘延伸出的脐带附着在子宫里。

————•——

鲸是哺乳动物，但它们是什么类型的哺乳动物呢？或者换个问法：它们是从哪种陆地哺乳动物演化而来的？这让人们困惑了数千年。亚里士多德认识到了鲸不是鱼，但在那个还没有进化论的年代，他没有办法从原理上说明它们是从其他物种演化而来的。达尔文曾荒唐地推测鲸可能是由一边游泳一边大张着嘴并从水面上掠食昆虫的熊演化而来的。这个想法太荒谬了，所以他在后来写《物种起源》时删除了这个部分。1945年，乔治·盖洛德·辛普森绘制出了著名的哺乳动物谱系树，但在这个问题上也失了手，让鲸自成一个分支，与其他类群远远分开。最后，到了20世纪后半叶，化石记录中出现了一个有希望成为鲸祖先的候选人：来自古新世的"古"有胎盘类，叫作中爪兽类，其厚而锋利的牙齿与鲸化石相似。然而，由于趋同演化的可能性，这种关系经不起深究，根据牙齿相似性推断的关系通常也十分脆弱。

真正的答案出现在20世纪末。这个谜题通过化石和DNA亲缘鉴定得到了解答。与我们之前讨论过的许多其他案例不同的是，这次DNA亲缘鉴定得出了相同的结论。鲸是偶蹄类，属于偶蹄类哺乳动物。

最初，DNA显示鲸在谱系树上与牛、羊、河马、骆驼、鹿、猪和其他偶蹄类食草动物聚在一起，之后化石也证明了这一点。2001年，人们发现了几具来自始新世的原始行走鲸的骨架，它们有着最具标志性的偶蹄类特征：双滑轮状的距骨，其两端各有一个深槽。上一章介绍过，偶蹄类动物在始新世初期，也就是古新世一始新世极热事件导致的全球变暖时期，开始发展出这种独特的脚踝，一种帮助动物快速奔跑而不会造成脚踝脱臼的结构。其他哺乳动物都没有这个结构，就连马或狗这样的极速奔跑者也没有。当然，现代鲸更没有了，因为它们已经失去了有关脚踝的所有痕迹。这些正在尝试走入海中的远古鲸，后肢已经退化不见，而它们之所以有这种结构，唯一的原因是它们从偶蹄类的祖先那里继承而来。就像我们的阑尾一样，它曾经有过功能，现在虽失去功能，却仍然存在。这也是件好事，因为踝骨与DNA不同，它是有形的，即使是最持怀疑态度的古生物学家也会立刻相信鲸是偶蹄类动物。

这就引出了下一个问题：鲸是从哪种偶蹄类演化而来的？DNA 亲缘鉴定给出了一个线索：鲸的近亲是河马。但河马和鲸几乎没有相似之处。你能想象出蓝鲸和河马的共同祖先可能会长什么样吗？另外，最早的河马生活在中新世，比龙王鲸和矛齿鲸在始新世海洋中游弋还要晚上几百万年。这意味着河马不是鲸的祖先，而是第一代表亲。在化石记录中，人们发现鲸真正的祖先是过渡性物种，这个过渡链中有龙王鲸（见图 7-8）和鱼龙。这样一来，古生物学家可以扬扬得意地宣称：是化石揭示了鲸走入水中的故事，而不是 DNA。**这是一个关于小鹿斑比如何变成白鲸的故事。**

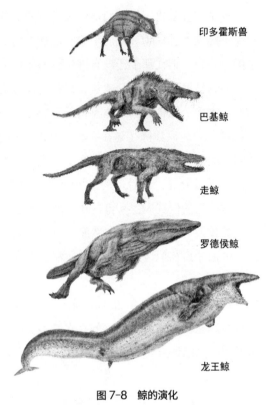

印多霍斯兽

巴基鲸

走鲸

罗德侯鲸

龙王鲸

图 7-8　鲸的演化

注：托德·马歇尔绘。

　　故事开始于埃及鲸类穿过特提斯海，向东游行的 1 000 万年前。那时印度还是一个岛国，但这种状况并没有持续太久，因为它正通过赤道迅速向北推进，注定要与亚洲板块相撞，这是特提斯海道关闭大戏的第一幕。大约在 5 300 万～ 5 000 万年前（误差不会太大），只有一片狭长的热带水域被夹在两块陆地之间。这一区域很快就会被击碎并堆叠成喜马拉雅山脉，成为两块不可移动的地壳之间的缝合线。不过，在此后的几百万年里，那里一直是一片安静的滞水区，一片浅水和阳光照射的海洋大陆架，由流出印度的河流滋养。**这个不起眼的地方孕育了演化史上最伟大的实验之一**（见图 7-9）。

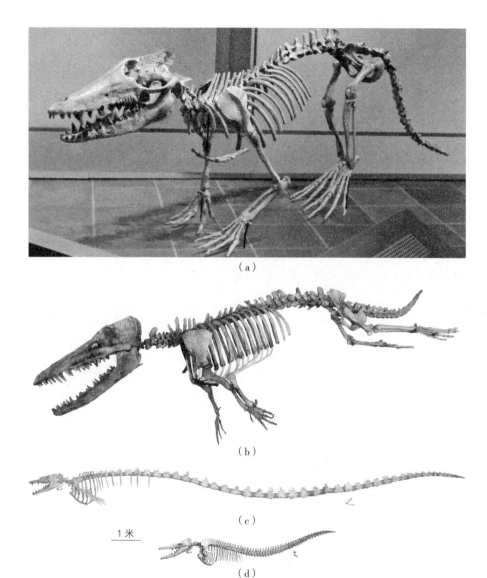

（a）

（b）

（c）

1米

（d）

图7-9 鲸的化石骨架

注：显示了鲸从陆地到海洋的演化：巴基鲸（a）、走鲸（b）、龙王鲸（c）、矛齿鲸（d）。图中比例尺仅适用于图（c）和图（d）。凯文·格廷（Kevin Guertin）、诺塔弗莱（Notafly）和沃斯等供图①。

---

① 引自 Voss et al., 2019, *PLoS ONE*。

被困在印度岛的许多哺乳动物中，有一种浣熊大小的偶蹄类动物，叫作印多霍斯兽（Indohyus）。它小巧好动，口鼻似狗，身如幼鹿，用尖细的四肢踮着脚尖穿过森林，过着啃食树叶、躲避捕食者的卑微生活。由于拥有双滑轮状的脚踝，它可以用一种跳跃的步态，将大多数捕食者甩在身后。不过，它偶尔也会被一种更出众的掠食者吓到，这种掠食者靠的不是双足，而是翅膀，那是一种猛禽。但这种小小的有蹄类哺乳动物也有自己的绝招：就像今天的非洲鼠鹿一样，它可以跳入溪流和湖泊，蹲伏在水下。它不是游泳高手，但可以将水当作庇护之地，也许它也曾趁此机会大口嚼食水生植物，等待劲敌飞走。诚然，我在这里讲的是一则有趣的虚构故事——但它建立在化石的基础上，这些化石不仅阐明了印多霍斯兽的生活方式，而且表明这种瘦小、卑微、与巨大的蓝鲸在体形上有天壤之别的动物，是鲸的祖先。

第一批印多霍斯兽化石是由印度地质学家 A. 兰加·拉奥（A. Ranga Rao）于 1971 年在克什米尔地区（印度和巴基斯坦之间存在争议的边境地区）收集并描述的。它们数量不多，只有几颗牙齿和部分下颌骨。拉奥直到去世都没弄清楚他发现的动物究竟是什么类型。然而，他的遗孀不肯放弃。她保存着克什米尔挖掘现场的几箱岩石（许多还没有开箱），并将它们交给荷兰裔美国古生物学家汉斯·泰威森（Hans Thewissen）。一开始，泰威森也没把它们太当回事，直到他的技术人员不小心打碎了嵌在其中一块巨石上的头骨。泰威森不敢相信出现在他眼前的东西：一个包裹着三块中耳骨的空心听泡，形状像海螺壳，内壁增厚且弯曲。这块位于头骨后部的骨骼，别人也许叫不出名字来，但解剖学家却知道它具有两个重大意义。

第一，从系谱上来说，正是这个不寻常的听泡将印多霍斯兽与鲸联系在一起。几乎所有的哺乳动物都有一个小巧的听泡，有些薄如蛋壳，看起来像是一个气泡。但鲸不一样，它们的贝壳状听泡坚硬如石。正如双滑轮状脚踝是偶蹄类动物的特征，这个听泡可谓鲸的名片。我们无法获取印多霍斯兽这样古老的动物的 DNA，听泡便是解剖学对鲸的家族史所能提供的近乎确凿的证据。

——·——

　　第二，听泡向我们揭示了印多霍斯兽的生活方式。鲸有奇怪的听泡不无原因。回想一下我们之前提到的，在所有的哺乳动物中，这些位于头部两侧的海绵状骨就像降噪耳机，当中耳骨将声音传输给耳蜗，再传输给大脑时，它就将中耳骨隔离开来。鲸需要在水下听到声音，水是一种比空气更有挑战性的媒介。因此，它们需要助听器，而听泡增厚的外壳和弧形的构造增强了探测声音的能力。由此可以推断，如果印多霍斯兽有同样的助听器，那么它一定也是一个敏锐的水下倾听者。这与拉奥发现的其他奇怪化石相吻合。印多霍斯兽的四肢骨骼致密、壁厚、骨髓腔小，这是水生动物的特征，它需要压舱物来减少浮力，以便保持在水下。印多霍斯兽的身体构造——小脑袋、强壮的躯干、树枝状的四肢、长长的手和脚——与鼠鹿惊人地相似，表明它的生活方式也与鼠鹿相似，会在河流和小溪的岸边觅食，受到威胁时会潜入水中。

　　综上所述，很明显，印多霍斯兽是一种正尝试入水的陆地哺乳动物。在此过程中，它迈出了漫长演化旅程的第一步。这并非一场已被上天安排好的旅程，大自然并非注定要创造鲸。演化从不这样发挥作用：它不会有什么提前计划，从来都只在当下运作，让有机体自我调整，应对它们所面临的直接挑战。印多霍斯兽潜入水中只是想逃跑，或者寻找食物。它根本不会想到自己的后代会变成大海兽。但是已经没有回头路了，这些娇小的偶蹄类已经把蹄子浸入水中，自然选择可以使它们成为更有能力的游泳者。

　　下一个任务就是对手臂和腿做些改造。印多霍斯兽牙签状的四肢和蹄状趾在水中只能提供极小的推进力。如果看过在网上疯传的一头鹿被困游泳池的视频，你就会明白我的意思。进化论给出的答案是巴基鲸（*Pakicetus*），它是陆地到海洋这条演化链的下一个环节，由泰威森的博士顾问菲利普·金格里奇进行描述。上一章提到过这位博士，他是古新世一始新世极热事件导致全球变暖问题的专家。金格里奇同样是研究早期鲸的专家，巴基鲸是他最大的成果。它的体格像一只大狗，它有长长的口鼻部，会像狼一般露齿咆哮，这表明它的食性已经从素食变成肉食。最突出的是四肢：它比印多霍斯兽更强壮，前足和

———

脚开始变得像水肺潜水员的脚蹼。在水陆两个世界里，巴基鲸仍然主要依靠行走来前进：它可以用双滑轮状的脚踝在陆地上自如地行走，也可以在流向特提斯海道的浅水溪底行走。它能用四肢划水，还能稍微摆动一下身体。它好似一种多用途的两栖交通车，能够以多种不同的方式四处走动。

尽管如此，巴基鲸还远远算不上一个优雅的游泳者，因为它过着在陆地和溪流之间穿梭的双重生活。在演化链的下一个环节，由泰威森描述的走鲸（*Ambulocetus*）冒险离开了印度岛，来到特提斯海岸盐分较高的水域。因为它的体形与大型海狮相当，显然它比巴基鲸更像水生动物。它身体更长，更接近管状，四肢更短，手和脚更宽，看起来像桨。它可以通过两种方式在洋流中为自己提供动力：从陆地祖先那里保留下来的前肢和后

哺乳动物档案

走鲸

拉丁学名：*Ambulocetus natans*
科学分类：鲸偶蹄目，古鲸亚目，陆行鲸科
体形特征：体长 3 米，体重 300 千克
生存时期：始新世
生活环境：森林、浅海
化石分布：巴基斯坦
讲解：用四条腿在陆地上行走的最原始的鲸；头部与现生鲸神似，四肢结构和狗类似；既能在陆地上生活，又能在水中生活；脚掌很大，有脚蹼；大型的后肢使它很适合在海里游泳；腿太短，所以它只能在地上慢慢爬，不能快速跑

腿，可以用来划水，这是老办法了；脊椎可以上下起伏，这是在水中新发展出的天赋。它还演化出了另一种助听构造：下颌的脂肪垫与大听泡相连，收集水下振动并传送到耳朵。

就像今天的鲸一样，走鲸真正通过颌部听声音，这堪比演化中的"黑科技"，避开了陆地哺乳动物鼓膜在水下毫无作用的缺点——我们试图在游泳池里彼此交谈却什么也听不到时，就能够体会到这种无力感。像走鲸这样具有游泳和感官能力的动物很少有时间在陆地上活动。它可能还能行走，至少能蹒跚而行，但它的生活方式更像鳄鱼——一种伏击捕食者，喜欢在浅水中游荡，用

尖尖的牙齿抓鱼。

就这部分变化而言，演化已经把一只看起来像小鹿的动物变成一只中等大小、有蹼、会游泳的哺乳动物，而且它在水下也能听到声音，打破了陆地和淡水的界限。它此时正在印度洋沿岸的浅海中划水、扭动、埋伏着。它没有回头路了，陆地被抛在了身后，它面前是大海，全世界的大海——不只是一座岛屿的临海区域，而是覆盖了地球表面 70%、有着宽广波涛的黑暗深海。

第一批遍布全球的鲸是原鲸类（protocetids），以另一个被金格里奇命名的罗德侯鲸为例。它们仍然是可以走路的鲸，只不过走得很吃力。它们的前肢和腿（尤其是脚部）大得滑稽，但这并不是因为它们善于奔跑。这是它们的游泳装备。虽然原鲸类的足可以在陆地上撑起它们的身体，但它们会像潜水员穿着脚蹼跑步一样笨拙。它们可能像海豹一样生活，大部分时间都在水中，偶尔也会爬到岩石上晒太阳、交配、分娩和哺乳。除此之外，陆地对它们没有什么别的用处。它们差不多放弃了祖先的陆地家园，转而去广阔的海洋中生活。4 000 万年前，当印度洋板块撞击亚洲板块的时候，亚洲、非洲、欧洲和北美洲海岸都出现了原鲸类，而一种名为旅鲸（Peregocetus）的物种最远可达南美洲的太平洋沿岸。在同一时期迁徙的原鲸类和非洲兽类中的热带海牛紧随蝙蝠之后，成为第二批遍布世界的有胎盘类哺乳动物。蝙蝠通过飞行摆脱了地理限制，原鲸类则是通过游泳，用有蹼的巨大手足推动自己在全球穿行。

行走的鲸停止行走，完全脱离了陆地。埃及鲸鱼谷出土的骨架，特别是巴基鲸，捕捉到了鲸演化的这一关键时刻：它们彻底生活在水中，第一次显露出与我们今天所认识的鲸相似的样子。

有几个方面将龙王鲸与原鲸类区分开来。首先，龙王鲸是巨大的：身长约17 米，体重达 5 吨多，比大多数原鲸类都要大上一个数量级。为了在水中移动庞大的身体，龙王鲸发展出一种新的游泳结构：一条由宽大脊椎支撑的有叶突的尾巴，能上下摆动来产生推力。它们能做出甩鞭似的动作，是因为它们的骨盆和后肢进一步萎缩，与脊椎分离，使得尾部更加灵活。龙王鲸的腿小得可怜，还不如人类的大，躯干却比许多游艇都长。它们的腿仍会从躯体下方露出，但后来这些外部特征都会从鲸身上消失。身体内部仍会保留萎缩的骨盆和四肢骨骼，因为它们固定着生殖器的肌肉，所以暂免于消失。不过，龙王鲸的前肢仍然很突出，变得扁平，呈宽大的船桨状，用于转向，但它们显然无法在陆地上支撑龙王

哺乳动物档案

龙王鲸

拉丁学名: *Basilosaurus*

科学分类: 鲸偶蹄目, 古鲸亚目, 龙王鲸科

体形特征: 身长约 17 米, 体重达 5 吨多

生存时期: 始新世

生活环境: 海洋

化石分布: 非洲、欧洲、北美洲

讲解: 以海洋哺乳动物为食; 虽然也会走路, 但相比之下更擅长游泳; 眼睛长在头顶上; 四肢开始演化, 更适合游泳; 小脑袋配上细长的身体, 从外观上看, 龙王鲸活脱脱是一条大海蛇

鲸 5 吨重的身体。它们的颈部变短，融入身体，使身体呈无缝的鱼雷状。鼻窦侵入耳朵周围的骨骼，以调整潜水时受到的压力，而鼻孔开始向后移动，成为气孔。所有这些都帮助龙王鲸成为一名游泳冠军。它不仅会游泳，而且极具威慑力。这是一种以其他鲸为食的顶级掠食者，在一具龙王鲸骨架的胃里发现的矛齿鲸骨骼证明了这一点。

到始新世末期，所有行走的鲸都消失了。演化过渡已经完成：鲸这种陆地动物成了习惯游泳的动物，再也不能回到陆地上做任何事情——躲避捕食者、进食、生育或睡觉。从现在开始，鲸会在水里完成这一切。然而，演化还需要进行修补工作，它从来就不曾停下。大约在 3 400 万年前始新世–渐新世的交界时期，**鲸开始进入历史的下一个阶段：是时候把这些水中的鲸塑造成最佳的水中动物了。**

这个时候，鲸的演化走上了两条道路，产生了两种各有特色的现代鲸：齿鲸类和须鲸类（见图 7-10）。它们各自拥有适应海底生活的一系列解剖特征和行为。这两个类群的化石在始新世－渐新世交界时期开始产生。从那时开始，现代鲸突破了原鲸类和龙王鲸的极限，向最高纬度和最冷的海洋扩张。如今，从沿岸到近海，从北极到热带，从浅水到深海，到处都有它们的身影，有些甚至冒险进入淡水水域，与海豚（是的，海豚是鲸的一种）

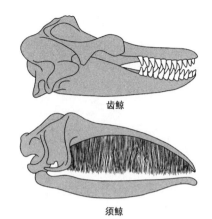

图 7-10　齿鲸和须鲸的头骨

注：萨拉·谢利绘。

和其他物种一起回到印多霍斯兽和巴基鲸曾生活过的河岸环境。从各方面来看，鲸已经建立起一个全球帝国。

如今的齿鲸类包括抹香鲸、虎鲸、独角鲸、海豚和鼠海豚。它们是凶猛的掠食者，占据海洋食物链的头号交椅，手握三件关键武器。

第一件武器是锋利的牙齿。经过改造，这些牙齿看上去不再像是哺乳动物的了。所有复杂的尖凸和齿脊都不见了，一系列门齿、犬齿、前臼齿和臼齿也都消失了。乳牙被恒牙替换的时代一去不复返，一同失去的还有咀嚼能力。取而代之的是，所有牙齿都呈圆锥形，可以让齿鲸类简单利落地从鱼或其他鲸身上将肉切下，之后将猎物吞入腹中。有些齿鲸类几乎连牙齿都不用，直接漫不经心地将猎物囫囵吞下。

第二件武器有些出乎我们意料，那就是蝙蝠也具有的回声定位能力，不过这个能力显然是由齿鲸类独立演化出来的。齿鲸类通过声唇挤压空气来发出高频的声响和哨音。声唇是呼吸孔下方鼻腔内的一个肉质收缩物。它们前额上突出的一团脂肪叫作"额隆"，就像一个声学透镜，可以聚焦声音，回荡并产生回声，之后耳朵里特化的耳蜗将探测到这些回声。蝙蝠通过回声定位来捕捉昆虫或寻找可供吸血的猎物，而齿鲸类利用声呐在黑暗浑浊的深海中定位鱼群或乌贼。它们的感官太敏锐了，连嗅觉都不再需要了——事实上，它们也不再能够嗅到味道了。

第三件武器是巨大的大脑。抹香鲸的大脑是地球上最大的大脑，也许也是有史以来最大的大脑。它的大脑重约 10 千克，是人类大脑的 5 倍，比所有大象的大脑都要大。如果你用它的大脑尺寸除以身体尺寸，粗略地对智力进行相对测算，就会发现这个比例在所有动物中名列第二，仅次于人类。抹香鲸非常聪明，足以智取猎物，会使用工具，还能在镜子里认出自己。

所有这些掠食性的力量早在现代抹香鲸及其近亲出现之前就已经演化出现了，大约开始于始新世－渐新世交界时期。最古老的齿鲸类，比如南卡罗来纳州的腔头鲸（*Cotylocara*）和回波猎鲸（*Echovenator*），有圆锥形牙齿、巨大的大脑，以及与高频声音的产生和探测相关的头骨特征，比如容纳额隆和控制肌肉的碗状凹陷，以及一个底部扩大的耳蜗。因此，齿鲸类与须鲸类分道扬镳后，发展出了超大的大脑和回声定位能力，迅速形成了独具一格的狩猎和认知模式。从渐新世一直到今天，它们成为越来越优秀的声呐专家，有更大的面部肌肉来制造声音，也有更大的额隆将声音传播出去。

一些古代齿鲸类会令现代齿鲸类相形见绌，连抹香鲸也黯然失色。中新世的梅氏利维坦鲸（*Livyatan melvillei*，此名是为了致敬《白鲸》[①]的作者），于大约 1 200 万年前在南美洲附近的太平洋游荡。它是地球历史上最大的掠食者之一，有 18 米长的身体和 3 米长的头部，可以轻轻松松吞下一个人（尽管这对人来说肯定不是什么舒服的事儿）。它一口能吞很多东西，可以轻易地吞下有史以来最大的陆地掠食者——独一无二的霸王龙——的头骨。而且，

———————————

①《白鲸》是美国小说家赫尔曼·梅尔维尔的海洋题材长篇小说。——编者注

它长约 30 厘米的牙齿比铁路道钉还粗，非常适合用来咬碎猎物，比如须鲸类
（mysticetes）的骨头。就像 B 级怪物电影 ① 导演梦想的那样，利维坦鲸与著名
的超级鲨鱼巨齿鲨共享同一水域。毫无疑问，鲨鱼会对鲸心生惊惧。

利维坦鲸和其他齿鲸类的化石都很大，但它们在最大的须鲸类面前简直不
值一提。须鲸类包括蓝鲸、露脊鲸、小须鲸和座头鲸，骨架颇具卡通风格，脑
袋鼓鼓的，细长而光裸的颌部向外弯曲得很远，就像一个垃圾桶或篮球筐的边
缘。你在这些结实的下颌骨上找不到牙齿的痕迹，因为须鲸类失去了它们祖
先的小牙，取而代之的是赋予它们名字的东西：鲸须，即悬挂在口腔顶部的一
组角蛋白板（就是构成我们指甲的东西），紧密排列、形似窗帘。有了鲸须，
须鲸类就能够做其他哺乳动物做不到的事情：滤食，即将小猎物从水中过滤出
来。有些物种的"进食之舞"很有看点：它们会将颌部放低，把嘴张得极大，
大口大口地吞下大量海水，然后用舌头和咽喉肌肉将水从嘴里挤出，让水从
鲸须中流出，如此一来，就能吃到成千上万（甚至更多）的浮游生物。具有讽
刺意味的是：最大的动物以微小的猎物为生，胃口却很大。它们不需要靠回声
定位来寻找食物，也不需要激活大脑来捕猎。它们要做的就是在水中蜿蜒穿
行，偶尔将嘴张开。

化石记录揭示了须鲸类演化过程中的一个转变。最早的须鲸类，比如来自
秘鲁始新世的齿须鲸（*Mystacodon*）和来自南极洲的拉诺鲸（*Llanocetus*），
仍然有牙齿，有些看起来类似齿鲸类的锥形小齿，有些牙齿上有结构复杂的扇
形尖凸，从牙齿的中心峰向外辐射。它们没有鲸须，也不能过滤食物，但已经
比当时的其他鲸大得多了。拉诺鲸至少有 8 米长，是当时最大的鲸之一，直到
其他须鲸类和齿鲸类变得巨大，才摘下"最大"的桂冠，比如中新世的利维坦
鲸。因此，须鲸类从齿鲸类中分化出来之后，也就演化出了鲸须和滤食，但是

---

① B 级电影指没有大明星、道具且布景较粗糙的低成本电影，通常以牛仔、神怪、科幻为题材。——
编者注

它们不是须鲸类变大的秘密，至少一开始不是。相反，化石表明，第一批有牙齿的须鲸类可以咬食猎物，但之后它们失去牙齿，成了吸食者，再然后，无牙的嘴中才增加了鲸须，解锁了滤食这项新技能。就像鲸祖先从走路到游泳的转变一样，从牙齿到鲸须，从咬到过滤，都是一个循序渐进的过程，分阶段进行。

一旦以鲸须为基础的滤食方式演化出现，须鲸类也就找到了越变越大的方法。须鲸类不像齿鲸类那样永远受到它们食物（大量乌贼、鱼类和其他鲸）的牵制，海里的浮游生物几乎无限，它们可以大吃特吃，且不必消耗太多能量。它们走到哪儿算哪儿，大吃海鲜自助餐，特别是在季节性的藻华期或在上升流区，从深海涌上来的营养物质滋养着成群的磷虾，把须鲸类喂得饱饱的。蓝鲸是现存的也是有史以来最大的鲸，属于须鲸类。蓝鲸可谓鲸体形发展的巅峰，从始新世－渐新世交界期开始，鲸就走上了体形越来越大的道路，且该趋势延续至今。这种趋势与陆地哺乳动物的演化故事不同。本章已经提到，大象和犀牛在始新世－渐新世交界期达到了最大的体形，自此没有再变大。

这是否意味着有一天会演化出比蓝鲸更大的巨兽？这些极端的哺乳动物会变得更极端吗？这似乎是一个合理的预测——只要蓝鲸和它们的须鲸类近亲能够挨过当今气候和环境变化带来的动荡，避免灭绝，并能够在未来的海洋中找到足够的浮游生物来食用。

The
Rise and Reign
of the
Mammals

第四部分

新生代　第三纪和第四纪：气候巨变中的崛起与爆发

约 2 300 万年前至今

The Rise and Reign
of the Mammals

远角犀（*Teleoceras*）

08

生存与演化，
在气候环境的巨变中抓住机会

——

中新世美洲大草原上的"火山大屠杀"

美洲稀树大草原，约 1 200 万年前（中新世）。

时值早春，晨光融融。刚刚过去的冬天漫长乏味，并非特别寒冷，也不曾下什么雪，只是干燥沉闷。三个多月的时间里，空中无风，白日短暂。几个星期前，雨水终于再临。大草原开始发生变化。

太阳从地平线上升起，阳光洒落在一片平坦宽阔的土地上，这片土地深入大陆内部，距离最近的海洋有 1 600 千米远。草铺满了地面。它们在冬天干枯而死，在春风中复生，现在正从泥泞中冒出头来。四处都有树丛，但它们分布得太零散了，无法接连成荫，若从空中俯瞰，它们就像是草海中的一座座小岛。树木从休眠中苏醒，枝头绽开了嫩叶和芬芳的花朵。

昨夜的雨水正顺着纵横交错的溪流缓缓流淌，最终汇入湖中。这片湖是一个大水坑，是美洲大草原上动物的聚集地。它们在此喝水、洗澡、社交，并结

248

伴抵御藏在树林里的威胁：一种熊般大小的狗，真正的地狱猎犬，颌部鼓胀，一口就能将骨头咬碎。

那天早上在水边闲逛的动物们组成了一支杂牌军。队伍里有好几种马，有脚上长着三个脚趾、体形极小的跳跃前进的马，也有四肢上只有单个蹄子的牡马。个头小的那些咀嚼着从湖岸伸出来的绿叶灌木，大的则在湖边奔跑，时不时停下来吃上几口草。

鹿和骆驼也加入了它们的行列。有些骆驼是长相标准的品种，四肢修长，笑容憨厚，背上还有小驼峰。但有一只看起来根本不像骆驼。它形似长颈鹿，脖子好似面条，从身体上方高高地伸出，离地面约有 3 米，非常适合从更高处的树枝上采摘最美味的叶子。正常情况下，这些"长颈鹿骆驼"会在树岛上吃一个上午。但今早不行。就像所有大雨过后的黎明一样，出现地狱猎犬袭击的风险太大了，所以"长颈鹿骆驼"没吃早餐，而是悠闲地走到水坑边，成群结队，确保安全。

然后是犀牛，至少有 300 只，也许还有更多犀牛并分为几群。就像"长颈鹿骆驼"一样，它们的样子对我们来说既熟悉又陌生。毫无疑问，它们是犀牛，鼻子上长着圆锥形的角。但它们大而内陷的肚子、矮胖的四肢、肿胀的头和几乎不存在的脖子，只是营造出了一种类似犀牛的感觉。一些犀牛在浅滩上戏水，在这个阳光渐佳的早晨享受着水的清凉。其他犀牛却没有心情放纵，因为它们的大肚子咕咕作响，于是开始了进食。每天，它们都需要吃掉几十千克的草来维持生命。越早享用越好。

虽然这是一个美丽的早晨，但空气中弥漫着紧张的气氛：不仅出于对地狱猎犬的恐惧，还有些其他奇怪的东西在犀牛群内部酝酿着，它们之间存在竞争。除了犀牛自身，其他动物几乎觉察不到。每个犀牛群都有一个明确的首领：一只雄性，但不是普通的雄性，而是一只强壮的雄性，它往往拥有群落中最大的门齿。它周围都是雌性，所以每一个犀牛群更像是一个"后宫"。几乎所有的母犀牛都怀孕了，预产期很快就要到了。与此同时，它们中的许多同类还在照顾去年出生的幼崽，这些幼崽已经成长为顽皮的青少年，仍然需要偶尔从母亲那里得到安慰和营养。

这种家族结构没有给体形较小的成年雄性留下多少选择。这样的雄性还不少，有些会在单身群体中寻求陪伴。这是一个受睾丸激素支配的群体，求偶失败导致的怨愤进一步刺激着其他成员。每隔一段时间，这些单身汉中就会有一个鼓起勇气与领头的公犀牛对抗，争夺对"后宫"的控制权，但挑战者很少能得到什么好下场。更可悲的是那些落单的犀牛，那些像僵尸一样游荡在兽群边缘的最不幸的雄性。每当这些不合群的雄性靠近母犀牛，领头的公犀牛就会采取一切必要措施来保护它的"后宫"。这种战斗通常会用到角和长牙，往往不会持续很久。

一头公犀牛注视着一只落单的、靠近他的"后宫"的雄性。犀牛幼崽此时在水中嬉戏，马在啃食青草，长颈鹿和骆驼正权衡是否能够安全进入树林。这时，一声巨响响彻整片草原。

水坑附近的动物都愣住了。

这是它们听到过的最大的声音，也是它们有生之年能听到的最大的声音。因为，这是末日的号角。

犀牛、马和骆驼将脖子伸向天空，看到一片云状物搅乱了蓝色的天幕。热带草原上的动物们可能不知道这一点，但这团云最初是羽状的，看起来像缕缕烟雾，从西北约 1 600 千米外的地方腾起。它升入天空，越冲越远，在到达大气层更高的地方时散开，变成蘑菇状。不管它是什么，那片云都在很远的地方，可能有几百千米远。从动物的反应来看，没什么好担心的。公犀牛回过神来，

——·——

继续对它的挑战者横眉冷对。幼崽们开始玩水，马儿们又开始疯狂吃草，而"长颈鹿骆驼"们也觉得忍够了，将地狱猎犬抛在脑后，继续吃起叶子来。

然而，那片云并没有停止移动。在西风的吹拂下，薄雾缓缓掠过地平线，就像慢镜头一般，越来越靠近大草原，变得越来越大。

太阳从东方升起，云层自西方推进，这两股对抗的力量在大草原上空相撞。当那片云在太阳和大地之间飘过时，白天变成了黑夜。世界一片黑暗。

这并非平静的黑暗，而是动荡的黑暗。对大草原上的动物来说，这就像一场奇怪且强烈的暴风雪。有什么东西从天上掉下来——形成烟雾云的东西不仅从天空中飞过，而且还不断飘落。这些细小的颗粒（大部分是尘埃片大小，有些则是沙砾大小）将黑暗打出一个个孔洞。一场"暴风雪"正席卷平原，但下的不是雪。它并不寒冷，反而是温热的。它也不是白色的，而呈现烧焦的灰色。它不湿，还很粗糙，落下时，微小的碎片划破了热带草原哺乳动物的毛皮，使它们感到前所未有的瘙痒。它还发臭，散发着硫黄和火的气味。空气成了毒气。

鸟儿开始从天上坠落。它们柔软的尸体摔在地上，有时会摔到犀牛背上再落地。犀牛看不见发生了什么，它们的眼睛无法看透黑暗，还开始流泪。云里的砂砾堵住了一切有入口的地方：眼睛、耳朵、鼻子、嘴巴。虽然犀牛的耳朵里充满了污垢，但它们仍然能分辨出来自大草原的声音。这声音令人不寒而栗——呼啸的风，兽群刺耳的咳嗽声，以及死鸟砸在草地上的"啪嗒"声。这是一场死鸟大冰雹。

云随着风移动。最终，风吹过了大草原。漆黑的暴风雪持续了几个小时，但对动物们来说，这漫长得像是到了时间的尽头。当太阳终于冲破雾霾，云雾继续向东飘去时，犀牛、马和骆驼都眨眨眼，恢复了意识。透过布满黏液的充血的眼睛，它们看到了另一个世界。

它们的稀树大草原上好似覆盖着一张足有 15 厘米厚的灰色毯子。这灰色的毯子其实是灰。

灰笼罩了一切。地上连一片草叶都看不见，树上没有一朵花或一片叶子是干净的。水坑还在那里，但火山灰形成的漩涡在水面旋转，将湖水慢慢搅成了浆糊。

昏迷让位于恐慌。犀牛聚集成一个巨大的群体，"后宫"和"后宫"混在了一起，单身犀牛、独行犀牛、怀孕的母犀牛和领头犀牛混在一起。它们的身体好似颗颗重达 1 吨的弹球一样互相碰撞。犀牛群在灰烬平原上狂奔，把死鸟踩成了煎饼状，直到耗尽精力，呜咽着走向它们一直觉得安全的地方：水坑。只不过它不再安全了，也不再是水坑，而成了一个硅质软泥坑。

接下来的几天很难熬。由于没有水喝，犀牛、骆驼和马都渴得发干。它们的嘴唇干裂着，试图从旧水坑的烂泥中吸出水，但只是徒劳。它们中有些冒险过度，被下面的泥浆吞没，无力挣脱。

所有动物都因饥饿而呻吟。它们所能做的就是用四肢和舌头清除草地上的灰尘。但这也没什么用：大部分的草已经死了，窒息而死，被像除草剂一样的灰烬闷死、毒死了。更糟糕的是，每当有一只动物试图清理出一片土地，也把灰尘踢到它们吸入的空气中。

每一次呼吸，它们都吸入了更多的灰尘。这些灰尘颗粒足够小，能够深深地嵌入它们的肺部。每一次吸气，动物们的肺部就像往沙袋里加沙子一样，一点点被填满。起初，它们感觉胸部有些沉重，但接下来的几天里，每一次呼吸都比上一次更加艰难，最后它们几乎无法呼吸了。它们血液中流动的氧气变得稀少，以至于它们开始神志不清，手和脚开始肿胀。

饥饿、疲惫、口渴、无法呼吸，它们一个接一个地倒在了灰尘中。尸体堆积在水坑周围和平原上，就像可怕战场上的受害者。

远处，一只孤独的野兽艰难地穿过灰尘，留下了手印和脚印，它在这场大屠杀中前行。它是一只地狱猎犬。仅仅几天前，它是会让所有草原上的犀牛、马和骆驼都恐惧的野兽。现在这些动物都死了，这只地狱猎犬也差不多了。它走到一只犀牛旁边，在它的侧腹咬了几口，一边啃食一边吐出灰尘。这是最后一餐，它最终倒在了猎物的旁边。

风再次刮起，空旷的草原上回荡着诡异的回声。灰尘像雪一样飘动，吹过水坑，埋葬了它和所有动物。

大约 1 200 万年前的中新世中期，一座火山在如今的爱达荷州爆发。这座火山的岩浆系统就是今天黄石公园地下的岩浆系统，它为老忠实喷泉和其他著名的间歇泉提供动力。火山灰横扫了北美洲大部分地区，并被盛行风带到东部。在下风口约 1 600 千米远处，也就是如今的内布拉斯加州，一层约15 厘米厚、散发着硫黄恶臭味的玻璃质地的讨厌东西像雪一样覆盖着地面。许多生活在那里的动物很快死亡，尤其是鸟类，它们飞行时呛入火山灰，在空中就没了意识。其他动物，包括许多生活在地面上的哺乳动物，在死亡前则忍受了数天甚至数周的饥饿、口渴、疾病和力竭。它们到死也没有被火山灰放过，尸体被掩埋在灰烬中，掩埋在这些堵塞了它们的肺、污染了它们的水、毒害了它们的食物的火山灰中。

这个反乌托邦的故事并非虚构。这场火山大屠杀被石头记录了下来。鸟类、犀牛、骆驼和马死后也被保存了下来，在原地被沉积物包裹，构成了一座史前庞贝古城。在一座世界上最令人叹为观止也是最令人意想不到的博物馆中，你可以亲眼看到这些骨架。从外表看，"犀牛谷仓"（位于现今的美国火山灰化石床州立历史公园内，该公园属于人口约 6 600 人的颇具乡土风光的安蒂洛普县）和散布在美国中部开阔道路上的卡车配送仓库没什么两样。它低矮的建筑外形似乎与内布拉斯加州东北部起伏的土黄色农田融为一体。你永远猜不到，里面有 100 多具化石骨架——这个数字正随着新发现不断增长。

　　1971 年，古生物学家迈克·沃里斯（Mike Voorhies）和他的妻子简（Jane）在玉米地边缘的一个峡谷中进行勘探时，发现了第一批骨骼。沃里斯看到了自那柔软的灰色火山灰中凸出、清楚地闪着光芒的牙齿。牙齿嵌在颌骨中，颌骨与头骨相连，头骨又与骨架相连。后来，一辆推土机移走了大约 600 平方米的表土，使得其下几十具骨架显露出来。大部分是犀牛的骨架，也有马、骆驼、鹿以及无数只鸟的尸骸，它们散布在犀牛的蹄印旁。古生物学家数十年如一日地挖掘，化石出土数从几十具增至几百具（见图 8-1）。时至今日，这项工作仍在犀牛谷仓的平屋顶下继续进行。在那里，游客们可以实时观看科学家和志愿者在为 1 200 万年前的骨头掸灰尘。

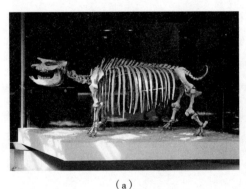

（a）　　　　　　　　　　　　　　　　（b）

图 8-1　火山灰化石床出土的化石

注：远角犀骨架（a）、在火山灰化石床的灰烬中保存着的远角犀和祖三趾马的骨架（b）。雷·布奈特（Ray Bouknight）和阿莫德拉默斯（Ammodramus）分别供图。

从温室到冰窖，在气候巨变中艰难适应的哺乳动物

寻找化石是一项非常烦琐的工作。通常，我们只能找到几块骨头，这还算运气好呢。更常见的是我们在新墨西哥州的野外工作人员的经历：找到哺乳动物化石通常意味着只找到了牙齿化石。有时会有几颗牙齿嵌进颌骨，但大多数时候只能找到一颗孤零零、断裂、磨损、破碎不堪的牙齿。通常这些牙齿和骨头也不在它们的主人死去的地方，而是经受了河流冲刷，被风裹挟，或被食腐动物弄得散乱，之后被泥土或沙子掩埋，硬化成了化石。**如果将古生物学家们比作侦探，那么我们就是在研究被时间和环境破坏的"犯罪现场"。**

火山灰化石床却是另一番光景。黄石超级火山对中新世动物群落造成的种种破坏，冻结成了一张快照。这无疑是一张悲惨的群像。鸟类在灰堆的底部，表明它们是直接受害者；哺乳动物的骨架堆积其上，表明犀牛、马和骆驼在死亡前至少忍受了数天的折磨。小犀牛紧紧地依附着它们的妈妈，这是最后绝望的拥抱，它们的肋笼里还悬挂着最后食用过的蔬菜泥。可以在一些犀牛骨架上发现，四肢——包括脚腕和脚踝——都是肿胀的，这是窒息的标志。其他骨架上有肺衰竭引起的骨病迹象，还有被食腐动物啃咬的痕迹。这些食腐动物极有可能是地狱猎犬，学名上犬（*Epicyon*），是一种约 150 厘米长、90 千克重，可令猎物粉身碎骨的野兽。即使是怪诞不经的希区柯克恐怕也难构思出如此凶蛮的场面。

这张照片对古生物学家来说非常有价值。它向我们解释了中新世哺乳动物，尤其是关于犀牛的很多生活和行为的信息。这些犀牛属于一个叫远角犀的物种。最显而易见的是，这么多犀牛死在一起，说明它们一定是群居生活的。经过一番统计研究后，它们的骨骼能够揭示史前动物群落的动物统计数量。有些犀牛还长着乳牙。根据体形，可以将它们整齐地分为三组：1 岁组、2 岁组和 3 岁组。如此看来，繁殖似乎一年才发生一次。剩下有着成牙的犀牛可以分成两派：一派长着小门齿，另一派长着大门齿。小门齿派体内发现了胎儿，这

证明它们是雌性，也暗示着长着大门齿的个体是雄性。这也让我们发现了一个不可思议的事实：在犀牛骨架群中，每5头成年雌性犀牛对应1头成年雄性犀牛。这种扭曲的性别比例若在人类种群中，肯定是不对劲的，但它其实是形成"后宫"的现代哺乳动物的特征：一个雄性首领与一群雌性交配并繁殖后代。

在这样的"后宫"结构中，这些拥有1 200万年历史的犀牛看起来几乎是现代犀牛的样子。事实上，我们一眼就能认出火山灰化石床中哺乳动物的外貌和生理特征。没错，犀牛看起来是有点儿像河马，有些骆驼的脖子长得也有些像长颈鹿，但我们不会将它们认错。这些是犀牛，那些是骆驼，而另外那些是马。前两章介绍过，今天有胎盘类哺乳动物的主要类群——灵长类动物，偶蹄类和奇蹄类，狗和猫这样的食肉目动物，以及大象、蝙蝠、鲸——在大约5 600万年前的始新世开始大量繁殖。话虽如此，但现代群落最早的成员和它们现存的后代几乎完全不同。你只需想象出一条会走路的鲸，一只小狗大小的原始大象，或者那些掉进麦塞尔湖的小马，就能明白这一点。但火山灰化石床的情况不同。这些火山受害者是任何一所幼儿园里的小朋友都能认出的哺乳动物，与我们今天在动物园看到的动物种类相同。也就是说，到了中新世，现代群落几乎完全变得现代了。

这些火山灰化石床哺乳动物似乎确实格格不入。我们可能料想会在非洲看到犀牛，在中东看到骆驼，但不会想到在美洲中部看到它们。今天漫步在内布拉斯加州的农场，如果你看到了犀牛，那可能是把超大的肉牛品种错当成了它们，或是产生了幻觉。骆驼也是如此：它们唯一会出现在内布拉斯加州的原因，是从动物园里逃了出来，却没能找到回动物园的路。

那么，为什么中新世的内布拉斯加州会有犀牛和骆驼呢？来自火山灰化石床的其他化石给了我们答案。这些化石不像哺乳动物的骨骼，不是博物馆的中心展品，而是更低级的标本：嵌在犀牛牙齿、嘴巴、喉咙和肋笼里的微小草籽。这些草籽不会长成今天在美国中部草原风中沙沙作响的草。它们属于亚热带物种，类似于目前生活在中美洲的开花物种。此外，来自火山灰化石床的其他植物化石暗示了胡桃树和朴树小树林的存在。因此，在中新世，内布拉斯加州是一片稀树大草原，那里是一片被草地覆盖的土地，偶尔有成簇的树木，有少量的雨水灌溉。它看起来很像今天的非洲大草原，那里有狮子、大象和角马在嬉闹。

这听起来很可笑：如果你生活在中新世，你可以去内布拉斯加州游猎。

美洲稀树大草原不仅与今天的环境不同，而且与之前古新世和始新世的环境也不同。回想一下 6 600 万年前小行星毁灭恐龙之后，古新世的世界曾成了一个温室，北美洲大部分地区被丛林覆盖，两极也没有冰。在 5 600 万年前的古新世—始新世交界时期，这个温室的高温现象在全球变暖的冲击下加剧。在始新世剩下的时间里，气温虽然有所下降，但世界仍然是一个温室。丛林延续了下来，两极还是没有结冰。之后在大约 3 400 万年前，当始新世过渡到渐新世时，世界开始变化。温室变成冷库，冷库最终成了冰窖。

这种变化骤然发生，就像热水龙头突然关闭，冷水龙头突然打开。总而言之，全球气温骤降最多花了大约 30 万年时间。高纬度地区的气温平均下降了 5 摄氏度（9 华氏度），但在内陆地区，比如后来成为美国稀树大草原的内陆地区，气温下降的影响则更为明显。那里的气温下降了 8 摄氏度（14.4 华氏度）。随着陆地和海洋的冷却，气候变得更具季节性，更加多变，更难以预测。这是自小行星撞击地球以来变化最大、最持久的温度变化。当代全球变暖可能会抵消它的作用，但这仍有待观察。

所有这些巨变的罪魁祸首是一连串的巧合。第一，大气中的二氧化碳逐渐减少，这意味着用来为地球隔热、保温的温室气体越来越少。第二，夏天变得比平时凉爽，可能是由于地球围绕太阳转动的轨道发生变化。第三，也许也是最关键的一点，大陆仍在移动。冈瓦纳大陆，即泛古陆最后的遗存，终于闹哄哄地分裂开来。

在古新世和始新世早期，南极洲仍然与澳大利亚和南美洲保持着微弱联系。在经历了数百万年的地震之后，在始新世晚期，南极大陆两侧完全被切断。海水涌入，填补了缺口，新形成了环绕南极的冷洋流——阻止了温暖的海水到达南极海洋。环绕极地的洋流就像一台空调，使南极洲陷入寒冷，形成冰川，使极地陆地冻结成冰。自远古哺乳动物祖先生存的石炭纪至二叠纪以来，巨大的冰原首次横贯大陆。那时北极尚未被冰层覆盖，因为北极没有南极那样的陆地，冰川很难形成。但冰川最终会在很久之后形成，带来猛犸象和剑齿虎——这个故事会在下一章中讲。

南极冰川是始新世–渐新世交界期气候变冷带来的最明显的后果，但气温骤降的影响在全球范围内都有体现。距离新冰原数万千米远的北美洲内陆也受到了创伤，不仅变得更冷，而且更干燥，生命周期变短、木料组织更少的植物繁盛发展，代价是那些生长速度较慢的树木消失了。丛林逐渐缩小，取而代之的是更稀疏的林地，之后变成稀树大草原，再之后则成为开阔的草原。这是一个漫长的过程，发生在渐新世（距今 3 400 万～ 2 300 万年前），一直持续到中新世（距今 2 300 万～ 500 万年前），也就是火山灰化石床哺乳动物生活的时代，甚至持续更长时间。**随着温度、气候和植被的大规模变化，哺乳动物别无选择，只能适应。**

草"生"马的大变革，一场大型的"马之舞会"

我爸爸讨厌修剪草坪。几年前，我父母从我儿时的家搬走，说这是为了离他们不断壮大的孙辈们更近一些。我怀疑这有很大一部分原因是他们想搬进院子更小、面积更小的房了。当我有了自己的房子之后，我理解了他们的举动。草从未停止过生长。冬天会给我们短暂的喘息机会，但春天来了，绿色的叶片像导弹一样凶猛地从草皮中冒出来。你要是一个星期没碰割草机，房子看起来就和恐怖片里荒废的场景没什么两样。但这还不是全部原因。就像青少年修剪胡须一样，你割的草越多，它就会长得越厚、越重、越密。

我真的不应该对草大加抱怨，因为没有草的世界将是一个陌生的世界——对人类来说，那将是一个不适宜居住的世界。草的作用可不仅仅是充当草坪、公园和高尔夫球场上的装饰地毯。今天有超过 1.1 万种的草，覆盖了地球陆地 40% 的表面，形成了稀树草原、大草原和草场，以及人类的农垦区。草坪很重要，更重要的是农田。我们的许多主食如小麦、玉米和大米等都是草本植物。对于像我这样在农村长大的人来说，夏天在田野里玩捉迷藏、秋天在玉米地里走迷宫，所以我能清楚辨别出这些作物和各类杂草。许多作物都是特殊类型的开花植物，如果笔直、瘦削、中空的茎长得足够高，就会开花，结出可食用的果实。小麦籽粒是一种果实，尽管它非常特殊。玉米粒也是。

草在我们的世界中无处不在。你可能会认为它们一直都存在，但事实并非如此。地球历史的前 44.3 亿年没有草，但自从它演化而出，就改变了一切。乔治·盖洛德·辛普森（在 20 世纪 40 年代绘制出知名的哺乳动物谱系树的人）认识到了这一点。他认为，草原的发展引起了生活在草原上的哺乳动物的深刻变化，其中最明显的是马。他称这场变化为大变革。辛普森不仅是他那个时代杰出的古生物学家，还是一位多产的科学作家，他写了一整本关于草"生"马的故事。不过，直到最近几十年，我们才开始了解草的革命是如何开展的。

卡罗琳·斯特伦贝里（Caroline Strömberg）撰写了草的新历史。她在瑞典隆德长大，孩提时代曾在哥得兰岛的岩石海岸收集三叶虫。哥得兰岛是瑞典大陆东部波罗的海中一个形似逗号的岛屿。她同时攻读地质学和艺术，完成了一篇关于 4.2 亿年前的微小牙齿化石的硕士论文，同时还当上了一名科学插画师的学徒。一份博士奖学金把她带到了加利福尼亚州，机缘巧合，她在那儿参加了一场有关马的演化的讲座。她问自己：辛普森式经典的大变革故事究竟是正确的，还是虚构的？只有一种方法可以找到答案：她需要汇编草和哺乳动物化石随时间变化的详细记录，以了解它们如何一起变化。这篇论文后来成了她的博士论文，也为她赢得了 2004 年的罗默奖——古生物脊椎动物学会最佳学生演讲奖。那是我第一次参加古生物脊椎动物学会会议，当时我还是个本科生，这场会议让我大开眼界。从那时起，我就一直很欣赏卡罗琳的研究。

在地球的历史长河中，草是一种产生年代较晚的事物。雷龙从来没有吃过一片草叶，甚至连见都没见过。三角龙可能见过，就算见过，也只不过是短暂一瞥。直到白垩纪最晚期——那时恐龙帝国日渐衰微，哺乳动物尚居于恐龙的阴影之下——草才出现。关于草的证据很少，还令人有点儿恶心：印度长颈恐龙坚硬的粪便中嵌有被称为植硅体（草分泌的硅石）的微小硅石。卡罗琳认出了它们。在 2004 年她获奖的那次会议上，印度同行给她看了照片。她立刻意识到这些白垩纪时代的斑点与现代的植硅体几乎完全相同——草在自身的组织中沉积植物岩，这既为草提供结构支撑，也保护它们免被动物过度食用。她兴奋地一跃而起，因为这是一个革命性的发现。大约一年后，她和她的印度朋友一起对这些最普通的化石进行了描述。正如先驱们所设想的那样，这些最初的草很小，微不足道，平平无奇。它们仅限于丛生的杂草，从来没有形成草原的趋势。如果你看到一幅恐龙在草地上漫步的艺术渲染图，就得明白，画中的内容是错误的。

小行星撞击地球后，大部分事情都没有变化。在古新世和始新世的炽热温度催化下，早期草类不得不与杂乱的丛林树木、藤蔓争夺生存空间。它们为适应环境而变得多样化，一些草类如竹子般，成了生活在幽闭丛林中的专家。然而，没有什么空地可供草类生长，任何可供生长的地方都被蕨类植物和灌木掩盖了。因此，当"古"有胎盘类动物在新墨西哥州的古新世建立第一个以哺乳动物为主的生态系统时，草原还没有形成。当灵长类、奇蹄类和偶蹄类三类群随着古新世—始新世极热事件导致的全球变暖的步伐在北方大陆上前进时，草原还没有形成。当南美洲和非洲的奇怪的哺乳动物开始其独立演化进程时，草原也没有形成。

————

　　后来温室成了冷室，世界由始新世进入渐新世。气候变冷，降水越来越少，丛林缺水，逐渐缩小，地貌日益开阔。草类占据了优势，其快速生长的能力和容忍更恶劣条件的耐力使它们能够一点一点地取代森林。草类这支大军在地球上缓慢行进，夺取了土地的主导权。卡罗琳攻读博士学位期间的研究表明，在过渡时期化石记录最完整的北美洲，开放的栖息地草类从渐新世开始崭露头角。在近 1 000 万年的时间里，它们变得越来越丰富，吞没了因森林不断退化而扩大的地块，在大约 2 300 万年前的中新世形成了完整的草原。

　　这是一件大事。一种全新的生态系统诞生了，从土壤中不断生长出的绿色植物可以供动物随意吃到饱。它从下往上生长，而并非像树叶那样从树梢往下生长。它被吃掉得越多，就长得越多、越厚、越重、越密。因此，仅仅是吃草这一行为，就帮助了草原的扩张。不仅如此，食草不断持续，使灌木和树木等生长较慢的植物不得不挣扎着寻找立足之处。大陆内部成了青草的海洋，对于马和其他哺乳动物来说，这是一种馈赠，就像《圣经》中从天堂送来的滋润大地的甘露——在以色列人逃出沙漠的过程中，甘露维系着他们的生命。草养活了马，直至今天仍然如此。

　　只有一个问题。食草是个有挑战性的嗜好。不像嫩叶、果实和花朵，草很粗糙。它的纤维和纤维结构往往比树叶更坚韧，这带来了两个更大的问题。第一，植硅体对我们很有帮助，因为很容易形成化石，但对食草动物来说却是一个麻烦，因为它们实际上是草类沙拉中的小沙砾。第二，沙砾。草在开阔空间中紧贴地面生长，会沾染泥垢、灰尘和其他被风吹来的颗粒。如今，许多食草哺乳动物在啃食草时，会吞下数量惊人的沙砾。平均而言，家养牛吞食的草中有 4% ～ 6% 的泥土，相比之下，吃树叶的食植动物的食物中只有不到 2% 的泥土。羊吃草时比牛更接近地面，情况更糟：据观察，在新西兰，羊吞下的草中有 33% 的泥土——换句话说，每吃 60 克的草，就得吞下 30 克泥土。

　　这些泥土和植硅体就像砂纸一样，在哺乳类吃草时把它们的牙齿磨平。这

不是一件无关紧要的小事：今日的食草动物每年会损失大约3毫米的牙齿，这相当于牙釉质被刮掉了。3毫米听起来不多，但你这样想一下：我的臼齿高出牙龈线大约1厘米（10毫米），如果我只吃草，我的牙齿只能撑3年。作为哺乳动物，我无法一直长出新的牙齿，一旦乳牙和恒牙都掉光了，就必须进行牙科治疗。马、羊和牛可装不了假牙，所以一旦它们的牙齿被磨坏，唯一的结果就是饿死（见图8-2）。

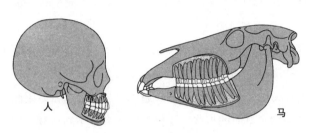

图 8-2　人与马的牙齿

注：与人类的短根牙齿相比，马有伸长的高冠齿，长根延伸到下颌深处（牙齿暴露在牙龈线上方的部分以白色显示）。萨拉·谢利绘。

哺乳动物进化密码

高冠齿

　　渐新世和中新世的哺乳动物面临着的是金杯毒酒：那么多有营养的草在那里等着被吃掉，而且被吃得越多，这些草就长得越多，但这也会致命。大自然演化找到了一个解决方案：高冠齿型。这是一个花哨的词，用来指高高的牙齿，它们延长了哺乳动物咀嚼的时间。想象一下，如果我的臼齿有2厘米（20毫米）高，在牙齿严重磨损前，我吃草和草上的沙砾的时间增长了一倍。我的臼齿越长，我可以狼吞虎咽的时间就越长。当然，人类的牙没有这样的高度，因为我们的饮食让我们不需要它。但许多食草哺乳动物——最著名的是辛普森发现的马——独立演化出了这样简便的解决方案。它们演化出了臼齿（有时是前臼齿）——看起来就像太妃糖做的，长度甚至惹人发笑。这些牙齿长得太高了，以至于齿冠（被牙釉质覆盖、在牙龈上方露出的部分）太大，无法完全放进口腔，所以大部分隐藏在牙龈和颌骨中，在动物的生命历程中逐渐冒头，就像自动铅笔里不断按动就会冒出的笔芯。一些哺乳动物的牙齿甚至会不断生长。

因草原的扩张而发展出来的高冠齿，是辛普森大变革的关键叙事线。据推测，高冠齿是推动马进化的因素，正是它将马从森林中食果食叶的无名之辈，塑造成我们今天所钟爱的兼具速度和优雅之美的雄伟形象。卡罗琳和许多同事的研究，却批判了这样的简单因果关系。**毫无疑问，草原促进了马和许多其他哺乳动物的演化，但这是一个远比辛普森的想象更微妙，也更丰富的故事。**

事实证明，马在这场游戏中姗姗来迟。它用了很久才长出高冠齿，用了很久才开始充分利用新的草地资源。马的进化速度太慢了，以至于许多其他哺乳动物早在它们之前就做到了。在渐新世，随着地貌逐渐开阔，丛林之间的草地越来越多，最小的哺乳动物首先适应了环境。啮齿类和兔子的出生率高得离谱，因为它们繁殖时间短，最容易受到自然选择的影响。它们伸长了牙齿，在啃食青草的同时对付沙砾，这至少比马长出高冠齿早了 1 000 万年。然后，一些大型有蹄类哺乳动物（主要是偶蹄类）也掌握了同样的技巧来延长它们的臼齿，其中许多是骆驼，因此骆驼成为渐新世数量最多的大型食草动物。与此同时，渐新世的马化石保留了始新世祖先的短牙齿，牙釉质上几乎没有磨损痕迹，这表明它们食用柔软的叶子，而兔子、啮齿动物和骆驼则占据了以草为食的更多生态位。

在 2 300 万年前的中新世初期，丛林已经成了失落的记忆。在北美洲的大片地区，草原已经取代了丛林。也就是从那时起，在逐渐缩小的森林之间出现了大片草地，而且它们并非零星分布，这才终于引起了马的注意。就好像它们突然意识到曾经的生活方式已经难以为继了，才不得不放弃食用树叶，转而吃起草来。它们牙齿上的磨损情况突然变得极度严重，从祖先那继承来的高浮雕般的尖凸变成被植硅体和沙砾磨损过的钝钝的平面。自开始磨损，几代之间，它们的牙齿也变得越来越高。高冠齿还是慢慢发展出来了，自然选择正在迎头追赶。从中新世早期第一批牙齿严重磨损的马，到中新世中期第一批牙齿与今天的马相近的马，这之间有 500 万年的时间差。当它们的牙齿变成高冠齿时，这些马也发展出了其他牙齿来应对食草的严酷挑战：牙齿咀嚼面形成了像迷宫一样的薄牙釉质脊——用于浸渍食物以及切割食物，被草和沙砾磨损时会变得锋利。

它们从容地度过了美好的时光，但到了中新世末期，也就是 500 万年前，马已经完善了吃草技艺，成为最娴熟的食草动物之一。它们并不孤单，因为至少有 17 种有蹄类哺乳动物独立演化出了高冠齿，包括那些因火山灰摧毁草原而被集体掩埋在内布拉斯加州的大腹犀牛。美洲稀树大草原的动物也以其他方式适应了环境。马、骆驼和其他有蹄类动物成为奔跑好手，四肢伸长、变直，呈高跷状，这样它们就能在开阔的牧场上驰骋。马的四肢简化到每只脚上只剩下一根脚趾，将它们变成杠杆，而这些杠杆唯一的作用就是角逐，更适应快速奔跑的生活。啮齿类和兔子不再受森林的束缚，尝试着新的移动方式，比如单足蹦跳或双足跳跃；还尝试了新的自保方式，比如在泥土中打洞，洞外的草可以将它们掩藏起来。

这些食草动物在露天的地方吃草，无疑是对捕食者的"邀请"。对捕食者来说，只要抓得住猎物，它们也可以敞开肚皮吃到饱。渐新世和中新世是一场军备竞赛的舞台，是食肉动物与其猎物共同探索多样化军备的探戈之舞，双方都在努力超越对方。许多新的食肉哺乳动物，比如熊、猫和狗，威胁着美洲大草原。这些动物形态各异，大小不一，有的用剑齿切肉，有的用活塞式的臼齿咬碎骨头，有些是伏击者，能躲在高高的草丛中或仅存的树丛中出其不意地暴力袭击受害者。另一些动物四肢变长，这样它们就可以在短距离内追逐猎物，之后对猎物进行扑杀。

这群凶手中，我们很难判断究竟哪种掠食者最可怕。也许是恐犬亚科（borophagines，见图 8-3），一群幸好已灭绝的犬类，其中就包括地狱猎犬，它们像披着狼皮的鬣狗一样追逐猎物，之后用可将骨头咬碎的凶牙利齿将其大卸八块。又或者是熊犬科（amphicyonids），它们是另一群已灭绝犬类的亲戚，看起来就像是熊和狗噩梦般的杂交物。"熊犬"是它所属类群的同名物种，长约 2.5 米，体重 600 千克，是自 6 600 万年前霸王龙灭绝以来北美洲最大的食肉动物之一。

不过，我认为最凶的是古猪类（entelodonts）。必要的时候，这些所谓的地狱猪可以轻而易举地干掉一只地狱犬。它们是一群面目可憎的凶徒，脑袋巨大，身体肥胖，背部隆起，但它们却有着适合奔跑的长腿，末端长着蹄子——这是力量和速度的可怕结合。它们中最大的是恐颌猪（*Daeodon*，见图 8-3），肩高 2.1 米，体重近 450 千克。它们犬齿般的獠牙和虎钳般的颌部几乎可以处理任何食物，无论是树叶、树根、死去的尸体，还是活着的猎物。

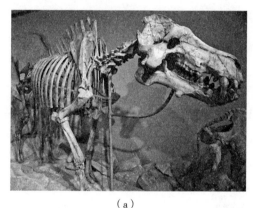

（a）

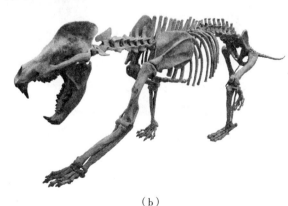

（b）

图 8-3　美洲大草原的掠食者："地狱猪"恐颌猪（a）和熊犬（b）

注：詹姆斯·圣约翰（James St. John）和克莱门斯·V. 福格尔桑（Clemens v. Vogelsang）分别供图。

对美洲大草原的动物来说，唯一的安慰是地狱猪可能把更多时间花在了自相残杀上，而不是捕猎其他物种。它们的脑袋上布满了粗糙结节和骨质水疱，这副狰狞的嘴脸使对手在开战之前不得不三思。许多恐颌猪头骨化石上都有伤口和咬痕，这是在争夺配偶或领土的冲突中留下的战斗伤痕。

当你对美洲稀树大草原进行调查时会发现，辛普森提出的大变革看起来同样像一个大规模的多样化进程。从森林到草原的转变带来了一系列新的哺乳动物角色：像马和犀牛这样的食草动物，像地狱猎犬和地狱猪这样的超级食肉动物，还有擅长跳跃的动物等。草原催生了新的生态位，也扩充了森林中已有的生态位。较低的温度、开阔的空间和草地共同作用，使有限的哺乳动物群变成比丛林居民更大、更多样化、更专业化、更有趣的物种群。就像《辛普森一家》从 1989 年最初的角色阵容发展到今天数百个角色一样，每个角色都是常驻轮换角色，也有自己的口头禅。

故事中的角色越多，故事就会越复杂。在辛普森提出的大变革中也有许多曲折的情节。

马的演化似乎是一个简单的故事：随着热带草原的扩张，食叶动物变成食草动物，犀牛等其他动物也紧随其后，掠食者为了追上猎物而变得更加凶猛。然而，这只是在美洲大草原上上演的众多错综复杂的故事中的一个。当马演化出高冠齿在草原上吃草时，并不是所有的马都赶上了这场旅程。许多中新世的马完全可以以树叶为食，它们留在了森林里。当然，森林并没有消失，而是不断后撤，起初分散在草海中，之后随着气候变化退到了更温暖的热带和亚热带。请记住，在火山灰落下来之前，聚集在内布拉斯加州水坑旁的不仅仅是那些独趾食草的种马，也有个头较小、只有三趾的马——它们不太擅长跑步，粗短的牙齿无法处理太多沙砾，却非常适合磨碎树叶。

与其说中新世是马有秩序地转向食草的时期，不如说是一场大型的"马之

舞会"。那是它们的全盛时期，是一个物种十分丰富的时代。食叶马与食草马同时兴盛，在森林和草原上划分出许多生态位，因此多达12个物种能够共存。在近2 000万年的时间里，古马类群等食草专家和安琪马类（anchitheriines）等食叶动物这两个家族共同繁荣。回到中新世，你很可能会看到一匹马在吃草，另一匹在吃树叶。

这些辉煌的日子一直持续到几百万年前，是马的传奇故事的高潮。而自那时起，它就成了一部成熟的戏剧作品，讲述"失去"以及最出人意料的"救赎"。

在中新世之后的上新世，世界从冷库变为冰窖。冰川在北方大陆蔓延，干燥开阔的草原延伸得更远。不仅在北美洲，而且在全球范围内，食叶的马都灭绝了，只剩下食草的马。这些马成了今天的马属动物，起源于大约500万～400万年前的北美洲。之后马属动物的数量进一步减少，大约1万年前在北美洲灭绝，成为气候变化和新掠食者过度狩猎的受害者——这些可怕的新掠食者用两腿站立，比任何地狱猎犬或地狱猪都更狡猾、更致命。由于环境的原因，一些马属动物逃到了旧大陆，被6 000年前亚洲的一群古人类猎人所驯养。亚洲的马找到了通往欧洲的路，然后西班牙人在几百年前的野蛮征服中把一些马带回北美洲。今天，当你在美洲平原上看到一群"野马"时，你会发现它们并不是本土马，没有本土马那样完整的血统记录——可以追溯到中新世在美洲大草原上经历了牙齿和身体变革的食草马。它们是西班牙马的野生后代。

这表明，只关注北美洲的情况可能会让我们忽略"大局"。毕竟，虽然整个世界在渐新世和中新世时有所升温，但整体而言一直在降温。草原走向了全球，但在不同的地方以不同的速度发展。东亚似乎与北美同时发生变化，从渐新世开始出现草原，到中新世加速发展。到中新世末期，在西亚和欧洲，从巴尔干半岛到阿富汗，由马、犀牛、长颈鹿和羚羊组成的稀树大草原动物群体分布广泛。中新世末期，非洲也有了草原，发展出了今天的狮子、角马和斑马的狩猎生态系统。在赤道以南的南美洲，速度则要慢得多。达尔文描述的有蹄类哺乳动物，比遥远的北美表亲更早发展出了高冠齿。但卡罗琳的研究发现，这是为了应对安第斯火山喷发产生的火山灰，而不是为了适应草，草是在中新世极晚期才蔓延到该大陆的非热带地区的。

然后是澳大利亚。澳大利亚在始新世－渐新世交界期从南极洲分离出来后，在南半球变得与世隔绝。内陆草原在这里出现的时间比其他地方要晚得多，大约是经历了与其他地方不同的中新世景象之后才出现的。

澳大利亚，有袋类哺乳动物环球冒险的最后一站

每年大约有一个星期的时间，迈克尔·阿彻都会将澳大利亚内陆的一小片区域炸毁。他通常乘坐直升机到达，有时是军用直升机，更多的时候则是从牧牛人或从空中射杀鹿的猎人那里租来的飞机。有一次，他遇到一个疯子飞行员（或者用当地的话来说是个"怪胎"），这人沉迷于重现电影《现代启示录》（Apocalypse Now）中美国炮手伏击越南村庄的著名场景。每天晚上，这个飞行员（迈克尔认为他可能在越南服役过，不过他也不太确定）会沿着格雷戈里河疾飞，那是昆士兰西北部干旱偏僻地区的一条溪流。他会以离河面约一米的高度飞行，并尽可能让旋翼保持安静，直到他发现一名毫无戒心的划船者。然后他会在扩音器里突然大声播放《女武神的骑行》（Ride of the Valkyries），再将直升机垂直升入高空，看着下方水面因他引起的骚乱哈哈大笑。

"多年后，我确实好奇这名飞行员是不是还活着。"新型冠状病毒感染疫情暴发期间，我们两在倒悉尼和爱丁堡之间 11 个小时的时差时，迈克尔笑着告诉我。

无论驾驶飞机的是谁，迈克尔都会在座位上坐好，在灌木丛林地上空巡视，寻找从卡其色草丛中探出头来的白垩灰色石灰岩。他会在最近被火烧过的

地方搜寻，那里会有岩石表层裸露在外，通常周遭长满了鬣刺的尖茎，偶尔也会有树。发现石头时，他会指示飞行员降落。一群学生和同事将跟随他走出舱门。这是一支科学军队，就像真正的军队一样，配备了充足的火力。他们选择的武器是引爆线，一种类似计算机电缆的细塑料管，里面装满了轻型炸药。点燃后，它会将岩石切成碎片，就像用刀将蛋糕切成块。切割的时候，它会发出低沉的轰隆声。不过，情况并非一直如此。

迈克尔第一次试图用炸药来获取化石时，使用了四分之一根二手硝铵炸药。这种物质类似炸药，是爱尔兰共和军的最爱。"导火线燃尽了，岩石也蒸发了。"他告诉我。其实，还留了点儿东西没蒸发。"有一块比较大的碎片，大约有电脑那么大，直接弹射到空中，几乎摧毁了我们一辆车。"迈克尔回忆起 20 世纪 70 年代的疯狂时光，当时很少有人寻找澳大利亚哺乳动物化石，更没有人知道如何收集它们。他只是耸耸肩，说："我想，就这一点来说，我们可以流芳百世了。"但这也算得上是一个教训。如果你想研究化石，头骨和骨骼可比一堆碎石瓦砾有价值得多。

倘若是另一番境遇，迈克尔可能会成为那名疯狂的飞行员，而不是如今幽默风趣的教授。他在悉尼出生，在美国长大。他获得了为期一年的富布赖特奖学金，并在一位本科教授的建议下将奖学金用在澳大利亚。这位教授告诉他，在澳大利亚内陆就有哺乳动物化石，只要有人去寻找它们，就能找到。那时正值 1967 年，美国在越南战场上陷入绝望的泥潭。迈克尔告诉纽约当地的征兵委员会，除非收到征兵令，否则他将离开美国。征兵委员会的做派倒是与当时无力的战局十分吻合，他们一开始没有回应他，直到迈克尔到达澳大利亚两个月后才给他寄了一封信，让他回去体检。富布赖特委员会拒绝支付迈克尔飞回美国的费用，所以他逃过一劫……但他只在澳大利亚住了几个月，因为为期一年的奖学金很快就停发了，基金会也濒临破产。如果传言是真的（迈克尔本人认为是真的），那就是奖学金管理人员把剩下的钱都拿去赌马，还赢了一大票，所以迈克尔突然间又得到了一年的资金，供他继续攻读博士学位，研究化石和现代澳大利亚食肉动物。不久之后，彩票让迈克尔摆脱了困境，战争也结束了。但那时迈克尔已经完全为澳大利亚所着迷。他给父亲写了一封信，说他在美国过得挺开心，但他不打算从澳大利亚回来了。从那以后，他就一直留在那里。

20世纪70年代中期，迈克尔来到昆士兰西北部空旷的里弗斯利车站。曾有报道称该地区有哺乳动物化石，但似乎很少有人关心——至少不足以让他们在这样一个偏远村镇忍受酷热和孤独。迈克尔也在这里发现了化石。年复一年，他发现的化石越来越多（见图8-4）。

图8-4　迈克尔·阿彻团队在澳大利亚里弗斯利收集化石

注：队员们撬出带有哺乳动物化石的石灰石块（a），迈克尔·阿彻坐在一盒用过的炸药上（b），一架运送补给的直升机（c）。迈克尔·阿彻供图。

他最大的收获来自 1983 年一个被他戏称为"恶作剧化石点"的地方。他回忆说："我低头看向自己的脚，发现头骨和颌骨从岩石中伸了出来。太棒了！我们一直梦想在澳大利亚找到的一切，就在这里。"唯一的问题是，岩石像混凝土一样硬，所以我们不能用传统的方法——用锤子、刷子和牙科工具来清理。迈克尔的团队需要用引爆线将岩石切割成更容易处理的大块，之后将它们带回实验室，用醋酸（基本上是一种经过稀释的醋）慢慢溶解，最后留下骨头。许多头骨特别原始，有着闪闪发光的牙齿，其保存情况看起来比普通的被车撞死的现代动物的尸身更好。

在里弗斯利发现的化石年代是大约 2 500 万年前的渐新世晚期至大约 240 万年前的更新世早期，中间存在一些空白。当迈克尔在 20 世纪 70 年代开始收集时，所有人都认为澳大利亚就像北美洲和世界上其他很多地方一样，从中新世中期开始就被草原覆盖了。但迈克尔发现的化石越多，他就越心生怀疑。"极其明显的是，我所看到的食植动物中没有一种能在草原上生存。"迈克尔告诉我。他说，它们的牙釉质像纸一样薄，臼齿齿冠很低，不是马、犀牛和其他美洲大草原上食草动物那种高冠齿。相反，它们的牙齿似乎适合食用更柔软、更茂盛的植物，比如热带雨林的树叶、花朵和水果。同样极其明显的是，迈克尔发现的哺乳动物不是马，不是犀牛，不是骆驼，不是地狱猎犬，不是地狱猪，也不是任何一种中新世的北美洲热带草原居民。它们也不像欧洲、亚洲、非洲或南美洲的渐新世和中新世任何已知的动物。

迈克尔发现的每一种渐新世和中新世哺乳动物，除了少数产卵的单孔类和一些蝙蝠外，都是有袋类。一些骨架的育儿袋位置甚至有幼崽化石，在幼崽生命中最无助、需要长久依靠母乳喂养的阶段，母亲和宝宝一起成了化石——这是它们最后悲情的拥抱。

这其实并不奇怪，真的，因为澳大利亚现在的有袋类动物泛滥成灾。澳大利亚最具魅力的哺乳动物大多是有袋类动物：考拉、袋鼠、沙袋鼠、袋狸、负鼠和袋貛，总计约 250 种。其中有两种例外。一是一些单孔类，比如鸭嘴兽和针鼹，它们是白垩纪的遗存，前几章已经介绍过。二是一些有限的有胎盘类蝙蝠，它们在始新世散居世界各地时第一次飞到澳大利亚，然后分化成许多物种。此外，还有几百万年前从新几内亚和印度尼西亚漂流到南方的啮齿类，以及野狗和兔子等入侵性物种，这些物种跟随着有史以来最具侵略性的有胎盘类——智人（Homo Sapiens）而来。

有袋类是如何来到澳大利亚的？这个问题一直困扰着罗宾·贝克（Robin Beck），他是迈克尔多年来培养的众多学生中的一员。当罗宾在美国自然历史博物馆做博士后研究时，我正在攻读博士学位，和他成了周五的酒友。在罗宾来到纽约之前，他进行了一次与他的导师迈克尔路线类似的环球旅行，只不过背后并没有战争的威胁。罗宾来自英格兰北部，获得了攻读博士学位的国际奖学金。他被迈克尔一个关于"奇怪的化石有袋类"的项目吸引（其中包括一个被他称为"石头齿兽"的项目），选择来到澳大利亚。对罗宾和他的家人来说，搬到几千千米以外的地方去研究已经灭绝的有袋类怪兽，可谓不计后果的大胆之举。在他出发去悉尼的前一天晚上，母亲看着他的行李箱叹了口气："你真的要去吗？"

有袋类动物也有着与他相似的经历。罗宾的研究表明，**澳大利亚是它们数百万年环球冒险旅程的最后一站**。回想一下，在白垩纪，有袋类的后兽类祖先在北方各大陆繁衍生息。然而小行星终结了它们称霸的梦想，导致它们差不多步了霸王龙和三角龙的后尘。有些设法逃到了南美洲，与达尔文发现的有蹄类和异关节目（如树懒和犰狳）生活在一起，组成了一个岛屿大陆群体。后兽类不想受困于一处，继续跋涉，将连接南美洲、南极洲和澳大利亚的狭长陆地当作高速公路。不管出于什么原因，南美洲的有胎盘类入侵了南极洲，至少有一群似乎已经到达了澳大利亚，但它们并没有在那里创建一个持久的立足点——留下后兽类独自与当地的单孔类混居在一起。当澳大利亚在始新世冲破束缚，独立出来后，这里成了有袋类随性发展的实验天地。许多动物聚集演化成了有胎盘类，也产生了食蚁兽、鼹鼠、狼、狮子和土拨鼠的"有袋版本"。我们将看到，其他动物也有了自己的发展。

澳大利亚有袋类的辐射始于始新世最早期，大约 5 500 万年前——这也是澳大利亚最古老的后兽类化石的年代。正如里弗斯利的袋鼠和考拉等现代谱系的第一批化石记录的那样，它真正开始于渐新世，并在中新世到达高潮。虽然渐新世和中新世的气候与温度变化不定，森林在更密集的丛林和更开阔的林地之间变化，但总体环境保持不变。这是一个雨林王国，而非草原之地。这里充满湿气，生机勃勃，高耸的树木上有巨大的叶子和五颜六色的果实，这些果实散发着成熟李子般的香味——实际上，人们在里弗斯利发现了这些果实的化石。然而，更常见的是哺乳动物的化石（迈克尔梦想中的珍宝），当它们落入森林中的湖泊或洞穴时，就被包裹在石灰岩中。

最好的例子之一就是袋小齿兽（*Nimbadon*，见图 8-5）。在一个古老的洞穴里，人们发现了 20 多只这种袋熊的表亲，它们可能是掉进了森林地面上的一个隐蔽陷阱。现代袋熊科是一群可爱、结实的毛绒球，靠四肢缓慢爬行，经常停下来处理它们那颇为迷幻的立方体便便。

袋小齿兽看起来则完全不同。它们肌肉发达的手臂比腿还长，末端长着巨大的钩状爪，使它成为一个攀爬高手，在树间游刃有余。迈克尔认为，它们可以像树懒一样，利用钩爪倒挂。成年袋小齿兽体重约 70 千克，是澳大利亚在这个时期和有史以来最大的树栖哺乳动物。树冠上的树叶和嫩芽滋养了它们丰满的身体，它们可能成群结队一起行动。

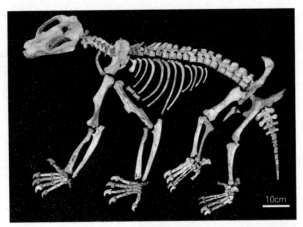

（a）

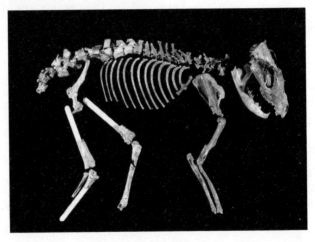

（b）

图 8-5　里弗斯利有袋类化石

注：袋熊的表亲袋小齿兽（a）和"有袋狼"表亲小犬兽（b）。布莱克[①]和迈克尔·阿彻分别供图。

　　当然，袋小齿兽也可以成为一顿美味的大餐，只要你能从树枝上抓住一只。两种类型的掠食者当时正跃跃欲试。第一种是袋狼类（thylacines），其体形似狼，现在已经灭绝了。但它们一直坚持，直到 1936 年，最后一头条纹

----

① 引自 Black et al., 2012, *PLoS ONE*。

背的"有袋狼"才在塔斯马尼亚动物园咽下了最后一口气。里弗斯利出土了许多不同种类的袋狼类化石，其中包括一种狐狸大小的袋狼，它名为小犬兽（*Nimbacinus*，见图8-5），与所有袋小齿兽掩埋在同一个洞穴中。它肌肉发达的脑袋和凶猛的咬合力可以让它撕裂比它大得多的猎物——魁梧的袋小齿兽。不过，并不是所有袋狼类都嗜血。纵观它们的演化史，它们从标准的食肉动物发展到碎骨专家，从杂食动物变为食虫动物。

第二种掠食者更加凶猛。 它们是袋狮科（thylacoleonids），其名字与袋狼类相似，但有着独特的、更奇怪的特征。它们是袋熊和考拉类群的成员，本来是懒散的食植物，后来演化出了高度食肉化的生活方式。它

哺乳动物档案

袋狼

拉丁学名：*Thylacinus cynocephalus*，含义是"有育儿袋的犬"

科学分类：袋鼬目，袋狼科

体形特征：体长约115厘米，尾长约50厘米，外形似狼

生存时期：上新世～1936年

生活环境：林地、草原

化石分布：澳大利亚本土、新几内亚、塔斯马尼亚岛

讲解：脑袋长得像狼，毛发密且十分坚硬，身上有黑色的斑纹；有力的颌部能够张开180度，这样撕咬的范围就更大，尖利的牙齿可以用力地咬合在一起；袋狼是唯一一种存活到全新世的大型有袋类食肉动物，外形与狼相似，但与狼没有任何血缘关系，只是趋同演化的结果

哺乳动物档案

袋狮

拉丁学名：*Thylacoleo*，含义是"有育儿袋的狮子"

科学分类：双门齿目，袋狮科

体形特征：体长1.9米，肩高0.7米，体重100～160千克

生存时期：更新世

生活环境：森林

化石分布：澳大利亚

讲解：袋狮是有史以来最大的有袋类食肉动物，几乎与美洲豹相当；是以强壮的前肢和有爪的脚趾而著名的顶级掠食者

们被称为"有袋类狮子"，是哺乳动物历史上最令人毛骨悚然的杀手之一。它们将最后的前臼齿改造成巨大的剃刀，当上下颌闭合时，它们会像断头台上的刀一样将肉切开。如果你是**袋小齿兽**，逃到树上是徒劳的：有袋类狮子可以用灵活的前肢和肩膀攀爬。这些物种现在已经灭绝了，但第一批澳大利亚原住民可能遇到过其中最大、最可怕的一种：袋狮（*Thylacoleo*，见图 8-6），它的体形和真正的母狮（有胎盘类）一样大，体重达 160 千克。它拥有强大的前臼齿"断头台"——既可以切肉，也可以碎骨。

图 8-6 "有袋类狮子"袋狮

注：卡罗拉（Karora）供图。

在里弗斯利有袋类动物名册中，还有成千上万件化石，属于几十个物种，其中一些是今天有袋类动物的祖先，这提醒我们，几乎所有现在被认为是独特的"澳大利亚哺乳动物"的所属物都起源于早已消失的热带雨林。其中就包括袋鼠, 而且许多是飞奔行进而不是跳跃行进的。还有一种与之密切相关的动物, 叫作强齿袋鼠 (*Ekaltadeta*), 它利用可以剪切的巨大前臼齿来食用植物和小猎物, 因此获得了"杀手袋鼠"的称号。还有不同类型的考拉, 它们共同生活在树顶上, 可能像今天仍然存在的一种考拉一样懒惰、喜欢吵闹, 但其体形总体上更小, 在某些行为上更像猴子。令人震惊的是, 迈克尔的团队甚至发现了有袋类鼹鼠的精致骨骼, 它们会在雨林地面的落叶和苔藓中挖洞。当代有袋类鼹鼠在沙漠中穿梭时, 这块化石提醒我们, 我们今天所知的澳大利亚——通常是一片平坦干旱的土地——曾经居住着一群热带雨林居民, 而它们不断适应着环境的变化。

还有里弗斯利的有袋类, 它们非常古怪, 与现存的任何物种完全不同, 是那个有袋类哺乳动物在澳大利亚更多样化的时代遗留的血脉。锤咬兽 (*Malleodectes*) 是袋獾的远房表亲, 一颗上前臼齿变为膨胀的锤状牙齿, 好似一个被切成两半的保龄球, 可以用来压碎蜗牛壳, 获取它们多汁的内脏。

迈克尔用来引诱罗宾前往澳大利亚的"石头齿兽"呢? 它的正式名称是回旋镖齿兽 (*Yalkaparidon*)。罗宾花了数年时间研究它的牙齿, 在他完成博士学位时提出了一个激进的解释。它巨大且不断增长的门齿与带有回旋镖状牙冠的小臼齿完美配合, 用于在木材上挖洞, 以收集和咀嚼软虫幼虫——这使它成为有袋类啄木鸟, 一种和鸟趋同演化的有袋类哺乳动物!

如此非凡的动物在如此翠绿的栖息地, 不可能永远生存下去。在大约 500 万年前的上新世, 草原最终蔓延到澳大利亚。随着草的生长, 袋熊和袋鼠变成食草动物, 演化出了伸长的高冠齿来对付植硅体和沙砾。森林枯萎, 迫使考拉进入面积有限的小树林, 其发展受到限制, 形成了单一的物种。该物种高度特化, 只专注于适应一种全新且在干燥环境生长的树——桉树。

气候变化再次成了这些动荡背后的罪魁祸首。同样的气候变化也毁灭了北美洲的马和犀牛，终结了北美洲稀树大草原的统治。渐新世和中新世相对稳定的冷库摇身变成冰窖，冰河时代即将来临。冰川从北方和南方入侵，地球的大部分地区在上新世和随后的更新世进入深度冻结状态——寒冷、干燥、多风。哺乳动物一如既往地做出回应。这一次，它们有的变大了，有的变得毛茸茸的，还有的从树上跃下，开始用两条腿走路，拥有了更大的大脑。

The Rise and Reign
of the Mammals

巨爪地懒（*Megalonyx*）

09

冰河时代，巨兽大崛起

—·—

收集巨兽"骨头"，寻找"活"的乳齿象

谁发现了第一件哺乳动物化石？问题虽简单，答案却难求。几千年来，人们一直在发现化石，但直到最近才开始对发现的东西和发现时间进行详细记录。还有一个问题是，"发现"到底意味着什么，应该归功于谁，第一个发现化石的人，第一个收集化石的人，还是第一个正确识别它，并认识到它属于某种生活在遥远时代动物的人？

我们确实对这些问题有些了解。在北美洲发现并准确识别哺乳动物化石，并将其印痕用文字记录下来的第一批人，是非洲奴隶。美国脊椎动物古生物学的整个事业可以追溯到一群劳工身上，他们的名字早已淹没于历史之中。这些黑奴在如今已成为安哥拉或刚果的家园中被绑架，在南卡罗来纳州疟疾横行的沿海沼泽中辛苦劳作。

他们的发现大约发生在 1725 年，一个位于查尔斯顿郊区叫斯托诺的种植园里。10 多年后，斯托诺这个名字变得臭名昭著。这里发生了美国殖民地最

——•——

血腥的奴隶起义，这场起义夺走了 50 多人的生命，并致使非洲人本就少得可怜的集会和受教育权利受到了残酷镇压或制约。后来，在美国独立战争期间，这里爆发了一场小规模冲突—— 一场令美国人尴尬的失利，未来总统安德鲁·杰克逊（Andrew Jackson）的弟弟也在其中丧命。斯托诺的历史就是这般动荡。在美国南北战争期间，这里再次发生了军事行动。南方联盟军在斯托诺河上夺取了一艘北方联邦军的蒸汽船，这是南方军一系列胜仗中的一场。后来战势逆转，黑奴得以解放。

早在战争到来之前，一群斯托诺奴隶正在沼泽地里挖掘，也许是在种植棉花或水稻。蚊子在潮湿的空气中嗡嗡作响，奴隶们把手伸入泥泞中，摸到了一个坚硬的东西，之后又发现了更多类似的东西。这些东西每个都有砖头大小，上面覆盖着闪闪发光的珐琅，其中一个表面上平行排列着波纹脊。对我们来说，这样的图案会让我们想起跑鞋的鞋底。然而，奴隶们无须类推，就确切地知道这些东西是什么。

他们把发现的东西拿给种植园主看。主人目瞪口呆，意识到这些东西属于一种大型生物。但到底是什么生物？他们采用了当时很多人面对从地下挖出的奇物喜欢用到的解释：它们一定是《圣经》中提到的在诺亚大洪水中死去的野兽的身体部位。你可以想象奴隶们翻着白眼的样子。不，他们坚持说，他们可以解释这是什么。这些东西是牙齿，大象的牙齿。

更准确地说，它们是臼齿，也就是大象用来研磨草和树叶的所谓的磨具。奴隶们对大象很熟悉，他们在非洲老家和大象一起生活过。然而，据当时的人所知，卡罗来纳沼泽和美洲大陆都没有大象，它们都是外来动物。你可以想象种植园主脸上难以置信的表情。一派胡言！奴隶们一定是搞错了。

但奴隶们说得没错，所有人会很快认识到这一点。更多的"磨具"开始出现在美洲殖民地北部和东部地区，它们总让人们想起长而弯曲的象牙。很明

— 一 —

显，臼齿有两种：一种像斯托诺化石一样具有波纹状的脊，另一种则有一排排尖尖的金字塔状尖凸。有一段时间，所有这些化石都被归类为"猛犸象"——指的是骨头正在从西伯利亚永久冻土层解冻的类似大象的动物。

后来，解剖学家们意识到美国有两种不同的大象：真正的猛犸象，用有脊的牙齿吃草；乳齿象，用带有尖凸的牙齿剪碎并磨碎树叶。一位美国殖民者迷上了猛犸象。在 18 世纪后期，托马斯·杰斐逊（Thomas Jefferson）要考虑的事情真不少：撰写《独立宣言》，赢得独立战争，防止他的新国家分崩离析，主持美国历史上最具争议的两次总统竞选，供养（或至少制造了）两个家庭。在这期间，他一直在想着猛犸象。他撰写关于猛犸象的文章，乞求人们寄给他猛犸象骨头，命令将军们采购猛犸象的骨骼。在某种程度上，这是一种逃避现实的行为。杰斐逊热爱自然，用他的话说，比起政治斗争，他更喜欢"对科学的平静追求"。但他迷恋猛犸象还有更重要的原因。法国著名博物学家布冯伯爵（Comte de Buffon）在一本畅销书中提出了"美洲退化论"。该理论认为，不同于壮丽的旧世界，北美洲寒冷潮湿的气候导致动物"弱小"，人民"冷漠"。胸怀爱国之情的杰斐逊把比非洲和亚洲大象还大的猛犸象，视作他对"美洲退化论"的终极回击。它证明了美国并非穷山恶水，而是一片充满活力的土地，有着光明而美好的未来。

在证明布冯是错误的过程中，杰斐逊也迷上了其他巨型骨骼。1797 年 3 月 10 日，杰斐逊在费城向美国哲学学会发表演讲。就在 6 天前，他刚刚宣誓就任美国第二任副总统，因为他此前刚在乔治·华盛顿总统任期结束后的竞选中惨败给约翰·亚当斯（John Adams）。然而，他此时却站在那儿，大谈特谈在弗吉尼亚州一个洞穴中发现的一堆肢骨。其中有三块是爪子，又大又尖，很可怕。杰斐逊以其高超的修辞技巧，将它们认定为"一种属于狮子之类的动物，但体形十分巨大"。他认为，这是一只巨型美洲狮，比那些所谓的旧世界的高级猫科动物大三倍。如此凶猛的野兽应该有一个合适的名字，所以杰斐逊称它为巨爪兽（*Megalonyx*，见图 9-1），意思是"巨大的爪子"。事实证明，这

———•———

动物比他想象的还要奇怪。几个月后，一直求知若渴的杰斐逊偶然看到了一份来自巴拉圭的报告，该报告内容晦涩，提到了一种"巨大的有爪子的动物"。这只动物的爪子和他命名的巨爪兽一样，其他骨架却和树懒相同，只不过比例巨大。后来的博物学家也同意这种说法，于是巨爪兽被正式命名为巨型地懒的一个物种，并以杰氏巨爪地懒（*Megalonyx jeffersoni*）作为物种名称来纪念杰斐逊。

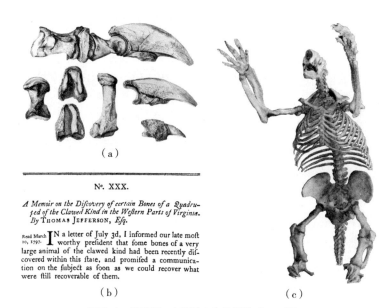

（a）

No. XXX.

*A Memoir on the Diſcovery of certain Bones of a Quadru-
ped of the Clawed Kind in the Weſtern Parts of Virginia.*
By THOMAS JEFFERSON, *Eſq.*

Read March
10, 1797. IN a letter of July 3d, I informed our late moſt worthy preſident that ſome bones of a very large animal of the clawed kind had been recently diſcovered within this ſtate, and promiſed a communication on the ſubjeĉt as ſoon as we could recover what were ſtill recoverable of them.

（b）　　　　　　　　　　（c）

图9-1　托马斯·杰斐逊命名的地懒"巨爪兽"

注：巨爪兽骨骼的早期插图（a），杰斐逊1797年研究论文的开头（b），以及一份骨架的现代重建图（c）。骨架照片由"MC恐龙猎手"拍摄。

杰斐逊无法接受猛犸象和巨型狮子（或树懒）已经灭绝的事实。对他来说，灭绝是不可能的，因为它会破坏自然秩序。生物链中的一环被移除，就会让所有上帝的创造物陷入混乱。在重点论证这一观点的过程中，他吸引了另一位意见相左的同僚——法国新锐解剖学家乔治·居维叶（Georges Cuvier）。居维叶正式承认了猛犸象和乳齿象之间的区别，认为这两种大象都与众所周知的非洲象和印度象不同，肯定是不同的物种。但从来没有人亲眼见过猛犸象或乳齿象，它们只有骨头和牙齿，以及偶尔被发现的冰冻尸体。对居维叶来说，最简单的解释是，这些"巨型动物群"的哺乳动物曾经存活过，但现在已不复存在。然而，杰斐逊却毫不认同。他在 1797 年的演讲中说："在我们目前的内陆地区，肯定有足够的空间容纳大象和狮子，以及猛犸象和巨爪兽。"他还希望，一旦美国西部得到更好的开发，巨型动物群就会现身。

> **哺乳动物档案**
>
> ## 巨爪地懒
>
> **拉丁学名:** *Megalonyx*, 含义是"巨大的爪子"
>
> **科学分类:** 披毛目,巨爪地懒科
>
> **体形特征:** 体长 3～4 米,体重可达 2 吨,相当于 2～3 头北极熊
>
> **生存时期:** 中新世晚期～更新世晚期
>
> **生活环境:** 森林、草原
>
> **化石分布:** 北美洲
>
> **讲解:** 头骨宽而长;身体强壮,体形大致与今天的北美灰熊或北极熊相当。前肢长着醒目的巨爪,是锐利的自卫武器

几年后，杰斐逊终于可以为此做点什么了。1800 年，他再次竞选总统，再度与他的死敌约翰·亚当斯对决。由于总统选举团中的一些技术细节问题，竞争圈反而缩小到了杰斐逊和他的副总统竞选伙伴阿伦·伯尔（Aaron Burr）之间。伯尔后来在决斗中杀死了亚历山大·汉密尔顿（Alexander Hamilton）。1801 年 2 月，正当首都充满阴谋，杰斐逊的政治前途悬于一线之时，他与一位医生取得了联系，试图从纽约获得更多的猛犸象骨骼。与此同时，选举被提交给了国会。在第 36 次投票中，杰斐逊获胜，最终当选为总统。凭借国家财政的力量，他于 1803 年从法国人手中购买了北美洲西部的大片土地，即路易斯安那州，并委任了一位政治家和一位中尉，即梅里韦瑟·刘易斯（Meriwether Lewis）和威廉·克拉克（William Clark），对这块土地进行勘探。他们的任务很多，但有一件事是杰斐逊亲自要求他们做的：寻找那些"被认为稀有或已灭绝的"动物，证明居维叶大错特错。

————

可惜的是，从密西西比河到太平洋的旅途中，刘易斯和克拉克没有发现任何现存的猛犸象、巨型树懒、狮子，或者其他巨型动物。杰斐逊却毫不气馁。从西部探险回来不久，克拉克就接到了另一项总统交办的任务：在肯塔基州北部俄亥俄河附近一个叫"大骨盐泉"的地方收集巨型动物的骨头。在那里，印第安人发现了无数骨架，认为这些骨架是巨大水牛和其他美味的猎物，它们是被"巨大的动物"杀死的，这些"巨大的动物"最后被天空中"神明"的闪电击中。挖掘化石比寻找活的猛犸象要容易得多，克拉克满载而归，带回了300多块骨头。杰斐逊把这些骨头分散开来，摆在白宫东厅的地板上。为了在日理万机中稍事休息，总统会进入骨骼室，像拼凑巨大拼图一样，把大腿骨、胫骨和脊骨连接成骨架。

杰斐逊第二个总统任期结束时，肯定意识到了一些无法回避的事情。他对美国西部的探索越来越深入，却还没有人在现实生活中发现过猛犸象或乳齿象。居维叶的胜算一天大过一天。杰斐逊离开白宫时，把他收集的一部分骨头带到了他自己设计的家——蒙蒂塞洛，那里至今仍保留着一些标本。其他标本则被送去了费城自然科学院。我在那里作为博士研究生研究恐龙的时候，经历了生命中最梦幻的时刻之一：戴上一双精致的白手套（就像迈克尔·杰克逊戴过的那种），打开一个柜子，拿起巨型树懒的爪子。大约225年前的一天，杰斐逊亲自处理这些化石，仔细检查、鉴定，并宣布它们是一头好斗的美国狮子。

1823年，年迈的杰斐逊给他的老对手约翰·亚当斯写了一封信，不过两人那时已化敌为友。在一段深思熟虑的文字中，杰斐逊不情不愿地承认"某些动物种族已经灭绝了"。因为他的让步，争论结束了。这个观点影响很大，并逐渐被广泛接受。

北美洲曾经居住着大量巨型哺乳动物。有些是今天仍然存在的物种（比如海狸）的放大版；有一些是现存动物的变种，只不过在北美洲已经不存在了，比如树懒和大象；还有一些是奇怪的生物，与现代哺乳动物只有最微弱的联系。巨兽们也生活在世界的其他地方，而且一直活到近期，直到几万年以前才灭绝。许多巨兽一直坚持到大约1万年前，当时人类正在中东建造寺庙和城市，驯养牲畜，种植谷物。**巨型哺乳动物现在虽然不存于世，但我们的祖先早就认识它们了。**

冰河时代，巨型哺乳动物统治的鼎盛时期

在我长大的伊利诺伊州北部待久了，你可能就会开始相信阴谋论。那里很平——是那种让你感官变得迟钝的平，会让你忘记我们生活在一个立体的球状星球上。在那里，玉米和大豆田绵延无尽，与芝加哥遥遥相望。在那里，道路笔直地延伸几十千米，路边孤零零矗立着座座粮仓——成了唯一对抗这单调的柱石。这种平坦几乎给人一种不自然的感觉，就像有人拿着巨大的熨斗把所有风景都烫平了。从某种意义上说，也确实发生了这样的事。

我小时候，周围的环境并没有给我什么启发或触动。我那时想的是在荒原里挖掘恐龙化石，穿越沙漠，爬上高山。然而在高中二年级的时候，我上了地质学课，改变了想法。雅库普卡克先生是一位特别的老师，他让枯燥的知识变得有趣，不仅教会我欣赏周围的地理环境，还教我如何解读它，并识别其中的微妙之处。是的，伊利诺伊州北部是平坦的，因为数万年前被冰川覆盖。这些冰川在一场寒流中自北极向南侵入，那是全球深度冻结的时期，我们称之为冰河时代。冰层厚达1.6千米，移动着，像糖浆一样流动，随气温的上升或下降而扩张或收缩。冰川不断前进，擦刷过大地，撞碎了岩石和泥土，填满了山谷，磨平了山丘。比起熨斗，它们更像一只钢丝球，破坏了地形，把地刷平了。

地基本上是平的。毕竟，这些大陆冰原并不平滑，也没有什么特点，就像蛋糕上覆盖着的一层完美的糖霜。它们被裂缝划破，被隧道掏空，液态水从中流过，好似血液流过静脉。当冰在不平坦的地面上移动时，被像构造板块一样

——•——

隆隆作响的断层粉碎。而且冰非常非常脏。冰川前缘是倾斜糊状的软冰，混杂着从地上刮下的沙子、砾石和灰尘，像是被铲雪机推到路边的脏兮兮的大量积雪。这些乱糟糟的东西都在地理景观上留下了痕迹。冰川融化后，留下了恣意破坏后的犯罪现场：地面大部分是平坦的，但有些地方布满了坑洞和痂。**在地质学家的眼里，这些细微的伤口是冰河时代的名片。**

在前往野外考察的班级旅行中，在雅库普卡克先生开着别克汽车带我去收集化石的夏季短途旅行中，他训练我如何发现线索。我的眼睛变得更敏锐，看到冰的迹象从农田中显露出来，如同看不见的墨水在阳光下将看似无聊的地形勾勒成了一张布满冰川特征的挂毯。1.9 万年前冰川融化后形成的洪水曾涌入这里，我的家乡渥太华以南大约 16 千米处一个山谷的边缘。这里有一座又长又弯、高出平原约 61 米的土丘，是几个同心冰碛之一。在地图上看去，它似乎从密歇根湖向外发散，像一块石头落入水中时的涟漪。实际上，它们是直接由外向内收缩的波形，每一圈都标志着冰川停止前进的地方。它们在那里卸下了沉积物的负荷，气温升高时便向东北方向后退得更远。其他地形甚至更不显眼。那些我原本以为是农场径流的小池塘，实际上是由冰川退去后遗留的大块冰融化后形成的锅形湖。弯弯曲曲的小"蛇形丘"山脊是冰川底部的沙质沉积，锥形"小沙丘"是积聚在冰盖表面凹陷处的砾石和沙子。

伊利诺伊州渥太华地区的许多冰碛、山脊和土丘都被开采过石头，这些石头被混入混凝土，用以在农场间建造笔直的道路。从小到大，我们都将这些采石场称为砾石坑，但里面不仅有砾石，你还可以发现任何恰巧冻在冰川内或在冰川融化时遗留的东西。里面有更精细的东西，如沙子和被风吹来的灰尘，它们形成了伊利诺伊州肥沃的农业土壤、鹅卵石和卵石等更大的碎石，有时还会有化石。在冰川混乱不堪的垃圾大杂烩中，埋藏着托马斯·杰斐逊最喜欢的动物，包括猛犸象、乳齿象和巨大的地懒，以及一大堆其他奇怪的动物，比如巨大的海狸、野牛、麝牛和牡鹿的骨头及牙齿。**这些动物经历了冰河时代。它们会呆呆地看着比摩天大楼还高的冰崖，一边瑟瑟发抖地在雪地里寻找食物，一**

边感受着从冰川前缘吹来的刺骨寒风。

想想都令人震惊：北美洲约有一半地区是冰冻的荒原。如今的芝加哥、纽约、底特律、多伦多和蒙特利尔，都曾被数千米厚的冰覆盖。不单单美洲大陆如此，欧亚大陆北部的大部分地区也被冰封，都柏林、柏林、斯德哥尔摩和我现在的家乡爱丁堡都被冰川覆盖。在赤道以南，南极冰盖无法反其道而行，向北爬上各大陆，只是因为大型陆地离得太远，它们无法到达。然而，冰川确实在安第斯山脉上生长，并延伸到巴塔哥尼亚的部分地区。尽管南方的大部分地区都没有冰，但许多地区变得凉爽干燥，形成了一种奇怪的沙漠。

更令人震惊的是，这个始于13万年前，在2.6万年前达到最低温，并在1.1万年前结束的全球冰冻期，并非冰河时代。这只是冰河时代的一个阶段，是过去270万里（主要是更新世时期）几十个冰川进退周期中的一个，这些周期加在一起才构成了我们所说的冰河时代。冰河时代并不是一段漫长的地狱式冰川期，而是犹如坐过山车一般，既有冰川从两极向大陆大幅蔓延的寒冷期（称作冰川期），也有冰川消融后退的温暖期（称作间冰期）。这是一趟令人痛苦的过山车之旅，气候极端多变，冷热转换剧烈。仅在过去的13万年里，就有过英国被厚达几千米深的冰层覆盖的时期，也有过气候温暖得足以让狮子猎捕鹿、河马在泰晤士河中沐浴的时期。这些两极状态之间的变化发生得很快，往往在几十年或几个世纪之内就完成。有时，一个人的一生之中，就会历经一次这样的变化。

最令人震惊的是一个简单的事实：我们仍然处在冰河时代。 我们正处于间冰期，冰原处于间歇状态。过不了多久，我们将重新进入冰川期，届时冰将再次冻结芝加哥和爱丁堡。不过，我们向大气中排放的所有温室气体可能会延缓冰川期的到来：这是全球变暖一个令人意想不到的积极产物。

在地球历史上，只有少数几个时期可以称得上真正的冰河时代。那时，覆

盖两极的冰川变得过于庞大，向低纬度地区扩张，深入大陆内部，气候系统会
发生显著变化。我们目前所处的冰河时代的根源可以追溯到 3 400 万年前的始
新世－渐新世过渡时期。我们在上一章中了解到，当时南极洲被困于南极，被
冰川覆盖，跨越了一个气候阈值，温室世界变成了冷库。这为全球提供了一个
较低的温度基线，在 330 万至 270 万年前的上新世，气温甚至更低，跨过了另
一个气温阈值，北极形成了一个大冰盖。随着两极的冰层急剧扩张移动，地球
正式进入冰河时代。

　　上新世气温下降的原因是什么？似乎有两个主要原因。第一个原因是上
一章中提过的：控制全球温度的关键恒温器——大气中二氧化碳的含量长期下
降。这可能是由于喜马拉雅山脉、安第斯山脉和落基山脉在过去几千万年间的
升高。山越来越高，不可避免地会受到侵蚀。岩石被侵蚀时会溶解，并与二氧
化碳发生反应，形成新的矿物，有效地锁住二氧化碳，防止大气变暖。更高的
山脉意味着更多的侵蚀，从而从大气中吸收更多二氧化碳，削弱温室效应，并
使地球温度下降。

　　在这一长期趋势的基础上，出现了一件出人意料的地理事件，这是第二个
原因。那是一场陌生者的邂逅，将世界引入了一条新的道路。在灭绝恐龙的小
行星出现之前，南美洲一直是一个独立存在的岛屿大陆，有自己独特的动物
群，有丰富的有袋类动物，但缺乏有胎盘类动物，只有土生土长的怪异动物，
如树懒和有蹄类，以及从非洲漂流而来的啮齿类和灵长类动物的后代。大约
270 万年前，南美洲的"单身生活"结束了。巴拿马地峡形成了，南北美洲汇
聚在一起，从地壳伸出的细长陆地相互靠近，好似米开朗琪罗在西斯廷教堂的
画作中上帝和亚当若即若离的手指。随着南北美洲慢慢触碰，新的中美洲大陆
桥阻挡了穿过墨西哥湾的跨洋洋流，连接了太平洋和大西洋。洋流改道，更多
的大西洋海水向北流去，给北极送去更多水汽。更多的水分意味着结冰的原材
料更多了，导致冰川膨胀。

"南北联姻"对哺乳动物产生了其他更直接的影响。两个分离了1亿多年的大陆现在被一条"迁徙高速公路"连接起来，哺乳动物双向流动，混合在一起，就像柏林墙倒塌后那些狂欢的东德人和西德人一样。这是哺乳动物历史上非常重要的事件，被赋予了一个宏伟的名字："南北美洲生物大迁徙"。对于长期栖息在岛屿大陆上的南美洲物种来说，这堪比一次越狱。然而，就像许多逃犯一样，它们的表现也不怎么好。只有少数动物在北方站稳了脚跟，其中包括犰狳、树懒和负鼠，它们是自数百万年前北方有袋类灭绝以来，第一批在北美洲海岸养育有袋类幼崽的有袋类动物。有蹄类动物也试图迁徙。一种叫作混箭齿兽（*Mixotoxodon*）的物种曾在得克萨斯州生活过一段时间，但它们没能坚持下去，最终在冰河时代末期彻底灭绝。

北美洲哺乳动物的情况则截然相反。对它们来说，这是一次恶意夺权的机会。它们挤进了一个个新群落，占领南美洲的雨林和草原，取代了当地动物。骆驼、貘、鹿和马等有蹄类哺乳动物蜂拥向南方，留下了大羊驼和羊驼等后代，成了当今南美洲最具代表性的哺乳动物。而且或许是这些入侵者带来的压力导致了有蹄类的灭亡。许多掠食者，包括今天的美洲虎和美洲狮，以及南方狼和熊的祖先也迁往南方。它们可能给当时存活于世的顶级掠食哺乳动物——"有袋剑齿动物"袋剑虎敲响了丧钟，尽管这些曾经占据统治地位的有袋类猎手似乎已经走上了灭亡之路。

与此同时，在哺乳动物不断迁徙、融合之际，洋流持续将更多水汽输送到北方，冰盖也随之不断扩大。随后，冰川开始有节奏地律动：随着气温的升降而扩张或收缩。扮演起搏器角色的是天文周期［天体（主要是地球）在宇宙空间中的运动变化存在一定的周期性规律，其所需的时间称为天文周期］，它们控制着地球所接收的太阳光量。地球轨道的形状并非标准的圆形，而是椭圆形，而且椭圆的形状会随着时间拉长或压缩。地球绕着一根倾斜的轴自转，而倾斜的角度也会随时间改变。如果你把地球想象成一个陀螺的话，其自转轴的摆动幅度同样也会变化。在这三个周期（地球轨道形状的变化周期、地轴倾斜周期以及地轴进动周期）中, 地球或者地球上的部分区域有时会离太阳更近, 从而接收到更多阳光, 而有时则会离太阳更远, 接收到的阳光也就更少。

通常这三个周期并不同步, 就像一支蹩脚的高中车库乐队里的三个乐手, 彼此相互干扰。不过, 有时候它们也会协调一致。就如同贝斯声与鼓声、吉他声相互配合奏出美妙音乐那样, 这些周期的寒冷阶段有时会恰好重合, 共同作用, 使得气温变得更低。气温降低, 冰川增多, 冰原便开始向大陆蔓延, 这就是冰川期。接着, 当这些周期不再同步时, 气温回暖, 冰川消融后退, 这就是间冰期。这些周期一直在起作用, 即便此时此刻也不例外, 但只有当有足够的冰川可供其"施展"时, 它们才能造成严重破坏并引发冰河时代。

当厚达 1.6 千米的冰层向大陆移动时, 其影响是极其巨大的。最能说明这一点的是最近的冰川推进运动, 它在 2.6 万年前达到峰值, 在其消退时, 伊利诺伊州北部的乡村地区到处都是冰碛和猛犸象的骨头。随着三个天文周期的同步, 全球气温（间冰期的最高温度）骤降超过 12 摄氏度。冷空气所含的水汽更少, 所以世界不仅变得更冷, 而且更加干燥。北方冰盖膨胀, 从海洋中吸取水分来形成更多冰层, 致使海平面下降超过 100 米。大片的大陆架露出水面, 将此前相互分离的陆地连接了起来——比如亚洲和北美洲通过白令海峡相连, 澳大利亚和新几内亚也是如此。冰原以南的一条巨大冰带从英国和西班牙延伸开来, 横跨整个亚洲大陆, 越过白令陆桥后继续横穿北美洲, 形成了一个全新的生态系统。这片所谓的猛犸象草原是一片干旱的大草原, 凛冽的寒风从冰川上呼啸而过, 带来阵阵寒意, 只有最耐寒的草类、低矮的灌木、野花和小型草本植物才能在这里生长。即使有树木, 它们也只能生长在冰川前缘流出的冰冷河流的两岸。冬季平均气温为零下 30 摄氏度, 甚至可能更低。

猛犸象草原是冰河时代地球上最广阔的生物群落所在地, 而冰河时代的地球绝非适宜安家之地。一如既往, 一些哺乳动物找到了出路。它们中的许多体形巨大, 毛多得惊人, 是典型的巨型动物（见图 9-2）, 其中就有吸引了托马

——•——

斯·杰斐逊的巨型动物——长毛猛犸象。最重要也最显而易见的是，这个生态系统因它们而得名。长毛猛犸象和长毛犀牛生活在一起。长毛犀牛体重达2吨，长着巨大的鼻角，皮毛又厚又蓬松，与今天犀牛几乎裸露的爬行动物般的皮肤截然不同。然后是可怕的野牛和最后的美洲马，它们都被一连串掠食者捕食，掠食者中有比任何现代狮子都更大、更强壮的洞穴狮，还有藏在洞穴里啃食骨头的鬣狗。关于浓密的皮毛和庞大的腹部如何帮这些巨型哺乳动物抵御寒冷侵袭，就很好理解了。

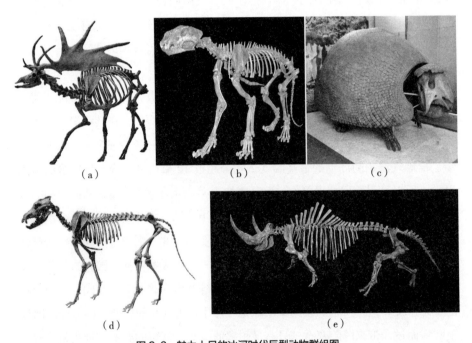

（a）　　　　　（b）　　　　　（c）

（d）　　　　　　　（e）

图9-2　魅力十足的冰河时代巨型动物群组图

注：爱尔兰麋鹿（a）、洞穴狮（b）、雕齿兽（c）、恐狼（d）和长毛犀牛（e）。弗兰科·阿提拉多（Franco Atirador）、来自阿拉德的汤米（Tommy from Arad）、"马里奥马松和桃太郎2012"（Mario Massone & Momotarou 2012）、瑞安·索玛（Ryan Somma）和迪迪埃·德库昂（Didier Descouens）分别供图。

更远的冰川以南环境更温和，也有同样引人注目的动物群。其中，面部矮短的熊身高约3.66米，体重1吨，是有史以来最大最坏的熊。还有比人类还要大的凿齿海狸。那里也有一些地懒，比如杰斐逊命名的"巨爪兽"，它用后腿直立时可以够到比树冠层还高一层楼的地方，不用跳跃就能扣篮。此外，还有长着剑齿的猫、美洲版猎豹、恐狼和被错误命名的"爱尔兰麋鹿"—— 一种鹿角大得可笑的鹿，像是被一名疯狂的整形外科医生设计出来的。

在远离冰川寒冷区域的地方，南半球的哺乳动物仍然不得不在寒冷和干燥中生存，很多也有巨大的体形。澳大利亚居住着体形最荒谬的有袋类动物。比如双门齿兽（Diprotodon）这样重达 3 吨的袋熊，它是史上最大的有袋类哺乳动物。脸似哈巴狗的袋鼠体重 225 千克，因为太胖而无法跳跃。还有上一章介绍过的那些"有袋狮"，它们和现在的有胎盘类狮子一样大，用断线钳似的前臼齿来猎杀和加工猎物，好似狮子和鬣狗某种可怕的混合体。

在南美洲，有一种被称为雕齿兽类（glyptodonts）的古犰狳，其大小和体形都像大众甲壳虫汽车，它与居住在陆地上的树懒生活在一起，比在巴拿马大陆桥另一侧的巨型地懒还要大。另外，像箭齿兽这样体重 1.5 吨的有蹄类中，最后幸存的、体形最丰满的动物的蛋白质被偶然保存了下来。正如前几章提到的，它证明了这些令达尔文困惑不已的南方有蹄类哺乳动物是马和犀牛的亲戚。

非洲也有惊人的成就。那里有佩罗牛（Pelorovis），其体重达 2 吨，弯弯的牛角就像八字胡，它是有史以来最强壮的牛。不过，没有什么动物比鲁辛加羚（Rusingoryx，见图 9-3）更奇怪。这是一种牛羚，有一个鼓鼓的圆顶形状的鼻子，鼻内中空。黑利·奥布莱恩（Haley O'Brien）给一只头骨做了 CT，观察其颅顶内部，了解它的功能。他向我介绍了鲁辛加羚，描述它为"可以用脸发出放屁声的角马"。当然发出声音是为了互相交流。

在冰河时代，无论你在哪里，无论你离冰川有多近，都会看到又大又怪的毛茸茸的哺乳动物，尤其是超大型哺乳动物。那是哺乳动物的鼎盛时期，但在地球历史的时钟上，那不过是几秒钟以前发生的事。

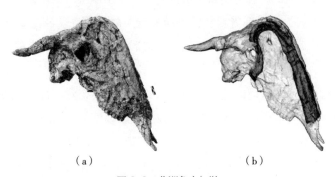

（a）   （b）

图9-3　非洲鲁辛加羚

注：头骨照片（a）和CT图像（b）显示了其内部的中空结构与环状鼻道。
黑利·奥布莱恩供图。

猛犸象，冰河时代的"大明星"

在所有冰河时代的巨型动物中，有两种最受关注：猛犸象（见图9-4）和剑齿虎。它们是超级明星，是博物馆里最受欢迎的展品，是一种象征（杰斐逊将"猛犸"一词作为"大"的同义词加以推广），也是实实在在的好莱坞明星——猛犸象曼尼和剑齿虎迭戈是"冰河世纪"系列电影的主角。像对其他名人一样，人们对猛犸象和剑齿虎也充满了误解。所以，让我们来了解一下这两位冰河时代偶像的真正传记吧。

图9-4 哥伦比亚猛犸象

注：托德·马歇尔绘。

猛犸象可能是人们最了解的灭绝动物。 与霸王龙、雷龙或本书中几乎所有史前哺乳动物不同的是，我们实际上知道猛犸象长什么样。这是因为我们的智人祖先和尼安德特人表亲看到了它们活着的样子，并不断地把它们画在岩壁上。法国和西班牙的洞穴内画满了巨大的图案，这是人类最早的涂鸦（见图9-5）。我们的祖先似乎和杰斐逊一样迷恋着猛犸象。

图9-5 旧石器时代猛犸象和野山羊壁图

注：大约1.3万～1万年前，旧石器时代人类将它们画在法国鲁菲尼亚克洞穴中。

这些画作的准确程度十分惊人。我们知道这一点，是因为我们可以把画作和来自西伯利亚及阿拉斯加的真正猛犸象尸体进行比对。在长达数万年的严寒中，它们已经不仅仅是骨架，而变成覆盖着毛发的冰木乃伊，肌肉仍留在骨头上，心肺和其他内脏保留在体内，眼球从眼窝突出，向外瞪着，生殖器暴露在外，最后食用的食物也卡在内脏里。它们并不像你想象中那么罕见。北极有成千上万头猛犸象，也许数量还更多。随着永久冻土的融化，它们就会显露出来，就像"石板街冰激凌"（国外流行的一款甜品）融化后，露出了其中的颗颗核桃。这是全球变暖另一个意想不到的连带效果——对于那些可以从苔原上获取猛犸象象牙并在象牙黑市上出售的人来说，这是一个有利可图的连带效果。

当你读到这本书的时候，大批俄罗斯"猛犸象猎人"正在寻找猎物。这些人头发花白，好似昔日的淘金者，靠几品脱伏特加取暖，外出寻找能让他们捞上一大笔的"大生意"，好将自己从苏联解体后贫困的生活中解救出来。这是一份肮脏的工作：猎人们利用消防设备从河里吸水，炸开永久冻土，引发河岸崩塌、环境污染。这也是一项危险的工作：猎人们为了寻找象牙而挖地道，在永久冻土层深处挖出临时洞穴，这些洞穴随时都有可能坍塌。受伤了？那么只能祝他们好运了，也许几百千米之外能有一家医院，也许要走上好几天的路才能到。我要再次声明，这么做是违法的。

洞穴壁画和北极木乃伊生动展现了长毛猛犸象的现实形象。它们的体形和现代非洲象差不多：公象肩高约 3 米，体重达 6 吨，母象稍小一些。它们高大结实，头顶圆圆，肩部隆起，背部倾斜，腹部臃肿，四肢强健，在草原上它们肯定不会被认错。它们前重后轻：两根长长的弯曲獠牙自面部向前伸出，但尾巴是一条像面条一样的小附肢。小是为了避免冻伤。出于同样的原因，它们的耳朵也很小，比今天大象巨大的圆盘卫星天线似的耳朵小得多。今天大象的巨耳刚好起到了相反的作用：在炙热的热带草原散发热量。

大象和长毛猛犸象之间最明

哺乳动物档案

长毛猛犸象

拉丁学名：*Mammuthus primigenius*，含义是"潜伏地下的兽"

科学分类：长鼻目，真象科

体形特征：体形和现代非洲象差不多，公象肩高约 3 米，体重达 6 吨，母象稍小一些

生存时期：更新世

生活环境：草原、苔原

化石分布：欧亚大陆北部和北美洲北部

讲解：曾经是世界上最大的象；身上覆有长毛，象牙很长、卷曲，长鼻厚实灵活，四肢粗壮；以青草、地衣和苔藓植物为食

————————

显的区别，显然是毛发。长毛猛犸象被毛发包裹着：一层蓬松的外层防护毛，每一根毛都长达约 90 厘米，它们包裹着一层更短、更蓬松的底毛。毛发与超大的皮脂腺有关，皮脂腺分泌液体来驱走水分并增强隔热保暖性能。尽管在电影和书籍中，猛犸象经常被统一描绘成棕色或橙色，但它们和人类一样，毛发颜色多种多样。毛发从金色到橙色、棕色、黑色不等；有些毛发颜色非常浅，基本上是透明的，而另一些毛发则有两个颜色，同一根毛发上混合多种颜色。浅色和深色的毛发在同一种动物身上共存，浅色或无色的毛发在内毛中特别常见，深色的毛发则在外毛中特别常见。一些猛犸象可能有着盐巴色和胡椒粉色混杂在一起的斑驳外表，另一些则有色块更为斑驳的被毛。总的来说，浅毛猛犸象比深毛的要稀少得多，这可能看起来很奇怪，因为今天的北极熊等北极哺乳动物都有白色皮毛，以便与雪融为一体。实际上，这并不奇怪：猛犸象并非生活在冰川上，而是生活在大草原上，那里可能只有在冬天才会下雪。

你也许想知道我们是如何得知这一切的。部分原因是冰木乃伊保存了毛发，我们可以亲眼观察。但对于毛发颜色和猛犸象生物学的许多其他方面，我们还有另一条线索：基因。这些木乃伊保存得太好了，遗传物质也保留了下来——那是来自灭绝物种的 DNA！ 2015 年，遗传学家完成了对猛犸象整个基因组的绘制，这是现代科学最显著的成就之一。该基因组包含超过 30 亿对碱基对，这些字母 A、C、T 和 G，书写了构建、运行和延续猛犸象物种的核心密码。事实令人震惊：我们对猛犸象 DNA 的了解比对大多数现存哺乳动物都要更深入。

猛犸象基因组揭示了许多秘密。进行 DNA 亲缘鉴定并建立谱系树时，基因组证实猛犸象确实是大象。事实上，它们是极其进步的大象，位于家族相册中靠后的地方，与今天印度象的关系密切，比它们与非洲象的关系还要密切。乳齿象是另一种著名的冰河时代的厚皮动物，杰斐逊将其与猛犸象归为一类。乳齿象属于远亲谱系，不是真正的大象，而是大象古老的表亲。一项研究发现，长毛猛犸象与非洲象的 DNA 相似率为 98.55%，这十分惊人。许多差异都与猛

——·——

犸象能够在寒冷中生存的特定特征有关。遗传学家已经确定了使猛犸象的耳朵和尾巴变小、皮脂腺变大、毛发浓密、身体脂肪更加厚的基因。有些基因改变了它们的昼夜节律，使它们能够在高纬度黑暗的漫长冬季茁壮成长；调整了它们的温度传感器，使它们不会被冻僵；改变了它们的血红蛋白，使它们的血液能够在寒冷的温度下携带足够的氧气。

这些基因突变是关键的适应特性，因为猛犸象是由从温暖气候迁移过来的大象演化而来的。长毛猛犸象并不是唯一的猛犸象，而是一个曾经数量众多的家族的最后成员，它们有着永远得不到满足的流浪欲望。猛犸象起源于大约 500 万年前上新世的非洲，在北极冰盖开始爬上各大洲之前。几百万年后，它们向北跃进，在欧洲和亚洲四散开来，在向新领地推进的过程中产生了新物种。大约 150 万年前，其中一个猛犸象物种在冰川导致的海平面下降期间穿过了白令海峡桥，到达北美洲，在那里成了哥伦比亚猛犸象。100 多万年后，在另一次海平面下降期间，同样的原始亚洲种群再次游荡到北美洲。它们成了长毛猛犸象，是最后一批迁徙到北美洲的巨型动物之一。长毛猛犸象遇到了当时的哥伦比亚猛犸象，两者达成了共识：长毛猛犸象主要生活在冰川边缘的草原上，哥伦比亚猛犸象更喜欢南部温暖的草原。它们偶尔会在北美洲中部地区混居，因为它们仍然拥有足够的 DNA，可以成功杂交——这从保存下来的两个物种的遗传物质中可以看出。

有几种工具能帮它们获取并吞食喜爱的食物。首先是长牙，尽管它们看起来很吓人，但很少被用作武器，更多是用来充当清理一片片草地的铲雪工具，以及用来连根拔起块茎和树根的铁锹。象牙（改良后上颌的第一门齿）非常大：长达 4.2 米，向外向上弯曲，呈时髦的卷曲状，每年都会生长几厘米。在某些方面，它们类似于我们人类的手：在猛犸象种群中，象牙的大小和形状有巨大差异，而且它们并不对称，可能可以用来区分左撇子和右撇子。

一旦象牙收集到了食物，就轮到臼齿来将食物磨碎了。猛犸象的臼齿很大，最大的有 30 厘米长，约 2 千克重，结构复杂，表面有波纹状的平行牙釉质脊，用于研磨植物。当斯托诺种植园的奴隶们从沼泽中取出猛犸象的"臼齿"时，第一次成功地对北美洲哺乳动物化石进行了有记录的鉴定，而正是这种明确无误的形态——大小、形状和脊——让他们立刻认出这化石来自象类。就像今天的大象一样，当时的大象嘴里只有四颗臼齿，上下颌左右各有一颗，之后新的臼齿以传送带的方式从后面长出来。猛犸象的臼齿还有一个有趣的地方：很高。上一章提到，描述这种牙齿有一个专门的词：高冠齿。因此，猛犸象做了和中新世美洲大草原上的马一样的事情：让它们的牙齿变得特别厚，这样就能慢慢磨损，这是为了适应食用草等磨蚀性植物发展出的特性。

猛犸象是群居动物，至少会花点儿时间成群结队地吃草。在加拿大艾伯塔省的一处化石点，保存着一群猛犸象在沙丘上行走时留下的餐盘大小的前足印和后足印。沙丘是由冰川前缘呼啸而来的沙尘形成的。大型成年猛犸象、中型亚成年猛犸象和小型幼年猛犸象的行迹交织在一起，其比例几乎相同。有理由相信这些行迹大部分属于雌性。今天的大象是母系氏族，由母亲和它们的后代组成小群体。雄性在年幼时是象群的一员，但会在青少年时期脱离象群，变得独立，或在单身象群中生活。洞穴壁画描绘了体形较小的猛犸象成群聚集在一起的情景，它们具有典型的雌性特征——这是人类记录的最早的动物社会生活实例之一。

猛犸象的童年和母亲生涯过得并不容易。我们对这一点的了解来自 2007 年，在亚马尔半岛（它就像一根冰冻的手指从西伯利亚伸入北冰洋里）发现的一具保存完好的冰木乃伊，那是一头只有一个月大的幼崽。涅涅茨自治区驯鹿牧人尤里·库迪（Yuri Khudi）发现了这具跟大狗差不多大的尸体。它曾失窃了一段时间，换乘了两辆雪地车，被野狗咬了一口后，被救了出来，放进了博物馆，并被人们以尤里妻子的名字柳芭（Lyuba，见图 9-6）命名。大约 41 800 年前，这头幼象在渡河时不幸身亡，被困岸边，因吸入冰冷潮湿的泥土而窒息。它的一生短暂而艰辛，是无情的牺牲品。但正是因为死亡，这头幼崽成了长毛猛犸象生长发育信息的时间胶囊——具有讽刺意味的是，若长毛猛犸象能被克隆，柳芭携带的信息可能有助于整个物种的复活。

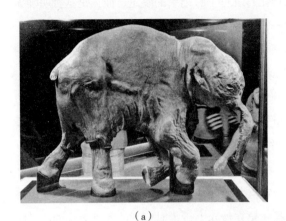

（a）

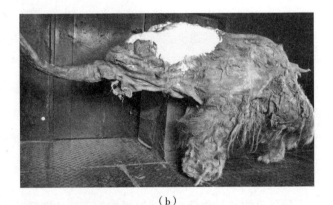

（b）

图 9-6 柳芭和优卡

注：在西伯利亚永久冻土中发现的长毛猛犸木乃伊柳芭（a）和优卡（b）。鲁思·哈特那普（Ruth Hartnup）和赛克纳特（Cyclonaut）分别供图。

柳芭很小，是一头跟圣伯纳德犬差不多大的幼崽，出生时的体重大约是90千克。如果不发生意外，它将在60年的寿命里长成一只体重达4吨的成年猛犸象。这个数字是根据成年猛犸象骨骼和象牙的年轮数量计算出来的，这些年轮每年沉积一次，就像树干上的圈状物一样。猛犸象的孕期会持续一年多，可能像现代大象一样，21 到 22 个月。交配季节可能是夏季或秋季，出生季则在春季或夏季，这表明柳芭在出生几周后就去世了。它的肚子很饱，但不像成年猛犸象的肚子里会有大量的草，因为柳芭还在喝奶。它很可能还得再喝上几年母乳，并在出生的第二年或第三年开始食用植物。其他幼年猛犸象的化石记录了断奶的时刻，它们骨骼和牙齿的同位素组成发生了变化。现代大象断奶更早，而猛犸象延迟断奶可能是因为寒冷黑暗的栖息地中食物质量和数量下降了。不过，柳芭不仅仅摄入了母乳，我们在它的肠道里还发现了粪便残留物，这说明它可能吃下了母亲的粪便。虽然听起来很恶心，但对许多哺乳动物来说，这是一件很正常的事情，以确保幼崽能够培养肠道细菌。

大自然带走了柳芭，但如果它没有被困在河岸上，可能最终也会被捕食者抓住。猛犸象草原盛产食肉动物——洞穴狮子、鬣狗、狼、熊，而猛犸象会成为它们美味的盘中餐。健康的成年猛犸象体形庞大，即使是最凶猛的捕食者也难以接近，因此它们会把目标对准体弱多病的幼年猛犸象。也许，只是也许，有一种贪吃的怪物能够猎杀成年的猛犸象。

剑齿虎，顶级猎杀者的崛起与灭绝

当你想到化石，想到该去哪找寻它们时，你的脑海里可能会因刻板印象立马浮现出探索频道纪录片里的场景。在某个不知名的荒地，一个看起来像是印第安纳·琼斯（Indiana Jones）的家伙，时不时停下来擦去额头上的汗水，用刷子扫去骨头上的沙子。你不会想到洛杉矶的市中心。然而，从好莱坞往南开一小段路，就在贝弗利山庄的东边，有着世界上最令人难以置信的化石坟墓之一。在冰河时代，野兽出没于好莱坞山谷和贝弗利山这片地区。

在此向汤姆·佩蒂（Tom Petty）表示歉意，我们化用他的歌词来描述，那些长得像"吸血鬼"的哺乳动物"在山谷间游荡"，沿着如今是文图拉大道的地带"向西移动"（也可能向东移动），滑行穿过崎岖的马尔霍兰道（至少穿过了伏击它们的猎物）。它们是大型猫科动物，双颌中伸出了匕首似的犬齿——形态可怖，呈覆合状。

它们是剑齿虎。

在4万～1万年前的最后一次冰川推进过程中，许多剑齿虎掉进了陷阱。在如今的拉布雷阿社区，沥青渗入地表，它们就像捕蝇纸黏住苍蝇一样困住了大量的猛犸象、野牛、骆驼和杰斐逊的巨型地懒。许多剑齿虎误以为眼前是一顿免费的午餐，于是也陷入了沥青中：从目前已经从拉布雷阿沥青坑（此处现已成为热门旅游景点）收集到的骨架数量来看，至少有2 000只剑齿虎直接在那里"自由落体"。沥青对它们的骨骼进行防腐处理，使其能够抵抗腐烂，让这种最著名的冰河时代食肉动物有了无与伦比的历史记录。

剑齿虎，这个名字会引发我们潜意识里的恐惧和某种焦虑，这可能是从我们的祖先那里继承下来的。冰河时代，他们每次出去打猎、采集浆果或闲谈时，都知道这些口含弯刀的恶魔就在四周潜伏，尽管毫无疑问，这种动物有"剑齿"却非"虎"。剑齿虎的牙齿十分锋利：每只上犬齿几乎有30厘米长。拉布雷阿剑齿虎的拉丁文正式名称是 *Smilodon*，中文名为刃齿虎（见图9-7、9-8），意为"手术刀般的牙齿"——它们的犬齿又大又尖，而且很薄，就像手术

图9-7　刃齿虎

注：托德·马歇尔绘。

刀一样。但刃齿虎不是老虎。从拉布雷阿岛的骨骼和在北美洲和南美洲刃齿虎分布区的其他化石中提取的 DNA 证实，剑齿虎是一种猫科动物，但属于一个古老的家族。这个家族在 1 500 万年前就从谱系树上分离出来，只与今天的西伯利亚虎和孟加拉虎有远亲关系。

（a）

（b）

图 9-8　刃齿虎的骨骼和头骨
注："忍者塔克壳"和"骨骼定制"
分别供图。

刃齿虎是该类群的最后一脉。剑齿虎家族是一个王朝，起源于中新世，在漫长的演化统治中繁衍出了几十个物种。早期，它们的领地是欧洲和亚洲，但在上新世冰盖开始扩张之前，其中一个物种到达了北美洲。这支移民逐渐壮大，越来越渴望新的领地。随着冰盖的扩张，它分裂成两个物种：一种是拉布雷阿的祸害，致命刃齿虎（*Smilodon fatalis*）；另一种体形

哺乳动物档案

刃齿虎

拉丁学名： *Smilodon*，含义是"刀刃般的牙齿"

科学分类： 食肉目，猫科

体形特征： 毁灭刃齿虎体重可达 400 千克，致命刃齿虎体重可达 280 千克

生存时间： 中新世 ～ 更新世

生活环境： 森林、草原

化石分布： 北美洲、南美洲

讲解： 刃齿虎的体格和狮子差不多，但体重可达狮子的两倍，嘴巴能张到 90 度以上，是名副其实的血盆大口；犬齿又大又尖，而且很薄，就像手术刀一样

更大，被称为毁灭刃齿虎（*Smilodon populator*），参与了南北美洲生物大迁徙，大约在 100 万年前穿过巴拿马大陆桥进入南美洲。毁灭刃齿虎是有史以来最大的猫科动物之一，体形与现代非洲狮相仿，而且比它更大，体重可达 400 千克。它有一个强大的对手：致命刃齿虎。这些拉布雷阿的剑齿虎也穿越了中美洲。这是一次双重入侵，使树懒、犰狳、有蹄类和南美洲的有袋类处于守势。这两种刃齿虎达成了令人不安的休战共识：致命刃齿虎徘徊在安第斯山脉以西的太平洋海岸，并在南美洲东部地区生活。它们有时会有交集，交战后果可想而知。在北方，致命刃齿虎却没有这样的顾虑，因为北美洲是它的天下。

致命刃齿虎是一种可怕的动物，值得大说特说。是的，它比它的南美表亲毁灭刃齿虎种群小，但小不了太多。致命刃齿虎体重约 280 千克，和现代的西伯利亚虎差不多，但骨骼更坚固，身体更粗壮，肌肉更发达，四肢也更强壮。想象一下老虎打了类固醇，那就是毁灭刃齿虎的样子。它漫步时，高高的肩膀会从背上耸起，这是一个充满警告意味的形象，就像大白鲨的鳍从水中突出来一样。它皮毛的颜色谁也说不准。究竟是像老虎一样有条纹，像豹一样有斑点，还是像狮子一样色彩单一？与长毛猛犸象不同的是，我们目前还没有发现任何保存有良好毛发的刃齿虎冰木乃伊。找到一只刃齿虎并不容易：刃齿虎不是猛犸象草原的居民，如果它掉进结冰的河流或雪堆里，就会被瞬间冻僵。它的活动范围在更远的冰川以南，在温暖宜人的草原和森林中。

也许令人失望的是，这意味着剑齿虎和长毛猛犸象并没有互为对手。它们可能只是泛泛之交，偶尔会在领地的边缘相遇，在那里，猛犸大草原群落被更温和的生物群落所取代。然而，剑齿虎和猛犸象的关系不同于蝙蝠侠和小丑，不同于夏洛克·福尔摩斯和莫里亚蒂，也不同于霸王龙和三角龙。它们之间若发生了争斗，规模则会远超常规。不过，至少一些剑齿虎确实吃掉了一些猛犸象。得克萨斯州有一个洞穴，这里曾经是刃齿虎的亲戚锯齿虎（*Homotherium*）的巢穴，里面塞满了哥伦比亚猛犸象幼崽的骨头，骨头上面坑坑洼洼，布满了史前的咬痕。由于哥伦比亚猛犸象比长毛猛犸象大，而锯齿虎又比刃齿虎小，

——•——

这场战斗无疑更加令人震撼。

刃齿虎是追逐大型猎物的猎手。它更喜欢住在森林里的猎物，比如鹿、貘和林地野牛。虽然它不会拒绝马或骆驼，但这些快速奔跑的草原食草动物更经常被在拉布雷阿沥青坑中大量发现的另一种食肉动物吃掉，那就是《权力的游戏》中著名的恐狼，一种比今天的狼略大、咬合力更强的未被驯服的犬类。恐狼是真正的追逐型掠食者，为提升速度进行了四肢优化，会远距离追逐猎物，但无法抓取或扑击。抢夺和杀戮，只能靠双颌来完成。具有这种耐力的捕食者在地球历史上出现得很晚，即使在中新世的美洲稀树大草原上，也没有真正意义上像狼这样的追逐型掠食者。这是哺乳动物肉食性的最新创造。

刃齿虎当然也可以近距离奔跑，但它不是追逐型掠食者，而是一个伏击猎手，可能会隐藏在树和草中，等待毫无防备的受害者。扑向猎物的时候，它会非常小心地张开它的剑齿。离下颌那么近的东西很容易折断，而作为一种哺乳动物，刃齿虎无法让破裂的犬齿再生。因此，它不可能像一个挥舞着刀的疯子一样肆意砍杀。它也不是钝器创伤专家，不能像狮子那样扼住猎物的喉咙，让挣扎的猎物窒息。刃齿虎是精准的杀手。它会从巢穴里冲出，用肌肉发达的前肢制服猎物，张大嘴巴，用军刀精准地刺穿猎物的喉咙，然后站在一旁，看着猎物流血而死。

因此，与其说剑齿是刀，不如说它们是冰镐。它们只是用来给猎物最后一击——与其说是击，不如说是戳。这听起来可能很奇怪，但计算机模拟的刃齿虎头骨表明，这种掠食性攻击不仅合理，而且十分必要。就刃齿虎的所有武器来说，齿列上犬齿之后的部分咬合力较弱，所以它把宝全押在了剑齿上。它的下颌非常松散，可以张得非常大，将剑齿刺入比它自身大得多的猎物，比如野牛的脖颈。也许，甚至还包括哥伦比亚猛犸象——尤其是如果有一头哥伦比亚猛犸象被困在焦油坑里，那对于刃齿虎来说无异于一顿唾手可得的美餐，只不过命运在冥冥之中标好了筹码。

陷进沥青不是一种愉快的死法。但在最终痛苦断气之前，拉布雷阿剑齿虎一直过着艰苦的生活。它们的骨架上伤痕累累。对拉布雷阿化石进行编目的古生物学家发现了大约 5 000 块刃齿虎骨骼，上面有伤口、断裂和其他受伤的痕迹。它们的病态数量几乎是它们的对手——恐狼的两倍。在某种程度上，这可能是因为伏击的生活方式比追捕更危险，这一点可以由刃齿虎骨骼受伤（比如肩部和背部椎骨上的伤）的高发率得到证实，这些伤和它们扑倒猎物并与之搏斗有关。

所有这些伤痕的出现可能还有另一个原因：刃齿虎很可能是一种群居动物，其数量比今天的许多大型猫科动物的数量要多，它们可能会为了配偶和领地而发生激烈冲突。刃齿虎群居的证据有限，但十分有说服力。第一，一个单一物种的这么多个体最后死在同一个沥青坑里，这很蹊跷。第二，刃齿虎喉部用来固定喉部肌肉和韧带的舌骨具有现代猫科动物吼叫的特征形状。吼叫，除了震慑对方外，也是群居猫的交流方式，用来展示力量，警告它们的族群有危险。如果觉得一只刃齿虎伏击并刺伤猎物还不够恐怖，那么想想一大群剑齿虎一起杀戮和进食的场景吧。

刃齿虎艰难的生活中并不全是犯罪和肮脏，也有温柔的时刻。厄瓜多尔的一处化石点发现了一只母亲和两只幼崽的骨骼，说明剑齿虎父母对待子女富有爱心，这个南方致命刃齿虎家族是第二波越过巴拿马大陆桥的移民的后代，它们被冲进了沿海的海峡，与贝壳和鲨鱼牙齿埋葬在一起。这些幼崽至少 2 岁大，这表明它们在出生后很长时间都和母亲在一起。在这方面，它们就像狮子一样，在大约 3 岁时才会独立，不像出生 18 个月后就离开父母的老虎。但是，刃齿虎幼崽像老虎一样发育迅速，而不像狮子一样发育缓慢。因此，它们以一种独特的方式发展，将老虎的快速生长和狮子漫长的童年结合起来。

为什么剑齿虎漫长的青春期要依附于它们的母亲？刃齿虎幼崽出生时就拥有成年剑齿虎强健的肌肉比例，所以在长身体方面不需要担心。但它们并不是

———·——

生下来就有剑齿的，而是需要整整一年的时间才完全长出乳牙。一旦这些牙齿脱落，就会被第二组，也是最后一组犬齿所取代，但是这些成年的牙齿直到出生后大约 3 年才会完全长成，有时甚至花费更长时间。没有完整的犬齿，也许年幼的刃齿虎无法完成快速伏击和细致的刺喉狩猎仪式。也许，这是一种非常专业的狩猎方式，在它们出师之前，有很长时间的学徒期。

不管怎样，一旦它们长到 3 岁，或者最多 4 岁，也就成年了。它们的军刀是 30 厘米长的武器，渴望刺入野牛、鹿和哥伦比亚猛犸象等冰河时期巨型动物的肉中。狩猎开始了。

1 万多年前，长毛猛犸象和剑齿虎数量锐减。一些长毛猛犸象成功逃到了弗兰格尔岛，那是一块比牙买加略小的冻土，位于西伯利亚北部的北极圈之上。在那里，它们做了哺乳动物在岛上经常做的事情，至少是从恐龙时代开始经常做的事：变得更小了。弗兰格尔的长毛猛犸象设法坚持了几千年，但它们的身体状况并不好。这座岛屿只能供养几百头猛犸象，最多也只能供养 1 000 头。基因缺陷积累了起来，在如此小的群落里像野草般蔓延开来。它们的嗅觉退化了，毛发失去了光泽，变成了色调单一的缎子。大约 4 000 年前，当法老们建造金字塔、灌溉尼罗河沿岸的农田时，弗兰格尔的长毛猛犸象变种的最后一批灭亡了。就这样，长毛猛犸象灭绝了。它们如同几千年前就已经消亡的剑齿虎，也加入灭绝行列。

在巨型动物悲惨终结之前，在冰河时代的深处，在世界各地，你会看到像长毛猛犸象和剑齿虎这样的巨型哺乳动物。我在这里有意使用"你"这个词，并非虚指。人类是冰河时代的产物，我们这个物种的成员——智人，可能见过、遇到过、躲避过、接触过许多这样的巨型哺乳动物。今天，仅仅几万年后，巨兽几乎完全消失了。只有少数陆地哺乳动物可以被真正称为巨型动物，比如犀牛、野牛和驼鹿，以及猛犸象和剑齿虎的近亲——濒临灭绝的大象和大型猫科动物。如果以目前的趋势继续下去，它们可能也会成为这些曾经骄傲、曾经多种多样、曾经征服全球的类群的最后残喘。

　　如果这个世界现在看起来有些空荡荡，那是因为事实就是如此。巨型动物本应该还在这里，食物网还没有完全适应它们的消失。苔原上少了长毛猛犸象，洛杉矶少了剑齿虎。它们的幽灵正在徘徊。但为什么它们不复存在了？

The Rise and Reign
of the Mammals

地猿（*Ardipithecus*）

10

最终的王者，人类兴起

杀死最后一头猛犸象的，是人类还是气候

12 500 年前，威斯康星州的冰川边缘。

冬天来了。一头猛犸象孤零零地站在冰碛顶部，约 2.1 米长的长牙向上顶起，摆出一副不服输的架势。风从东北吹来，吹得它那长长的橘色皮毛满是雪花。日落西山，暮色合围。这头雄猛犸象并不气馁，将毛茸茸的鼻子举向天空，发出一声鸣叫，仿佛在吸引同伴。它呼出的气体转瞬凝结成了雾气。

对于一头单身长毛猛犸象来说，那是一段艰难的时期。当所有的雌性猛犸象蜷缩在一起为宝宝供暖时，雄性在接下来 6 个月的时间里却几乎无事可做，直到毛茛花绽放，这标志着交配季节的到来。有些象会聚集在临时兽群中，但我们故事里的这头猛犸象喜欢独处。它 36 岁，正值壮年。如果一切顺利，它还能再活上 20 年，甚至更久。它总是独来独往，这样的日子也不赖。在芝加哥湖附近的大草原和云杉林里，数十头猛犸象幼崽都是它的后代。

——◆——

冰层不再覆盖这一地区。它在后退，向北极圈退去，但并不会轻易消失。向北走上不到一天，你就会发现有冰川潜伏在那里。它们仍然控制着四季：从冰川锋面吹来的微风让夏天保持着凉爽，却让冬天成为地狱，阻止了新生的云杉林彻底占领草木苔原。冰川也控制着地形：猛犸象脚下的冰碛是这里的新景观，是冰川退去时留下的垃圾场，里面满是砾石、泥土、木头和骨头。

月亮在黄昏升起时，风变得更猛烈了。这不是一场普通的暴风雪。狂风沙在寒气中咆哮，冰原向南推进时粉碎的冰冻岩石微粒在此时释放而出。灰尘和雪混合在一起，留下一片又脏又乱的烂摊子。冰川似乎怒气冲冲，一片平坦中的最高处也不适合它逗留。

猛犸象向北看去，那里是约 1.6 千米厚的冰层禁区。东边也好不到哪里去：那里是芝加哥湖冰冷的湖水，夏季冰山从冰川上脱落，现在则成了一块结冰的玻璃。南方似乎存在一线生机，但当雄猛犸象转身面向那个方向时，感受到了霜冻的冲击，这冲击力量十分集中，像风洞一般沿着湖的边缘吹拂。

向西去，是唯一的选择。

猛犸象小心翼翼地从冰碛上走下来，以防长牙先着地。它将一只毛茸茸的脚放在另一只脚前面，一步接一步。每走一步都带来更多的危险，因为发黑的雪几乎无法承受猛犸象 6 吨的重量，直到再承受不住就会碎裂。猛犸象一只脚打了滑，其他三只也跟着失了控。它仰面翻倒，从冰脊上滚了下来。

这可不是一场姿态优美的雪橇表演，但谢天谢地，冰碛不是太高，这一跤没让它受什么重伤，只是让它眼下的处境十分尴尬。猛犸象支撑着站了起来，用鼻子拂去脸上的雪，用擦伤的肋骨深深地吸了一口气。是时候停下来，等恶劣的天气过去了。它得在这里过夜了。

————·————

在冰河时代，还有比这夜晚更难熬的地方。猛犸象滑着步来到一个池塘边，上面结了一层冰。这片池塘坐落在一个山谷中，两块冰碛包围在山谷左右，使其免受风与尘暴的侵扰。雪堆上冒出了云杉，绿色的针叶覆盖在地面上，邀请猛犸象躺下身来，在暴风雪中睡上一觉。

然而，有些事情似乎不太对劲。

猛犸象感受到一阵寒意，但这寒意并非因为寒冷。不，这是一种本能，当附近有可怕的恐狼或洞穴狮子时，这本能就会被激发起来。一只掠食者正蛰伏在树林里，被树叶、脏兮兮的雪和黑夜所掩盖。猛犸象听到树枝的沙沙声，然后是一种奇怪的声音。那不是吼叫或吠叫，也不是咆哮或怒吼。那声音复杂得多，音调起初很高，后来随着旋律起伏。这是一首歌，一首激烈而急促的歌。接着另一只掠食者也模仿起来，很快就变成合唱：许多怪物齐声喊叫，互相交流，嘲弄着它们的猎物。它们要步入战场了。

月光透过云杉林，猛犸象终于看清了那名掠食者。迎面冲来的是一名猎手。它不像狼或狮子那样用四条腿跑，而是借助两条腿奔跑。它没有长长的口鼻、锋利的牙齿，只有一颗傲然安放于双肩之上的大圆脑袋。它的手臂末端没有爪子，而是握着一支长矛。它并非孤零零的一个，而是群体中的一员。这个群体一边发起攻击，一边大声呼喊。

领头的猎手扔出了长矛，就在武器悬在空中的这几秒钟内，捕食者的视线和猎物的视线相遇了。猛犸象大脑巨大，拥有社交技能，长期以来一直被认为是草原上最聪明的动物。狼和狮子无疑十分凶猛，但它们个头小，脑子也不太灵光，至少和猛犸象相比是如此。当长矛刺进猛犸象的脖子时，它大口喘着气，脑海中最后一个念头闪过。这种新的捕食者与众不同。它们更精明，更致命。

猎手们聚集在战利品周围。确认猛犸象已经死亡后，它们开始了工作，从身上那猛犸象皮制成的外衣里拿出各种各样的工具。刀片，刮刀，夯锤——所有这些都是由闪亮坚硬的燧石岩石制成的，这些岩石来自冰川的砾石堆。它们与黑夜和风暴赛跑，目标明确，精准屠杀，先砍断猛犸象的脚和腿，然后沿着肩部和侧腹将肉砍下。完工时，只剩下一堆杂乱的大骨头。它们把猛犸肉扛在肩膀上，收拾起石器。为什么要浪费一把好刀呢？但在匆忙中，它们还是落下了两件工具，就藏在猛犸象骨堆的盆骨下面。

胜利的欢呼声在暴风雪中回响，狩猎队继续前进，越过冰碛，向芝加哥湖附近的营地进发。尘暴和雪消退了，天空放晴了，夏天的交配季节来了，但这次少了一头雄性猛犸象。冰川继续融化，水流入冰碛间的池塘，覆盖了猛犸象的骨头和那被遗落的石器。

普尔加托里猴，最古老的灵长类动物

这不是一本关于人类的书。我们——智人，不过是现存的 6 000 多种哺乳动物中的一种。若从哺乳动物演化的长远角度来看，我们不过是 2 亿多年来数百万个物种中的一个。

这本书不是完全关于我们的。书中讲述的哺乳动物历史故事——自煤沼泽里那些有鳞小生物起，历经大规模灭绝、恐龙的压迫和残酷的气候，可并不是我们人类称王称霸故事中简单的背景介绍。潜艇般大小的鲸、长毛猛犸象、剑齿虎、海洋漂流猴和能回声定位的蝙蝠都有其独特之处。当然，我们也有自己的特点：我们是一种脑容量大、手部灵活、用两腿行走的灵长类动物，智力和破坏力在哺乳动物中可谓无敌。

我们是唯一能思考自身起源的生物。

我认识的最迷人的人之一，是一个经常在芝加哥海德公园附近散步的人，我认识他时，还是个大学生。我要用最微妙但最诚实的方式说：他看上去像是个流浪汉。他驼着背，一顶耷拉着的红色钓鱼帽盖在满是麻子的脸上，步履沉重，仿佛无处可去。通常他会自言自语地嘟囔着什么，但这些话都被遮掩在甘道夫式的又长又白的胡子中。在他褪色的法兰绒衬衫的胸前口袋里，放着一个保护套，里面塞满了钢笔和写满了最细小笔迹的便签卡。有时我们的目光相触，在短短的一秒钟里，我凝视着他的眼睛。那眼睛温柔而略带忧伤，却闪烁着天才的光芒，就隐藏在眼镜后面。那镜片又大又厚，最时髦的潮人恐怕也没法让它们酷起来。

他的名字叫利·范·瓦伦（Leigh Van Valen，见图10-1）。尽管其貌不扬（有些人可能觉得他的名字与外表相得益彰），但他是一位教授，在天才和疯子的边界游走。他名义上是一名进化生物学家，也涉足数学和哲学。他不在校园里闲逛的时候，就躲在办公室里，据说那里有3万本书。进入他的办公室常常得冒着人身安全受损的风险，因为一堆堆影印文件像层层叠起的积木一样摇摇欲坠，比他本人还高。我认识的一些研究生担心其中一摞书会掉下来压死他。这种担心是发自真心的，他的学生十分崇拜他。

"他是一名真正意义上的'人物'，和'怪胎'毫不相干，学术界其他许多人似乎都可担得上这样的描述。"克里斯蒂安·卡默勒在与我的电子邮件聊天中回忆道。我们之前提到过克里斯蒂安，他是研究哺乳动物谱系起源的专家。他参加了范·瓦伦喧闹的进化理论课，这是他在芝加哥大学的博士研究生课程的一部分。课程必读书目包括范·瓦伦的原创诗歌，比如一篇关于恐龙交配的色情文章——范·瓦伦于2010年去世时，《纽约时报》的讣告还引用了这篇文章。

范·瓦伦的故事堪称传奇。据说，他午饭只喝大概1升牛奶，吃一根烂香蕉。他接受了皮肤移植手术，用臀部的皮肤替换掉脸上的癌变部位。很多次，我都目睹他在研讨会上抢尽风头，向客座演讲者抛出一些绕弯子的问题，每个问题至少要花 3 分钟才能描述完，其间还穿插着被他的研究生们称为来自"外星人"的尖锐的气喘声。听他描述完问题，演讲者通常已经忘记问题是什么，但又不敢要求他再重复一遍。范·瓦伦甚至涉足了出版行业。他对那些经常拒绝刊登他论文的期刊感到厌烦，因为这些论文远远超出了他凡人同事的理解范围，于是他创办了自己的期刊，自己排版印刷。期刊的口号是"内容重于形式"，这是范·瓦伦在变相承认自己的杂志看起来很丑。

在所有的兴趣和痴迷的事物中，范·瓦伦真正的专长是哺乳动物化石。他最伟大的发现于 1965 年发表在了《科学》杂志上，大概 10 年后他开始印刷自制期刊。这一发现虽不起眼，但意义不容小觑。它揭示了我们最深层的起源。

一年前，由明尼苏达大学的罗伯特·斯隆（Robert Solan）带领的一个野外研究小组在蒙大拿州普尔加托里山不祥的荒地上收集了 6 颗牙齿。值得注意的是，他们曾经见过它们：它们很小，最大的臼齿从齿根到齿冠只有 3 毫米长。它们也非常古老，来自古新世早期沉积的岩石。我们现在知道，它们来自白垩纪末期小行星灭绝恐龙之后的几十万年间。

在这一时期和白垩纪较早时期，大多数小型哺乳动物的牙齿都有高大而锋利的尖凸，用于剪食昆虫，这是轻量级哺乳动物最简单的谋生方式。然而，对范·瓦伦来说，这 6 颗牙齿有着微妙的不同。他看到了更温和的球状尖凸，其大小、形状和位置都不适合切割昆虫的外骨骼，而更适合食用更柔软的植物，比如水果。

范·瓦伦建立了联系：这些被他以山的名字命名为普尔加托里猴（*Purgatorius*）的微小牙齿（见图 10-1），将食虫祖先和今天的灵长类动物联系在了一起。他 1965 年与斯隆合作的论文的标题说明了一切：《最早的灵长类动物》。这篇论文中满是与齿尖和牙釉质脊相关的晦涩术语。

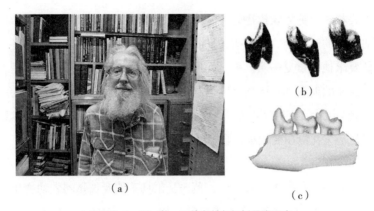

图 10-1 利·范·瓦伦和普尔加托里猴牙齿

注：利·范·瓦伦在他位于芝加哥那间满是书的办公室里（a），他自己出版的期刊刊登了普尔加托里猴牙齿的图片（b），以及牙齿的 CT 图像（c）[①]。

　　我的同事、多伦多大学的玛丽·西尔科克斯（Mary Silcox），在我看来是当今研究灵长类起源首屈一指的专家。对她来说，范·瓦伦的发现是革命性的。"弄清楚普尔加托里猴是一种灵长类动物，着实是天才之举！它看起来不像灵长类动物，但我们现在知道它是灵长类动物的起始。"新型冠状病毒感染疫情肆虐期间，她在爱丁堡为我的学生举办了在线研讨会，这是她在问答环节中告诉我的。这是对我一个简单问题的回答，比我听过的范·瓦伦对演讲者的所有问题都要简短得多：若我的书中必须介绍一个有关灵长类动物的发现，我该介绍什么？玛丽不假思索。虽然她是受唐纳德·约翰松（Donld Johanson）关于露西（Lucy）和其他人类化石的书的启发而成为古生物学家的，但她被普尔加托里猴迷住了，转而专注研究最古老的灵长类动物。

　　普尔加托里猴是一种更猴形亚目（plesiadapiform）动物，这名字挺绕口，指的是灵长类动物的祖先。像玛丽这样的科学家会跟随范·瓦伦，称它们为灵长类，而其他人更喜欢称它们为"干群灵长类"。灵长类这个头衔只限于称呼

[①] 引自 Wilson Mantilla et al., 2021, *Royal Society Open Science*。

由今天的物种和与它们年代最近的共同祖先的所有后代组成的冠群（即前文讨论的"真正的灵长类动物"，它们在古新世—始新世交界时期的全球变暖期间广泛迁移）。无论它们叫什么，这都不重要，因为只是命名法不同而已，命名法是人类进行分类的一种措施。重要的是，普尔加托里猴是灵长类动物血脉中已知最古老的动物。从其他主要哺乳动物类群中分化出来之后，它们是第一种在食性和行为上显示出关键变化的动物，显示出了一种全新的生活方式。

这些最早的灵长类动物不仅可以用改良过的臼齿食用更多植物，生活地点也已经从地面搬到了树上。树已经成了它们躲避混乱、气候变化和恐龙之后的捕食者们的避难所。在范·瓦伦最初的论文发表 50 年后，斯蒂芬·切斯特（Stephen Chester）对普尔加托里猴的踝骨进行了描述。每一根踝骨都比指甲盖还小，有高度可动的关节表面，这使得它们可以像今天的树栖哺乳动物一样，进行悬挂和攀爬这样的大范围活动。几年后，斯蒂芬对一件更完整的化石进行描述，证实了他的推论：这是汤姆·威廉姆森在新墨西哥州 6 200 万年前的岩石中收集到的最古老的更猴形亚目动物的完好骨架，它属于托雷洪兽（*Torrejonia*）。它不仅脚踝高度灵活，而且肩膀和髋部也能让它的手臂与腿在多个方向上滑动及旋转。

食性和栖息地的变化发生得非常快，这发生在恐龙灭绝之后。"这些灵长类好似宙斯从地里冒出来一般。"玛丽这样描述。目前，最古老的普尔加托里猴化石来自蒙大拿州，是在大灭绝后的狭窄岩石带中发现的，距离小行星撞击地球不到几十万年。有传言说还有年代更早的。范·瓦伦自己描述了在蒙大拿州与三角龙骨骼一起被发现的第 7 颗牙齿，认为这颗牙齿从年代上来说应该属于白垩纪。此后，它又被解释为是古新世的牙齿，只不过一条古老的河流将它和白垩纪的恐龙冲到了一起，骗过了古生物学家的眼睛。尽管如此，哺乳动物的 DNA 谱系树表明灵长类动物起源于白垩纪，所以也许我们的灵长类祖先实际上是在小行星灾祸中幸存下来的，而不仅仅是从这场灾祸中谋了利。

随着古新世徐徐展开，并最终让位给始新世，更猴形亚目自它们的普尔加托里猴祖先开始变得多种多样。它们成了一个拥有 150 多种已知物种的巨大成功群体，这些物种分布在北美洲、欧洲和亚洲。它们一直向北，到达了北极圈以内的埃尔斯米尔岛，成了在人类之前最靠近极地的灵长类动物。它们体形、饮食和行为的多样性令人震惊，是有胎盘类哺乳动物亚群的首批伟大的辐射之一，至今仍在延续。它们中最小的只有一颗葡萄那么重，是最温顺的灵长类动物，其他则长得和演奏手摇风琴的卷尾猴一样大。它们的食物有水果、树胶、种子、花粉、树叶和一些普尔加托里猴之前的祖先喜欢食用的昆虫。它们都生活在树上，但技能水平不同。较大的可能移动得很慢，像是粘在树干上，其他的则在树冠中跳跃。有一个物种叫作果猴（*Carpolestes*），它有长长的手指和对生的脚趾，可以牢牢地抓住树枝。

对古新世更猴形亚目的演变进行追踪时，你会发现一些趋势。普尔加托里猴这样的动物先是来到了树上，之后才发展出纯素食或以水果为食的食性，在此之前，它们的大脑还没有变大。即便它们开始只吃水果，其大脑仍然很小，玛丽通过各种更猴形亚目动物的头骨 CT 图像重建大脑，证实了这一点。它们的视觉也很有限，因为大脑的视觉区域很小，而且眼睛面向两侧，不具备复杂的三维视觉和深度知觉。因此，巨大大脑和高智力并不是灵长类来到树上生活的必要条件，也不是它们开始食用水果的必要条件。但是，以树为栖息地和以丰富的水果为食物可能是它们形成巨大大脑的先决条件，因为它们获得了大多数哺乳动物无法获得的高热量食物。

抓握能力的演变似乎和食用水果的演变有关。手足特征有助于更好地抓住树枝，而牙齿的特征有助于更好地咀嚼水果。在玛丽看来，这表明早期灵长类动物的演化是由"枝丫末端觅食"驱动的：灵长类动物慢慢地爬到树枝的边缘采摘果实、挑选树叶。我们人类身体结构的一些基本组成部分，比如手指细长的手，灵活的手腕和脚踝，以及尖凸平缓的臼齿，都是我们祖先在树上觅食时留下的烙印（见图 10-2）。

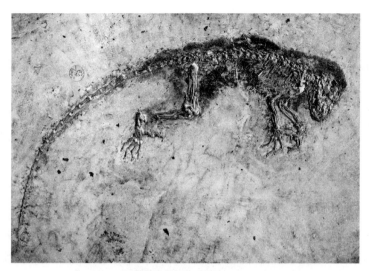

图 10-2 德国麦塞尔的早期灵长类化石：达尔文猴

注：该猴有纤细的手指和脚趾，以及具有抓握能力的拇指和大脚趾[1]。

随着古新世进入始新世，以及 5 600 万年前始新世全球极热事件中全球变暖高峰时期的温度升高，一些更猴形亚目动物将它们的攀爬能力和感官能力提升到了更高的水平。在此过程中，它们成了真正的灵长类冠群，所有人都认为它们配得上这个称号。德氏猴——我们之前见过的环球旅行者——迅速在怀俄明州的比格霍恩盆地和其他北方大陆相继定居，是第一批典型灵长类动物的原型。

它们与普尔加托里猴祖先的区别主要体现在两个方面。第一，它们成了更优秀的"树学家"，能够在树枝间跳跃。为了做到这一点，它们的爪子变成扁平的指甲，在祖先的大脚趾和长手指的基础上增加了对生的拇指和长脚趾，并形成了更受限的脚踝。它们仍然可以在多个方向上移动，但变得足够稳定，可以跳跃和着陆。第二，它们更加聪明敏锐。大脑不仅变大了，而且经过重组，

————

[1] 引自 Franzen et al., 2009, *PLoS ONE*。

——·——

有了更大的新皮质，用于感官整合，而且随着嗅觉区域的截断，视觉区域也随之扩大，反映出"以嗅觉换视力"的交换。眼睛呈球状且面向前方，可以看到三维效果，有些还可以看到彩色效果。更大的眼睛和大脑加上萎缩的鼻子，意味着面部更平，鼻部更小。我们人类结构的许多其他方面——大眼睛和长着哈巴狗似鼻子的脸，竖起大拇指的能力，用手抓物的能力，指甲和脚指头，看到彩虹的美丽色彩和红绿灯颜色的能力，以及智力的根基——都是那个时期留下的烙印。当世界忍受炙烤时，我们的祖先在树间穿梭跳跃。

有了这些新的适应特性，灵长类动物以与始新世极端高温相匹配的强度传播并多样化发展着。很快，它们向南跃进到阿拉伯和非洲，谱系树不断壮大。先是狐猴（下切齿和犬齿改良成了梳状，用来梳理皮毛），然后是新大陆猴（从非洲到南美洲进行了荒唐的跨洋旅行）。至少有一次，也许有两次，狐猴乘风破浪，顺着从莫桑比克流出的洋流向东航行，然后登陆了一个岛屿。这里将成为它们的游乐场，也将在后来成为它们唯一的庇护所，那就是马达加斯加。今天，马达加斯加岛上生活着大约 100 种狐猴，但直到几百年前，那里都还生存着更多种类的狐猴，且十分壮观。那里有和人类一样高的考拉狐猴，有用细长四肢倒挂在树上的树懒狐猴，还有最为迷幻的巨型狐猴——古大狐猴，如同猩猩般大小，一种 200 千克重的银背狐猴（*Archaeoindris*），一边啃着树叶一边在树上费力行走。**随着长毛猛犸象、剑齿虎和其他冰河时代大陆巨型动物的灭绝，它们也几乎同时在世界各地的岛屿上相继灭绝。**

如果说始新世的温室促进了灵长类动物的多样化，那么渐新世向较低温度的转变则起到了相反的作用。随着南极洲独自留在南极，与其他大陆失去联系，南部冰川集结，灵长类动物便在欧洲、北美洲大量灭绝。它们没有被任何南美洲新大陆的猴子所取代，原因尚不清楚。在经历了看似不可能完成的跨大西洋冒险之后，这些猴子突然厌倦了流浪，一直往北走到了中美洲，然后就不再前行。因此，除了人类、动物园的动物和佛罗里达州的一些野生猴子外，今天美国或加拿大已经没有灵长类动物了。不过，渐新世温暖地区的情况要好一些。虽然亚洲灵长类动物确实受到了影响，但在一些热带地区，狐猴类和与猴子有关的小型动物仍然存在。

然而，真正的成功故事发生在非洲。当高纬度地区变得更冷、更干燥时，太阳仍然照耀着非洲和中东的雨林。灵长类动物演化的中心转移到了这里。在渐新世，非洲灵长类动物繁盛起来。埃及法尤姆的化石显示，在始新世的岩石中有大量鲸骨架。这些灵长类动物中的一些变成旧大陆猴子，另一些变成猿类。而从猿类中则发展出了……

人猿星球，人亚族与黑猩猩的漫长告别

加达·哈米德（Gada Hamed）是阿法尔部落的一名男子，住在埃塞俄比亚的阿瓦什地区，那里靠近非洲东部红海与亚丁湾交汇处。他的绰号是加迪，但美国古人类学家都称他为拉链男。他们首次相遇是在 20 世纪 90 年代初。当时加州大学团队的成员正在寻找化石，他们抬起头，看到一名矮小驼背的男人怒视着他们。男人胸前挎着一条弹药带，手里还拿着步枪，门齿被锉成锋利的尖牙，脖子上挂着一串拉链——他的部落在长达 10 年的内战中得来的战利品。

这人可不好打发。探险队里的埃塞俄比亚成员明白这一点，因为他们也曾惨遭战争蹂躏。一个叫贝尔哈内·阿斯富（Berhane Asfaw）的成员曾深受折磨，后来不知怎么逃过一劫，拿到了地质学学位，成了埃塞俄比亚研究人类起源的杰出专家。他和探险队的其他埃塞俄比亚籍成员一起恳求探险队队长、著名的美国古人类学家蒂姆·怀特（Tim White），请他收拾好营地，准备走人。怀特可是一名要强好斗的完美主义者，也是追寻人类起源的最顽强的侦探之一，从不肯轻易作罢。但这一次，他必须收手。

第二年，怀特的团队又杀了回来，他们再次遇到了拉链男。这次他们达成

了一项协议：加迪将加入探险队。他很快就成了他们行动中的关键人物，身兼数职：守卫、向导、打手、工人和化石收集者等。怀特总是强调与东道主的合作，但他与加迪建立了一种特殊的关系。拉链男成了怀特车里的常客，当他的老板在沙漠中寻找化石时，他默默地挥舞着他的枪。1993 年 12 月底的一天，怀特心中涌起一丝预感，在一些露出地面的岩石附近停了下来。这对古怪的搭档下车去查看。

"蒂姆博士，"加迪喊道，"快过来。"在一堆石头中，他发现了一颗褪色的小牙齿：人亚族的臼齿，这属于人类谱系的早期成员。这是拉链男的另一个来自人类的战利品，但显然年份更古老，它来自大约 440 万年前。

怀特召集队员过来，所有博士仔细搜索了这位阿法尔勇士发现牙齿的地方。这位阿法尔勇士接受过战斗和放牧的训练，但从未接受过正式的科学教育。研究小组不断发现更多的化石，先是一件犬齿，然后是其他牙齿，包括一组来自一个个体的 10 颗牙齿。怀特、阿斯富和他们的日本同事源须羽（Gen Suwa）后来将其描述为一个新物种：始祖地猿（*Ardipithecus ramidu*，其中"ardi"在阿法尔语中是"地"的意思，"ramidus"在阿法尔语中是"根"的意思）。毫无疑问，它是人类的后代：上犬齿呈菱形，这是人类的标志，并非黑猩猩和大猩猩那种在摩擦下前臼齿时会变得锋利的匕首状。除此之外，几乎其他的一切都是不确定的。它是像人类一样用后腿直立行走，还是像类人猿一样攀缘树木？它的手是干什么用的？它的大脑是像人类一样大，还是像黑猩猩一样小？这些问题需要找到更完整的化石才能解答。

他们会在下个实地考察季回到这里。1994 年 11 月，怀特回到埃塞俄比亚开始探险，带着团队回到加迪发现化石的地方。他们不抱太大希望，因为他们以为前一年就已经把化石采光了。但出人意料的是，更多骨头冒出了地面。约翰内斯·黑尔 - 塞拉西（Yohannes Haile-Selassie），另一位接受过怀特训练的埃塞俄比亚杰出古人类学家，在加迪发现牙齿以北约 50 米处发现了两件手骨。

游戏就此拉开序幕。研究小组不仅对表层进行了梳理，还从沉积物中筛选出更小的化石，并深入地下挖掘。在这个实地考察季剩下的时间和下一个考察季里，他们从一具重约50千克、站高约1.2米的雌性骨架中收集了100多块骨头（见图10-3）。

图10-3　蒂姆·怀特和同事

注：同事们组成埃塞俄比亚－美国联合考察团队，在埃塞俄比亚阿拉米斯寻找人类化石。克米特·帕蒂森（Kermit Pattison）供图。

团队工作时，加迪就肩扛步枪站在可以俯瞰挖掘现场的山脊上。遗憾的是，他没能亲眼见证这项工程的完成。1998年，在与敌对部落发生的枪战中，他腿部中弹，因伤口感染而死。怀特在他伯克利大学的办公桌上放了一张裱在相框内的"拉链男"照片以示敬意。2009年，在经过15年的细致研究后，他们面向全球高调宣布了这一发现。这具被称为阿尔迪（Ardi）的骨架在《科学》杂志上拥有自己的特刊，在探索频道上也有纪录片。如果有什么化石值得大肆宣传的话，就是它了。它是一种半人半猿的动物，可以用后肢两足行走（这是人类的标志性超能力），但保留了对生的脚趾、巨大的手臂和手，以便在树上攀爬。它的面部像人类的一样小，大脑像黑猩猩的一样小。

地猿（*Ardipithecus*）是人亚族（hominin），出现在我们和猿类亲戚"分家"以后，在谱系树上位于我们旁边。从达尔文时代开始，人们就认识到人类与黑猩猩、大猩猩和红毛猩猩有密切的亲缘关系，最近的 DNA 亲缘鉴定证实了这一事实。黑猩猩是我们的近亲，我们有 98% 的基因是相同的。我们可以把人类的起源放在谱系树上的演化岔路口：人亚族走一条路，黑猩猩走另一条路。这次分化是最近发生的，而且相当混乱。它开始于至少 500 万年前的中新世，但与其说此次分化十分迅速，不如说是一场漫长的告别：似乎直到大约 400 万年前上新世早期，人类分支和黑猩猩分支之间的基因还在互相流动。那是地猿的时代。但不要认为地猿是从黑猩猩演化而来的，也不要认为它的祖先长得像黑猩猩。今天的黑猩猩是高度特化的动物，是脱离人类独立演化超过 400 万年的产物。就像今天的人类也在脱离黑猩猩这个分支 400 万年后高度特化。

这些演化发生在气候和环境变化的背景下。在分化之前，黑猩猩和人类有年代更遥远的猿类祖先，这些祖先在中新世兴旺壮大。那时候可真是人猿星球，至少在旧世界如此。猿类遍布非洲和亚洲，经历了渐新世降温期间灵长类动物的几近灭绝，它们再次入侵欧洲。尽管在中新世，草原已经开始蔓延，但仍有大片森林存在，猿类发展出可进行大范围活动的长臂和长肩，失去了笨重的尾巴，适应了在树间摇摆的生活。在中新世的全盛时期，非洲一些类人猿变成大猩猩，其中一个种群到达东南亚，变成猩猩。随着类人猿的多样化，它们尝试了在树间移动的新方式。有些类人猿用脚在树枝上行走，用手抓住头顶上的树枝支撑自己。它们可能看起来像蹒跚学步的孩童，还没有完全掌握走路的精髓，一边抓着支撑物，一边拖着脚步侧身向前走着。但这只是一个开始。

之后的上新世延续了气温下降和干燥的趋势。世界各地间歇性发生的事情也在非洲重现：热带森林面积日益减少，许多森林被开阔的草原所取代。非洲猿类逐渐适应了这样的新环境，东非大裂谷中一系列令人难以置信的化石向我们讲述了这个故事。东非大裂谷这道"地球伤疤"，从埃塞俄比亚加迪部落向南延伸，穿过肯尼亚和坦桑尼亚，且随着非洲大陆慢慢撕裂而日益加深，从中新世开始不断积累沉积物和化石。**大猩猩和黑猩猩等类人猿，留在了面积不断缩小的森林中，人亚族却选择了另一条道路：走出森林，去往开阔地带。为了做到这一点，它们必须学会正确地行走。**

依靠两条腿站立行走并非易事。仔细想想，这在动物王国里十分罕见。柏拉图将人类定义为"没有羽毛的两足动物"是有一定道理的：如果不将鸟类（以及它们的恐龙祖先）考虑在内，我们是唯一一种习惯用两只脚移动的动物。这样我们就可以腾出手来做其他事。柏拉图也许还提到了人类的其他标志：我们巨大的大脑和智慧，我们可以进行各种方式抓握的灵巧的手，我们拥有使用工具和驯服火的能力，以及在文化群体中团结一致的能力。这是使人类成为人类，而不是黑猩猩、大猩猩或猴子的一系列特征。长期以来，人们一直在争论这些要素是如何组合在一起的。它们是一蹴而就的，还是循序渐进而成的？是其中一个要素触发了其他要素的演化吗？我们现在知道，我们生命"蓝图"的某些部分继承自范·瓦伦所研究的那些最原始灵长类动物，但其他许多部分则是在人亚族种系自黑猩猩中分化出来后才形成的。

在所有使我们成为人类的因素中，两足行走和直立行走似乎是关键。加迪发现的地猿是我们最早得以了解地猿演化过程的案例。阿尔迪可以用后肢行走：它的髋部有突出的肌肉附着点，以固定两足动物强大的股四头肌；足部强壮而宽阔，可以用脚后跟离地和脚趾离地的动作蹬离地面。但它并不是一个彻底的行走者，因为它对生的大脚趾和瘦长的手臂是攀爬工具。阿尔迪表明，早期人亚族并没有在短暂的兴旺繁盛中用地面行走取代爬树，而是经历了一个既行走又攀爬的阶段，在树冠和草原上都待了一段时间。它们是泛化种，但显然在探索新领域。它们搬到开阔地带的原因尚不清楚——是为了躲避捕食者，渴

——·——

望新的食物类型，还是只是为了在森林面积缩小时生存下来？我们知道的是，这些早期人亚族在长出巨大的大脑并学会用石头制作工具之前，就已经开始用两条腿走路了。直立行走似乎促成了人类的其他创新——或许是将手从移动任务中解放出来，让这些古人类能够吃到富含热量的新食物，然后将其转化为脑组织。

再过一段时间，在自然选择的引导下，这些半走半爬的动物就会变成习惯性走路的两足动物，几乎完全在地面上活动和生活。为了完成这种转变，这些古人类对全身进行了翻新。头换了位置，长在了脖子上方，而不是自脖子朝前伸出。马、老鼠、鲸和几乎所有哺乳动物的脊柱都是水平方向的，与后肢垂直，脊柱旋转后与腿平行，呈现出弯曲的形状。如果你患有颈椎病或腰椎间盘疾病，你可以归咎于我们祖先的这些解剖结构。

高大，端庄，腿、背、颈、头呈一条直线，两只弓起的脚提供平衡——这种全新的人类外表见于南方古猿（*Australopithecus*，见图 10-4），它们是生活在地猿之后的另一种早期人亚族。南方古猿是所有人类祖先中最著名的，因为它们有迄今为止发现的最著名的化石之一：1974 年在埃塞俄比亚发现的"露西"骨架（见图 10-5），以披头士的歌曲《露西在钻石天空》（*Lucy in the Sky with Diamonds*）命名，这首歌在她的骨头被挖掘出来时循环播放。她的发现者之一唐纳德·约翰松在认识加迪、发现地猿以前，早就和年轻的蒂姆·怀特一起对这具骨骼进行了初步的科学描述，并在图书和纪录片中对露西进行了推广宣传。

图 10-4　南方古猿的头骨

注：何塞·布拉加（José Braga）和迪迪埃·德库昂供图。

南方古猿用两足行走，这一点我们可以肯定。这并非纯粹基于其骨骼形状的推测，因为大约 370 万年前，一群或两三个这样的人亚族（也可能是他们的近亲）在一层火山灰上留下了他们的脚印（见图 10-6），这些火山灰像雪一样覆盖在地面上，之后变成潮湿的水泥。这些行迹看起来就像我们在海滩上留下的脚印：只有脚印，没有手印，脚跟印和脚趾印很深，中间有轻微的拱形痕迹，这是自信行走的动物的标志。这个脚印制造者并不是很聪明：南方古猿的大脑很小，结构同黑猩猩的大脑一样。不过，它确实在漫长的生长过程中缓慢发展——换句话说，露西和她的亲属像我们一样拥有漫长的童年，这是人类的另一个标志。

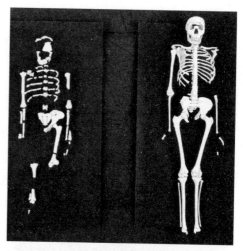

图 10-5　南方古猿（露西）和图尔卡纳男孩（人属的早期成员）的骨架

注：美国自然历史博物馆图书馆供图。

走出非洲，智人登场

从地猿和南方古猿开始，人亚族繁茂的谱系树开始开花结果。这并不是简单从地猿演化成南方古猿，再演化出现代人类，按照祖母、女儿、孙女的顺序排列的梯状树。我们的谱系树更像

图 10-6　大约 370 万年前，两只南方古猿在坦桑尼亚留下了足迹

注：美国自然历史博物馆图书馆供图。

——·——

一丛灌木，祖先和表兄妹之间郁郁葱葱、荆棘丛生。在人类历史最初的几百万年里，这些灌木牢牢地扎根于非洲——那里是人类的家园。最初，人类是一个地方性群体，局限于非洲，我们所有伟大的发明，如双足行走、智慧和工具的使用，都发生在那里。我们把非洲作为自己的家园，并成为它的一员，就像狮子、大象和瞪羚一样，都是热带大草原的土著。至少在大约 350 万年前的上新世中期，许多人亚族物种共同生活在非洲东部和南部。这是合乎逻辑的，真的——就像狗和猫有很多种一样，人类也有很多物种。这种多样性对人类来说十分正常，并且一直持续到最近。**我们唯一的现代人类物种——智人，是我们多样性的最低潮，也是历史常态的一个例外。**

所有这些令人难以置信的早期人类多样性都是由饮食结构所支撑的。不同的人亚族以不同的食物为食，以不同的方式获取和加工食物。最早的人亚族可能会与其他类人猿相似，以水果、树叶和昆虫的大杂烩为食。当它们从森林迁徙到分散的栖息地，又来到草原时，其中一些开始食用硬物，宽宽的双颌长满了用来磨碎根和块茎等更坚硬食物的巨大前臼齿和臼齿。从某种意义上说，它们是美国热带大草原上那些高冠齿的人类版。另一些则进行了更深刻的饮食结构转变：它们开始吃肉。这些最早的人类食肉动物留下了它们的名片：带有石器切割痕迹的被屠宰的动物骨头首次出现在大约 340 万年前，不久后，工具本身也出现了（见图 10-7）。这是考古记录的开端。**我们的存在，不再只被我们的骨骼、牙齿和脚印化石所记录，现在也通过我们制造的东西被记录下来。**

吃肉打破了故事的格局。肉比树叶和虫子含有更多热量，为更大的大脑提供了能量。饱食富含能量的食物也意味着人类可以花更少的时间寻找食物，更少的时间和精力从根与树叶中榨取营养。它们的牙齿和咀嚼肌变小，让我们有了热情的笑容和瘦削的脸庞。更多的空闲时间意味着有了更多交流、训练和学习的机会——这是我们文化的源头。同样打破故事格局的还有工具制造。人类第一次不需要等待自然选择演化出新的工具——如牙齿、爪子等——来获取新

——●——

的食物。我们自己就能制造出切割器、刮刀和打桩机。武器的多样性，以及灵活且范围不断扩大的食物选择，帮助我们变得极具适应性。大约200万年前，人类生活在非洲丰富多样的环境中：草地、林地、湖边、草原和被火烧焦的大地。

（a）　　　　　　　（b）　　　　　　　（c）

图10-7　人类制造的各种工具

注：可能由约200万年前来自坦桑尼亚的原始人制造的石芯和切割工具（a），可能由约42 000年前来自伊朗的尼安德特人制造的工具（b），非洲中石器时代智人制造的工具和雕刻的赭石碎片（c）[①]。

在谱系树错综复杂的祖先分支中，出现了一种全新的人类。它们首次出现在约280万年前的化石记录中——人属（*Homo*），我们自己的属。它们——或者应该说，我们——在当地气候更干燥更多变、草地扩大、土地更开阔的时候出现了。早期人属有很多物种，而对与我们关系最密切的近亲的分类却是一团糟。沼泽中出现了直立的人的化石，它个头更高，站得更直，腿更长，手臂更短，这表明它彻底结束了树上生活。它的脸更平坦，大脑比古人类大得多，

---

① 分别引自以下文章：Mercader et al., 2021, *Nature Communications*；Heydari-Guran et al., 2021, *PLoS ONE*；Scerri et al., 2018, *Trends in Ecology & Evolution*。

——·——

而且它擅长奔跑，能长距离追逐猎物。它远离森林的树荫，暴露在了阳光下，可能是最早失去哺乳动物皮毛的人类之一。它似乎是社会性动物，很可能利用火来烹饪食物，而且还特别暴力。它制造了漂亮的工具，比如由石匠专家精心制作的梨形手斧，十分先进，超越了最初人类工具制造者手中简单的片状岩石。

直立人（*Homo erectus*）是第一批广泛迁徙的人亚族。据我们目前所知，它们也是第一批离开非洲的人亚族。

人类漫长曲折、野心勃勃的迁徙历程始于直立人，最初发生在非洲。大约200万年前，它们的活动范围已经从非洲东北部的裂谷扩大到非洲大陆南端，它们在那里和仅存的南方古猿混合在一起。这些南方古猿在北方同类灭绝大约50万年后，走到了命运尽头。但直立人不会止步于此。它们向南的旅程被海洋阻挡，转而冒险北进，冲出非洲，挺入中东，之后踏上欧洲和亚洲大陆。我的叙述可能会让你觉得它们英勇得好似在打一场神圣的战争，但实际上，这些直立人只不过是为了在冰河时代气候的起伏中寻找食物和合适的栖息地。它们大约在200万年前到达亚洲，留下了镶嵌在冰尘峭壁上的石器。在亚洲的直立人中有北京猿人，它们生活在大约75万年前，骨骼在北京郊区的洞穴中被人们发现。

直立人在亚洲扩散开来时，又一次遇到了阻碍。一到达东南亚的边缘，它们就看到了一片汹涌的蓝色大海。它们又来到了大陆的尽头，只不过这次走得更远了，将越过这片水域。这的确是一次英勇的旅程。对它们来说，这堪比我们飞向月球。它们远不能被看作随气候变化沿迁徙走廊扩散的动物。这次旅行需要计划、预判和团队合作。这些直立人部落需要建造船只，在未知的海浪中航行。它们可能需要某种语言才能做到这一点。不管是怎么做的，它们确确实实做到了，而且成功多次。

———

不同的人属群体到达不同的岛屿，形成了至少 2 个新物种，如吕宋岛（现在菲律宾的一部分）上的吕宋人（*Homo luzonensis*）和弗洛勒斯岛上的弗洛勒斯人（*Homo floresiensis*）。它们在岛上定居时，便和其他哺乳动物孤立无援时一样，变得更小。弗洛勒斯人侏儒被戏称为霍比特人是有原因的。成年时，它们只有 1 米高，体重只有 25 千克，大脑很小，跟黑猩猩的差不多。但它们对环境非常适应，在与世隔绝的环境中生活了几十万年，直到大约 5 万年前才灭绝。那时，另一种流浪人类正穿过东南亚，前往澳大利亚。

直立人外出探险的同时，人属也在非洲继续演化。其中一些人属种群分布在地中海沿岸，进入中东、高加索、巴尔干半岛，并横跨欧洲。其他种群则留在非洲，至少有一段时间待在那里。大约 30 万年前，在如今的摩洛哥，第一批破碎的智人骨骼进入了化石记录。如果你正视它们的脸，会看到它们也在凝视你。给其中一人穿上西装、打上领带，并把它带到纽约地铁上，它不会引起注意。然而，这些最初的智人并不完全像我们：它们拥有我们扁平的小脸，但没有我们球形的头盖骨，正是这样的头盖骨容纳了我们膨胀的大脑——也是所有人类物种中最大的头盖骨（可能有一个例外，会在下文提到）。

在接下来的几十万年里，其他智人在非洲各地形成了化石。它们的差异很大。有些有着扁平的面部，有些则不是；有的下巴突出，有的下巴很小；有的眉骨突出，有的眉眶很小；有些人头部肿胀，里面装着球状的大脑，有些则相反。似乎我们智人并非在与其他智人物种彻底分开以后，偏居非洲一隅演化，而是有一个更多样的、泛非洲的起源。整个非洲有许多早期人类，在同一个大陆培养皿中交配和迁移，组合、混合解剖特征，直到 10 万到 4 万年前的某个时候，终于确定了我们经典的现代人类的身体结构——脸又小又平，下巴尖尖，鼻子上方的两只眼睛上各有小小的眉脊，以及令人目瞪口呆的大脑像气球一样充斥在我们颅内（见图 10-8），还要加上我们从人亚族、灵长类和哺乳动物祖先那里继承来的无数其他特征。现代智人身体形成的那段时间，发生了几件了不起的事情。

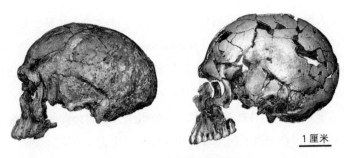

图 10-8　智人大脑区域的演化

注：智人大脑从约 30 万年前北非智人头骨的扁平状态，演化为约 9.5 万年前黎凡特化石的球状[1]。

首先，人类群落规模增加，技术和认知创新传播开来。 就像我们身体的变化一样，这并不是一蹴而就的，而是随着时间的推移，不同智人群体开发出新的工具和新的思维方式，之后相互接触，逐渐融合。大约在 5 万年前，工具和其他人工制品变得更加精致。人类开始生产各种各样的装饰品和艺术品，埋葬死者时有更复杂的程序，制造具有特定用途的成套工具——从弹丸到钻头，从雕刻工具到刀片——以及建造住宅和其他结构，其复杂性和防御力足以使其作为考古材料保存至今。这或多或少出现在人类变得现代的时候——不仅仅他们的长相，还有他们的思维方式、交流方式、崇拜方式以及在周围世界中寻找意义的方式。这些人就是我们。

其次，这些人类——我们这些智人——又一次开始行动了。 事实上，我们可能一直在迁徙，曲折地绕过地中海，进入亚洲，但由于冰原阻隔，我们无法向北走太远。2019 年，在一个希腊洞穴中发现了一个大约 21 万年前的智人头骨，这可能是这些早期迁移之一的证据。

大约 6 万到 5 万年前，这些偶然的尝试变成倾巢而出的行动，智人纷纷离开非洲。他们比其他智人或直立人走得更远，在 5 万年前到达澳大利亚，在 3

---

① 引自 Scerri et al., 2018, *Trends in Ecology & Evolution*。

万至 1.5 万年前的一个冰川期穿过了浮出水面的白令海峡桥，进入北美洲，之后又迅速进入南美洲，后来甚至在最遥远的太平洋岛屿安家，并在 1969 年踏上南极洲的冰原，之后又登上月球。

那一批智人离开非洲，第一次进入欧洲和亚洲时，发现自己并非来到了一片未经涉足的处女地。不，他们会在东边遇到另外两个物种，它们都是近亲，也属于人属：欧洲的尼安德特人（见图 10-9）和亚洲的丹尼索瓦人。这些人是早期智人"游民"的分支，在智人成为确定物种之前就开始四处游荡，拥有我们经典的身体结构。

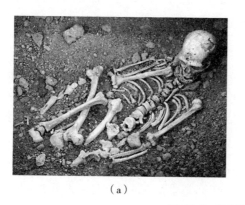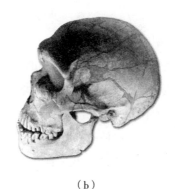

（a）　　　　　　　　　　　　（b）

图 10-9　尼安德特人

注：对法国拉沙佩勒－欧圣可能的埋葬点的复原（a）和来自法国拉费拉西的头骨的复原（b）。"Wikipedia 120 & V. Mourre"和"Wikipedia 120"分别供图。

现在，想象自己是我们遥远的智人同胞。你穿着猛犸象皮制成的皮鞋，离开温暖的非洲，来到欧洲大草原定居。在那里，长毛猛犸象在漫步，几千米厚的冰层从北方侵入，你便来到一个洞穴里避寒。一道亮光在洞壁上飞舞，照亮了画在红赭石上的鹿和马的图案。光源越来越近，一只动物的影子从壁画上掠过。你吓了一跳。一个长得与你十分相似，但身体更粗壮、四肢更短、鼻子更鼓、毛发更乱的生物来到了你的面前。

———

　　智人与尼安德特人相遇了。我们的祖先与这些欧洲土著人类接触时，遇到的并不是我们刻板印象中智力低下、口水横流、张嘴呼吸的穴居人。尼安德特人在很多方面都与我们十分相像。他们的大脑和我们的差不多大。他们有教养，也社交。他们也许会画画，会埋葬死者，会用植物制成药来治疗病人。他们佩戴珠宝，也许还化妆。他们挥舞火把，举行仪式，用钟乳石和石笋建造建筑，也许还建造了精神圣地。他们可能还会说话。

　　我们对东方亚洲的丹尼索瓦人的了解则要少得多。事实上，我们对他们一无所知，直到 2008 年在西伯利亚的一个洞穴中发现了一位年轻女性的一块手指骨。2010 年，科学家对她的基因组进行测序，结果令世界各地的古人类学家十分震惊。她拥有一种极不寻常的遗传密码，与智人和尼安德特人的不同，这表明她是一个新物种，一个幽灵般的物种。我们仍然只能从零星的骨头中了解他们，而且对他们 DNA 的了解远远超过了对其外貌和行为的了解。我们知道他们分布在亚洲的大部分地区，至少从 19.5 万年前最古老的西伯利亚洞穴化石时代开始，他们就在那里。他们甚至到达了西藏，还调整了血液中血红蛋白的含量，以便吸入更多氧气，在世界屋脊这样的高海拔环境中生存。但丹尼索瓦人长什么样？我们能认出他们的面容吗？他们的大脑有多大？他们有文化，有艺术，有宗教信仰吗？对我来说，丹尼索瓦人的骨架是古人类史上最杰出的作品，必定会像阿尔迪和露西一样闻名于世。

　　那么，当我们的非洲智人祖先与欧洲的尼安德特人、亚洲的丹尼索瓦人相遇时，发生了什么？彼此杂交。这似乎是一场横跨大陆的狂欢，持续了几万年。

　　虽然我们是三个不同的物种，但我们之间的亲缘关系足够紧密，可以进行基因交换——而且这确确实实发生了。尼安德特人和丹尼索瓦人交配，能繁衍出可存活的后代，这一事实由 2018 年在同一个西伯利亚洞穴中发现的另一块奇异的骨骼所证明。通常情况下，赢得响亮绰号的都是骨架，而非一块孤零零的肢体骨骼碎片，但丹尼（Denny）当之无愧。这块骨头碎片所属的 13 岁女孩是第一代混血儿，母亲是尼安德特人，父亲是丹尼索瓦人。我们的智人祖先也与尼安德特人或丹尼索瓦人繁衍过后代，所有这些古老的杂交行为都对我们的基因组做出了贡献：今天东亚人和大洋洲人与丹尼索瓦人共有 0.3% 到 5.6% 的基因，所有包括我在内的非洲人，都有 1.5% 至 2.8% 的尼安德特人基因。（现代非洲人大多是留在非洲的智人的后代，所以他们的祖先不曾遇到欧洲的尼安德特人。）所以，我们的谱系树不是梯子状，也不是灌木状。它更像一个篱笆墙，上面有许多灌木，虬枝盘曲，共同生长。

智人离开非洲，来到更广阔的世界，一切都与从前不同。我们一边挺进，一边狩猎。我们焚起火来。我们把其他动物也一同带来，带着入侵物种的小型生态系统旅行，而我们自己是所有入侵物种中最具侵略性的。**我们征服，我们殖民，我们杀戮。**许多尼安德特人和丹尼索瓦人可能惨死在智人的长矛下。剩下的基本上被我们吸纳了，存活在我们的基因组中，也许也存活在他们教给我们的一些高级的行为、仪式和习惯中。到最后，大约 4 万年前，尼安德特人和丹尼索瓦人不复存在，直立人在岛上最后的一脉（如弗洛勒斯侏儒人）也消失了。

庞大的人类谱系树被修剪得只剩下一个物种。我们，独自思考着我们从何而来。

对于猛犸象和剑齿虎来说，人类就是那颗夺命的小行星

当智人离开非洲，分散在世界各地时，我们不仅会遇到其他类型的人类，还会遇到许多不熟悉的动物。北美洲有长毛猛犸象、剑齿虎和托马斯·杰斐逊命名的地懒。南美洲有其他巨大的树懒，汽车般大小的犰狳，以及查尔斯·达尔文发现的奇怪的有蹄类动物。澳大利亚则有巨大的有袋类，如重达数吨的袋熊和脸似哈巴狗的袋鼠。**我们与冰河时代的巨型动物相遇，但它们中的大部分**

后来都灭绝了。

灭绝发生在过去的 5 万年里，这一时期被称为"近代大灭绝"。但这次灭绝并未对所有动物一视同仁：死亡几乎全部发生在陆地上，而不是海洋中，而且受害者一般都很大，其中许多是哺乳动物。

在北美洲冰河时代的冲击中，有大约 40 种重于 44 千克的哺乳动物，而现在大约只剩下 12 种。体重超过 1 吨的动物都灭绝了，32 千克至 1 吨的哺乳动物大约灭绝了一半。最后一批北美大象（猛犸象和乳齿象）和奇蹄类（马）也灭绝了。南美洲的情况更糟：超过 50 种大型哺乳动物（占巨型动物群的 80% 以上）灭绝了，其中包括有蹄类、所有大型树懒和犰狳，留下的只有它们瘦弱的现代表亲。与此同时，在澳大利亚，所有重于 45 千克的动物都消失了，比如巨大的袋熊和"有袋狮"。旧世界的情况要好一些：欧洲和北亚大约有 35% 的大型哺乳动物灭绝，东南亚和非洲几乎没有遭受这样的痛苦。如今，只有在这里——非洲大草原和亚洲热带雨林——还有超过 2 吨重的"超级巨型动物"（大象和犀牛）。

所有这些死亡都是不正常的。"近代大灭绝"是自 6 600 万年前小行星撞击地球导致恐龙灭绝后最大规模的灭绝事件之一。它的杀伤力远远超过了古新世—始新世极热事件导致的全球变暖高峰，冲击力超过了冰河时代，而且是这段时间内唯一的哺乳动物灭绝事件（主要集中在大型物种上）。从逻辑上讲，我们不难理解为什么大型哺乳动物会死亡。与较小的物种相比，较大的动物繁殖率较低，产生的后代较少，且需要更长的时间来发育。因此，任何破坏种群结构和提高幼年死亡率的力量都可以将这些体形大、繁殖慢的动物打倒。那么，是什么原因导致了这种情况？这个问题引发了激烈的讨论，人们至今仍争论不休。

最显而易见的答案是我们：人类。有一些麻烦的线索将矛头指向了我们。

——·—

几乎所有北美洲、南美洲和澳大利亚富有魅力的巨型动物都在我们到达后灭绝了，而这些陆地直到最近的智人迁移后才被人类接触。我们还知道，人类可以消灭整个物种：在过去的 1 000 年里，当我们从一个岛屿进入另一个岛屿时，许多物种都灭绝了，比如毛里求斯岛的渡渡鸟、马尔维纳斯群岛的狐狸、塔斯马尼亚岛的"袋狼"、马达加斯加岛的狐猴。如果我们在历史上消灭了岛屿上的物种，也许我们事先就消灭了整个大陆的物种。因此，古生物学家保罗·马丁（Paul Maritin）提出了冰河时代巨型动物灭绝的"闪电战"假说：智人进入新大陆时，像潮水一样涌过陆地，猎杀大型哺乳动物，直至它们一只不剩。

这个想法颇具争议，却平白充斥着暴力，且令人极度悲伤。但是"闪电战"假说也存在漏洞。最大的一个问题是：所有尸体都去了哪里？如果我们将数十只大型哺乳动物猎杀致死，那么近代的化石记录中应该充斥着被屠杀的猛犸象和被刺伤的剑齿虎。比如，在本章开头的故事里，我们提到了两件来自威斯康星州的被肢解的猛犸象化石，一同找到的还有肢解它们的石器。不过，猛犸象被猎杀的情况很罕见，更多的是野牛被猎杀。它们的骨头上留有工具痕迹，而这种大型北美洲哺乳动物一直活到了今天！同样，被屠杀的地懒和巨型犰狳化石也出现在南美洲，但它们的数量比你想象的要少得多。之后是澳大利亚：到目前为止，化石记录中还没有出现任何巨型有袋类被人类屠杀的令人信服的案例。

犯罪现场的缺乏可能将我们的目光引向一个截然不同的、更具欺骗性的凶手。对于许多古生物学家来说，另一个明显的嫌疑人是气候变化。巨型动物毕竟生活在冰河时代，在过去的 5 万年里，气候、温度和降水发生了巨变。仅在 2.6 万年前，北美洲的大部分地区被冰雪覆盖，之后，大约 1.1 万年前，冰川已经退去。澳大利亚没有遭受冰封，但经历了极端的寒冷和干燥。这些气候变化可能促使人类迁徙，但也许对巨型动物产生了相反的影响。从冷到热、从干到湿，它们无法承受这样反反复复的折磨，于是走向死亡。

但这个假设也存在一个明显的问题。最后一次冰川的前进和后退不过是冰河时代几十次冰川变化中的一次。在此之前，巨型动物可以很好地应对过山车般的冰川期和间冰期。为什么近代——200多万年中的最后5万年——会有所不同？

人类，原因还是在人类。最后一个冰川期－间冰期循环是整个冰河时代中独一无二的，因为在此期间，智人开始在世界各地生活。

关于巨型动物灭绝原因的辩论继续进行。人们越来越认识到，可能是人类和气候的共同作用，导致了灾难的发生。虽然我们确实猎杀了一些巨型动物，但可能并没有通过"闪电战"来摧毁它们。我们可以通过许多其他方式屠杀它们，不会在战场上散落的尸体上留下物理痕迹。比如，对猎物物种世世代代进行过度开发，而不是直接屠杀它们；引进破坏生态系统的外来物种；破坏环境，用火烧光地表。诸如此类，再加上气候变化，可能成了一杯烈性鸡尾酒。对我们的现代世界来说，这是一个令人痛心的警示。

人类和气候究竟是如何合谋杀死巨型动物的？我们仍有许多东西需要了解，但对北美洲和欧亚大陆北部巨型动物的一项有趣研究揭示了一种可能的机制。在过去的5万年里，大型哺乳动物的灭绝集中在快速变暖期间，而温度的快速变化让气候偏离了稳定的状态。从骨骼中提取的DNA表明，在变暖的间隔期间，巨型动物的种群规模变小了，不过数量随后会随着时间的推移得到补充，因为不同种群会四散开来，混合在一起。所有这些都可以用气候来解释。但是，如果人类出现在周围，打断了种群之间的联系，分散各处的小型巨型动物群体的数量就会减少，导致整个大陆的动物群体减少。这样一来，气候引起的种群局部萎缩就变成由人类引起的物种完全灭绝。

但最终，这种气候和人类引发的多米诺骨牌效应可能无法解释所有巨型动物的灭绝。每个物种的灭绝肯定都与其他物种不同，因为不同的哺乳动物可能由于不同的原因而灭绝，而且不同地方的灭绝速度也可能不同。在美洲可能是闪电般的速度，大多数大型哺乳动物在人类到达后的几千年内就消失了；在澳大利亚则比较慢，因为那里的人类到达得更早，而且凉爽和干燥的气候与北美洲冰川期与间冰期交替不同，可能给动物带来了另一番折磨。还剩下非洲和东南亚的灭绝——或者说没有灭绝——的问题需要解决，也许答案就像这些哺乳动物一样简单。它们与人类（智人和许多其他物种）一起生活了数百万年，与我们共同演化，早就把我们的伎俩摸透了。

我们可以做个总结：如果我们人类没有扩散到世界各地，很多巨型动物仍然会在原处安然生活。也许并非所有巨型动物都能存活，但可能大多数都能如此。霸王龙和三角龙这样的恐龙因一颗小行星撞击而死。对于猛犸象和剑齿虎来说，我们人类，就是那颗夺命的小行星。

驯化野生哺乳动物，人为干预的自然选择

巨型动物逐渐灭绝的同时，人类也开始尝试哺乳动物以前没做过的事。我们开始制造我们自己的哺乳动物。

在大约 2.3 万年前的西伯利亚，在最近一次冰川高峰期冰冷的深处，智人和狼双双因冰原的地理环境而与世隔绝。我们与狼有了交流。起初，这种交流可能比较短暂。狼本是我们要避开的凶猛掠食者，但有些狼开始在我们的篝火旁徘徊，因为烤猛犸象肉的味道太诱人了。我们无力阻止它们。狼来的次数多了，开始在附近逗留，捡拾残羹剩饭，也许我们偶尔还会扔给它们一两根猛犸象骨头。它们学会了与我们一起生活，帮助我们打猎，成了我们在草原上不可或缺的伙伴。它们和我们生活在一起，而我们照料它们，控制它们的繁殖，改变它们的基因，使它们更加温顺。

这些狼变成狗，成了第一个被驯化的哺乳动物物种。西伯利亚的智人穿过

—— ● ——

白令海峡进入北美洲的疆域时，带上了他们的狗。他们还把狗带到了欧洲，甚至世界各地。你的腊肠犬、哈巴狗或金毛猎犬都是这些最初被驯化的冰河时代狼的后代，今天存活的近 10 亿只狗都是它们的后代。

我们并没有止步于只驯化狼。我们一边前进，一边寻找其他动物来满足我们的需求。作为交换，我们给它们提供给食物和庇护，这是一种相互的伙伴关系。我们寻找那些可以成为我们的食物、能帮助我们获取食物、充当我们的交通工具、为我们提供陪伴的动物。我们曾超过 25 次将野生哺乳动物驯化成我们能通过选择性繁殖最终控制的物种，这是一种人为干预的自然选择，而非变幻莫测的随机突变。从这些繁殖实验中产生了数十亿头猪、羊、牛和许多其他哺乳动物，它们是我们世界的组成部分，在今天地球生物总量中占比很大，大约是所有野生哺乳动物肌肉、皮肤和骨骼纯重量总和的 14 倍。

大部分的驯化发生在大约 1.2 万到 1 万年前的"驯化热"中。那是新石器时代，即石器时代最后一个阶段，也是人类历史上继 4 万年前智人的身体结构和先进认知能力发展之后的又一重大进展。在新石器时代，我们也学会了驯化植物，因此迎来了农业革命。我们迅速从游牧狩猎和植物采集的生活转变为更安定的生活，许多人定居在城镇和村庄。我们的农田、灌溉渠道和建筑改变了地貌，带来了更多的环境破坏，这远远超过了我们对巨型动物造成的破坏。有了现成的食物来源，我们的人口成倍增长。因为只有一些人需要花时间生产食物，我们的孩子便可以自由地承担新的任务，分工劳动，建造社会。我们中的一些人可能会成为医生、牧师、建筑师、快递员、教师、政治家。

我们会成为科学家。大约 25 年前，在我现如今教书和写作的爱丁堡大学，一位科学家做了一件长期以来被认为是不可能的事。伊恩·威尔穆特（Ian Wilmut）成功复制了一只成年羊——新石器时代被人们驯化的一种农业物种的无数后代之一。这就是多莉（Dolly），第一只克隆哺乳动物。克隆现在已经比较普遍了，人们可以花数万美元复制他们深爱的宠物猫、宠物狗——当然，

——·——

它们都是被驯养的哺乳动物。

克隆技术正在迅速发展，导致了一个不可避免的难题：人类是否可以——或者应不应该——对自身进行克隆？还有人一直在讨论用克隆技术让完全死亡的物种复活，比如长毛猛犸象。

西伯利亚的猛犸象猎人确实发现了带有遗传物质的冷冻猛犸象木乃伊，我们已经对猛犸象进行了全基因组测序。它与现代印度象关系极其密切，因此印度象也许能作为克隆猛犸象的潜在"母"物种。制造一头猛犸象当然不是一件容易的事，我们会就伦理和道德上是否可行展开激烈的辩论。（考虑到我们向大气中排放的所有二氧化碳，温度很快就会比所有猛犸象所经历过的都要高得多。）但我确实认为有朝一日这会成真，而且其中会有人因此获得诺贝尔奖。如果我们真的成功复活猛犸象，它将带来一个最难得的机会，一个为我们的恶行赎罪的机会——我们将复活一种因我们而灭亡的动物。如果不是我们，它们今日仍然活着。

The Rise and Reign
of the Mammals

非洲狮（African lion）

后 记

未来的哺乳动物

　　如今正值七月下旬，而我身在芝加哥市。新墨西哥州哺乳动物化石的野外挖掘工作已经告一段落，所以在飞回英国之前，我难得有几周时间可以和父母兄弟们共度。今天这样的日子里，人行道蒸腾着夏日的热气，湿漉漉的空气中聚集着一团雷雨云，很难想象 1 万多年前，这里曾被冰盖覆盖。冰雪虽然消失了，但还是留下了痕迹。风城①的微风自密歇根湖吹来，那湖是冰川融化后留下的一片巨大的水坑。

　　我们来到了位于密歇根湖以西大约 150 米的林肯动物园。猛犸象猎人曾在这里扎营，那时他们刚跨越白令海峡，进入新大陆不久。他们的后人——美洲原住民相继在此定居。当 17 世纪欧洲人粗暴地闯入这里，并与帕塔瓦米人两相对峙时，湖岸还是一片潮湿的沼泽，弥漫着鸦蒜的恶臭。原住民将鸦蒜这种植物称为 shikaakwa（浓味洋葱），法国人则将其记录成了 Chicago（芝加哥）。一小撮来自欧洲的独行者滞留在这附近，而美国军队在此修建起一座堡垒。该堡垒在 1812 年美国第二次独立战争期间被当时与英国结盟的帕塔瓦米

---

① 芝加哥的别称。——编者注

人洗劫，但直到 19 世纪 30 年代，芝加哥才变成一座城镇，距今还不到 200 年时间！

　　这座城市最初仅有几百名居民，随后经历了飞速发展。摩天大楼正起源于此，它们如今自湖滨区拔地而起，成了一座座人工大山。铁路的触角自市中心向外延伸，遍布全美，连接整个大陆。之后，世界上最繁忙的机场之一——奥黑尔机场带来了令人震惊的人流，因为智人成了一个可以在一天内跨越多个大洲的全球迁徙物种。有一段时间，芝加哥的发展速度比世界上任何城市都要快。它的人口太多了，人们得到湖上开垦可居住的土地，将曾经被冰川移动过的沙子填入湖中，填补这片冰川留下的狼藉。当我透过动物园的围墙往外看时，发现湖滨大道的交通又堵塞了。每辆车都在无声喷发二氧化碳。它们无形地渗透入大气层，一次一个分子。

　　一声吼叫划破了午后的寂静。周围的人都停下来向狮子屋望去。

　　一头鬃毛大张的首领雄狮正大摇大摆地立于悬崖上，好似一名独裁者站在阳台，对着下面的平民咆哮。芝加哥也是"熊队"[①]的城市，尽管如此，我还是觉得奇怪，为何我心爱的（也总是令我恼火的）橄榄球队竟然以这种 19 世纪 70 年代被欧洲殖民者赶出伊利诺伊州的动物命名。然而，今天，狮子正在宣示自己的领地。这种曾经在非洲、南欧和亚洲广泛分布的热带草原大猫，如今只生活在不断缩小的草原上，数量已减少到几万头。现下，它们的命运悬而未决，成千上万头狮子都只能在动物园的炼狱中踱步。大型猫科动物似乎与中西部的大都市格格不入，但在冰河时代，美洲狮和剑齿虎曾生活在这里。

　　这头脾气暴躁的狮子是林肯动物园中众多哺乳动物之一。在地球 45 亿年的历史中，在曾经存在过的数百万种物种中，这些毛茸茸的生物是我们最亲爱

---

① 位于美国芝加哥的一支橄榄球队。——编者注

的表亲。它们都带有哺乳动物的标志特征，这些特征是在过去 3.25 亿年里，自煤沼泽中有鳞小生物从爬行动物那一分支中分化出来后，一点一点演化而来的：毛发，硕大的大脑，令人惊叹的嗅觉和听觉，门齿和犬齿，前臼齿和臼齿，快速、温血的新陈代谢，用乳汁喂养婴儿。**包括我们在内的所有哺乳动物的祖先都曾经历大规模的灭绝，曾蛰伏在恐龙的阴影之下，还曾经历小行星撞击地球引发的灾难和冰川的严酷考验。**

当我和妻子安妮从围栏及笼子前走过时，哺乳动物演化的故事在我们面前徐徐展开：过去、现在和未来。这里的大多数哺乳动物都是有胎盘类，但有一只从澳大利亚借来的红袋鼠是一只有袋类动物，它用育儿袋带着宝宝。还有随着草原扩张而大量繁殖的两种有蹄类哺乳动物——长颈鹿和斑马在远处的围栏里诱惑着狮子。非洲兽类（一种食蚁兽）和异关节目（一种树懒）告诉我们，非洲和南美洲曾是岛屿大陆，各自独立孕育出了奇异的哺乳动物。

公园里还有蝙蝠。它是一种哺乳动物，对自身进行了改造，前肢变成翅膀，使它们升入空中。值得庆幸的是，这个小小的城市动物园虽然没有鲸，但有海豹，它也是一种哺乳动物，将适合在陆地上生活的身体改造得善于游泳。牛、猪、山羊和兔子就不那么奇特了，这些哺乳动物我们都很熟悉。我们把它们当作食物或宠物，在我们建设城市和创立文明的过程中驯养了它们。

并不是所有的哺乳动物都境况无忧。许多动物像狮子一样，妄图在不愉快的现实中寻求庇护，为前途未卜的未来而坚持着。动物园的北端是北极熊。没有什么动物能比这些皮毛变白的食肉动物更直接地象征着"失去"：它们是陆地上现存的最大的食肉动物，随着冰川融化，它们正在失去猎场。在冰河时代，北纬 42 度的这里曾覆盖着北极冰盖。在未来的几个世纪里，可能所有冰盖都会消失不见。再往前走几步就能看到几只骆驼，它们看起来身体强健，但我们不能忘记它们起源自北美洲。它们在这里曾生活了数千万年，之后却和巨型动物一同消失了。因此，这个动物园里只有亚洲骆驼，没有北美骆驼，当然也不

——•——

会有长毛猛犸象或巨型树懒。这个动物园里还有一只黑犀牛，这是最后幸存的"超级巨型动物"之一。但它还能生存多久呢？当我思考这个问题时，我听到了某种更接近人类的声音，但又与人类不同。黑猩猩和大猩猩是我们最亲近的类人猿亲戚，都濒临灭绝。

眼下不是做哺乳动物的好时机。**自白垩纪末期受到小行星几近毁灭的打击以来，我们的哺乳动物家族还没有受过这样的威胁。那时，祖先还是老鼠那样的害兽，在霸王龙的脚下苟且偷生。**

自从智人在冰河时代晚期开始四散游荡以来，已有 350 多种哺乳动物灭绝了。其中大约有 80 种在过去的 500 年内死亡。这意味着自人类有记录以来，在这段不长的时间中，大约 1.5% 的哺乳动物物种已经灭绝。这个数字听起来可能不算多，但这种灭绝速度比史前时代的速度高出 20 多倍。如果继续保持这种惊人的速度，22 世纪将有大约 550 种哺乳动物灭绝，这接近哺乳动物总物种的 10%。如果目前所有的濒危哺乳动物最终都走向灭亡，剩下的物种数量就只有 12.5 万年前的一半。即使这种现状戛然而止，哺乳动物不再灭绝，它们就算有机会复苏，也需要数千年的时间恢复失去的多样性。

然而，这不仅仅关乎物种灭绝的总数，就像一个国家的经济不能仅看国内生产总值原始数据一样。哺乳动物的分布状况变化很快，种群也处于不稳定的状态。此前，最大的哺乳动物随巨型动物群的消亡而灭绝，在今天，最大的动物消失的可能性也更大，不过现在无论体形大小，各个物种都在死亡。如果这种趋势持续下去，几百年后，犀牛和大象将消失，最大的哺乳动物可能就是家养奶牛了。哺乳动物群落不仅规模缩小，还会变得更加同质化。在不久的将来，可能就没有类人猿和狮子了，啮齿动物会泛滥成灾。与此同时，哺乳动物会像难民一样绝望地迁徙。大型哺乳动物——比如曾经真实存在的芝加哥熊——正被逐出以农业和城市为主的气候区，被迫迁移到更寒冷、更干燥的地区。目前，体形较小的哺乳动物正步它们的后尘，迁移到农田和郊区，但尚不清楚它们能

——·——

坚持多久。

我不想把坏消息告诉你，但这一切都是因为我们。

随着人口增加，我们需要更多资源。我们将地球变成游乐场和食品室，留给其他哺乳动物的空间越来越小。我们砍伐雨林，把稀树大草原开垦为农田。我们污染环境，我们燃烧肥料，我们打猎，我们偷猎。最重要的是，我们改变了气候。

气温在不断上升，这已是板上钉钉的事实。正如你在本书中读到的，气温以前也升高过，但今日不同往昔的是速度。别忘了，二叠纪末期和三叠纪末期的温度飙升造成了一场严重的灭绝事件！那时的升温历经几百万年，而今天这一切发生的速度很快，只需几代人的时间，预计最迟下个世纪我们就将达到冰河世纪之前上新世的气候状态。如果我们继续排放温室气体，气候就将在几个世纪内变为始新世气候。回想一下那个温室世界，热带雨林将笼罩北极，如今（至少在更长的一段时间里）覆盖着冰盖的地方将有鳄鱼到处闲逛。换句话说，几个世纪的人类活动可能会让地球的时钟倒退 5 000 万年，哺乳动物占主导地位的大部分时间里出现的降温趋势将被逆转。

我不知道未来我们会面临什么。我不想过度猜测，因为气候变化速度极快，我们正在进入前所未及的领域。不过，我确实认为我们人类正身处困境。变化迅速、更高的温度将超出我们演化所能及的范围。我们将被赶出舒适的间冰期——整部全球智人的历史都发生在间冰期的环境中，这个时期温度宜人，极地冰引导洋流将温暖的水带到高纬度地区，作物很容易在覆盖着冰川土壤的地面上生长。海平面会像往常一样上升，但它们将第一次入侵我们的城市，因为今天许多城市都坐落在海陆空的完美交汇处。**我们可以灭绝，也可以适应。这是一种选择，因为我们是有知觉的生物。**我们有大脑，有工具，有技术，有全球影响力，这对我们来说确实是一种选择。

——◆——

　　那其他哺乳动物呢？物种灭绝肯定会以这样或那样的形式继续下去。有很多讨论都围绕"第六次大灭绝"展开，它是指一种与地球历史上五次大灭绝程序相当的人类灭绝，本书已介绍过其中的三次，它们分别发生在二叠纪末、三叠纪末和白垩纪末。我们目前的困境会不会升级至史前时代的灭绝程度，甚至更糟？到目前为止，现代物种灭绝的数量远远低于过去大规模灭绝造成的末日的死亡数量，所以我们不应该杞人忧天。另外，我们还有一个补救办法：我们可以选择保护仍然生活在我们身边的濒危物种！然而，令人忧心的是，如果今天的物种灭绝趋势继续下去，可能会引发多米诺骨牌效应，生态系统可能会像纸牌屋一样倒塌，全球社区可能会像故障电网引发连锁停电一样崩溃。如若如此，对未来的古生物学家来说，冰河时代巨型动物的死亡，近现代的有袋类狼和福克兰狐，以及未来的狮子和大猩猩，将在岩石中融为一体。它们将变成岩石中薄薄的一道细线。很多哺乳动物在下层，少量（如果有的话）哺乳动物在上层，其交界处就像岩石中恐龙时代和哺乳动物时代的分界线一样鲜明。

　　我深感不安，目光越过北极熊，望向密歇根湖上空逐渐昏暗的天空。突然间，我忧郁的思绪被一声尖叫打破。

　　吼猴们在嚎叫。

　　我转向妻子，微笑了起来。这些猴子是始新世漂流者的后代。无论如何，这些漂流者在横渡大西洋时波涛汹涌的旅程中熬了下来。它们不情不愿地离开了非洲家园，却适应了南美洲的新地貌和新气候。很久以前，这些漂流者的祖先还经历了三次大灭绝。猴子，以及其他所有哺乳动物，都具有很强的适应力。

　　我还知道的是，演化赋予了我们一个单一但格外出色的哺乳动物物种——具有巨大的大脑和群体合作能力的智人。我们知道自己正在对我们的星球做些什么，可以共同努力，找出解决方案。

猛犸象、剑齿虎和其他数百万已灭绝的哺乳动物表亲从来不曾拥有同样的能力，也没有改变过世界或让世界变得更好。但我们可以。

我不知道人类王朝和哺乳动物家族的未来最终会如何。但我希望，哺乳动物的统治能长盛不衰。

注 释

考虑到环保的因素，也为了节省纸张，降低图书定价，本书编辑制作了电子版的注释。请扫描下方二维码，直达图书详情页，点击"阅读资料包"获取。

未来，属于终身学习者

我们正在亲历前所未有的变革——互联网改变了信息传递的方式，指数级技术快速发展并颠覆商业世界，人工智能正在侵占越来越多的人类领地。

面对这些变化，我们需要问自己：未来需要什么样的人才？

答案是，成为终身学习者。终身学习意味着永不停歇地追求全面的知识结构、强大的逻辑思考能力和敏锐的感知力。这是一种能够在不断变化中随时重建、更新认知体系的能力。阅读，无疑是帮助我们提高这种能力的最佳途径。

在充满不确定性的时代，答案并不总是简单地出现在书本之中。"读万卷书"不仅要亲自阅读、广泛阅读，也需要我们深入探索好书的内部世界，让知识不再局限于书本之中。

湛庐阅读 App: 与最聪明的人共同进化

我们现在推出全新的湛庐阅读 App，它将成为您在书本之外，践行终身学习的场所。

- 不用考虑"读什么"。这里汇集了湛庐所有纸质书、电子书、有声书和各种阅读服务。
- 可以学习"怎么读"。我们提供包括课程、精读班和讲书在内的全方位阅读解决方案。
- 谁来领读？您能最先了解到作者、译者、专家等大咖的前沿洞见，他们是高质量思想的源泉。
- 与谁共读？您将加入优秀的读者和终身学习者的行列，他们对阅读和学习具有持久的热情和源源不断的动力。

在湛庐阅读 App 首页，编辑为您精选了经典书目和优质音视频内容，每天早、中、晚更新，满足您不间断的阅读需求。

【特别专题】【主题书单】【人物特写】等原创专栏，提供专业、深度的解读和选书参考，回应社会议题，是您了解湛庐近千位重要作者思想的独家渠道。

在每本图书的详情页，您将通过深度导读栏目【专家视点】【深度访谈】和【书评】读懂、读透一本好书。

通过这个不设限的学习平台，您在任何时间、任何地点都能获得有价值的思想，并通过阅读实现终身学习。我们邀您共建一个与最聪明的人共同进化的社区，使其成为先进思想交汇的聚集地，这正是我们的使命和价值所在。

CHEERS

湛庐阅读 App
使用指南

读什么

· 纸质书
· 电子书
· 有声书

怎么读

· 课程
· 精读班
· 讲书
· 测一测
· 参考文献
· 图片资料

与谁共读

· 主题书单
· 特别专题
· 人物特写
· 日更专栏
· 编辑推荐

谁来领读

· 专家视点
· 深度访谈
· 书评
· 精彩视频

HERE COMES EVERYBODY

下载湛庐阅读 App
一站获取阅读服务

THE RISE AND REIGN OF THE MAMMALS

Copyright © 2022 by Steve Brusatte

Chapter opener illustrations by Todd Marshall

Published by arrangement with Aevitas Creative Management, through The Grayhawk Agency Ltd.

浙江省版权局图字：11-2024-386

图书在版编目（CIP）数据

秘密进化的主宰者 /（美）史蒂夫·布鲁萨特著；
邢立达，来梦露译 . — 杭州：浙江科学技术出版社，
2025.1. — ISBN 978-7-5739-1546-7

Ⅰ . Q959.8-49

中国国家版本馆 CIP 数据核字第 2024K0Y593 号

书　　名	秘密进化的主宰者	
著　　者	[美] 史蒂夫·布鲁萨特	
译　　者	邢立达　来梦露	

出版发行　**浙江科学技术出版社**
　　　　　地址：杭州市环城北路 177 号　邮政编码：310006
　　　　　办公室电话：0571 - 85176593
　　　　　销售部电话：0571 - 85062597
　　　　　E-mail:zkpress@zkpress.com
印　　刷　唐山富达印务有限公司

开　本	710 mm×965 mm　1/16	印　张	24.25
字　数	396 千字		
版　次	2025 年 1 月第 1 版	印　次	2025 年 1 月第 1 次印刷
书　号	ISBN 978-7-5739-1546-7	定　价	119.90 元

责任编辑	陈淑阳		**责任美编**	金　晖
责任校对	张　宁		**责任印务**	吕　琰